信息与通信工程专业核心教材

光纤通信系统与网络
（第5版）

胡　庆　赖小龙　张德民　编著

电子工业出版社·
Publishing House of Electronics Industry
北京·BEIJING

内 容 简 介

本书系统介绍了现代光纤通信系统与网络的基本结构、概念、原理、性能指标和关键技术，主要内容包括光纤传输原理及传输特性、光纤通信基本器件的工作原理及性能指标、典型光纤通信系统的原理、光纤通信系统及设计等。同时根据光纤通信网络的最新进展，契合"全光网、全IP化"大趋势，介绍了SDH/MSTP光同步网络、DWDM/光传送网（OTN）、PTN/SPN 分组传送网络、城域与接入光网络、现代光通信系统及现代全光网络等原理及实用技术。全书注重理论与实践、设计与工程的结合，精选了一些当前最新的实例进行分析，并且以形象直观的图表形式来配合文字叙述，有助于读者学习。为了配合教学和学习，每章都精选一定数量的习题。

本书可作为各高等院校通信与信息工程类专业课教材，也可供科研和工程技术人员参考。

图书在版编目（CIP）数据

光纤通信系统与网络 / 胡庆，赖小龙，张德民编著.
5版. -- 北京 : 电子工业出版社，2024. 9. -- ISBN
978-7-121-48744-6

Ⅰ. TN929.11

中国国家版本馆CIP数据核字第 2024QT1062 号

责任编辑：赵玉山

印　　刷：三河市兴达印务有限公司
装　　订：三河市兴达印务有限公司
出版发行：电子工业出版社
　　　　　北京市海淀区万寿路 173 信箱　邮编　100036
开　　本：787×1 092　1/16　印张：16.75　字数：428 千字
版　　次：2006 年 9 月第 1 版
　　　　　2024 年 9 月第 5 版
印　　次：2024 年 9 月第 1 次印刷
定　　价：49.90 元

凡所购买电子工业出版社图书有缺损问题，请向购买书店调换。若书店售缺，请与本社发行部联系，联系及邮购电话：(010) 88254888，88258888。

质量投诉请发邮件至 zlts@phei.com.cn，盗版侵权举报请发邮件至 dbqq@phei.com.cn。

本书咨询联系方式：(010) 88254556，zhaoys@phei.com.cn。

前　言

信息传输是信息社会的重要基础，"光纤通信系统与网络"的发展，决定着"整个通信网络"的发展。随着"万物互联""宽带中国""光网城市""智慧城市"等国家重大项目工程的全面实施，光纤传输成为现代通信网络的生命线，是决定整个通信网发展的关键要素。

为了适应光纤通信技术的快速发展，以及知识更新的需求，作者融合了 30 多年的教学经验、多年的工程实践经验和最新科研成果，依据光纤通信的多样化快速变革而对本书再次修订。在这次修订过程中，重新梳理了理论知识点之间的衔接关系，进而降低了部分理论分析的难度并减少了传统成熟技术知识的篇幅，同时根据光纤通信的最新进展，重点增补当前光网络的现代实用新技术，如基于 SDH 的 MSTP、光传送网（OTN）、切片分组网络（SPN）、城域与接入光网络和现代光通信系统等，力求给读者一个比较全面的、系统的、从理论到实际的光纤通信系统与网络的完整框架。

本书比较全面、系统地讲述了现代光纤通信系统与网络的基本原理、技术、应用、系统设计等。全书共 10 章：第 1 章～第 4 章主要介绍光纤通信系统所包含的基础内容，即光纤通信概论、光纤传输原理及传输特性、光纤通信基本器件和光纤通信系统及设计；第 5 章介绍了 SDH/MSTP 光同步网络；第 6 章讨论了 DWDM/光传送网（OTN）；第 7 章介绍了 PTN/SPN 分组传送网络；第 8 章介绍了城域与接入光网络，重点介绍城域光网络、光互联网络和APON/GPON/EPON 接入技术；第 9 章介绍了现代光通信系统，即相干光通信、光孤子通信、自由空间光通信、光量子通信和海底光缆通信系统；第 10 章介绍了现代全光网络，即全光网络概述、智能光网络（ASON）、光分组交换网络、光突发交换网络等。

本书第 1、2、3、4、5、6、9 章由胡庆修订，第 7、8 章由赖小龙修订，第 10 章由张德民修订。全书由胡庆统稿，由张德民审核。本书在编写及修订期间得到了章秀银、邹韶峰、刘鸿等同志的大力协助，在此对他们一并表示感谢。

为适应当前高校课程门类多、课时压缩的现实特点，本书在概念和原理的讲述上力求严谨、准确、精练，理论深度适中，注重实用，主要面向工科院校，尽量少用繁杂的数学推导。

由于编著者水平有限，书中难免存在不妥之处，恳请广大读者批评指正。

编著者

2024 年 6 月

目　录

第 1 章　光纤通信概论

从光纤通信诞生以来，一场持续的革命一直改变着整个世界的通信领域。人们所需的高清晰、高可靠、远距离、大容量通信成为现实。今天的光纤通信已渗透到电信网络、数据网络、有线电视（CATV）网络、光互联网络和物联网等信息网络中，可以说，目前光纤通信已成为信息传输最重要的方式之一。

如今，只有对光纤通信系统与网络的工作原理和传输性能有足够的理解才有可能以较少的投入获得高质量的通信。信息的高速传输使人们"运筹帷幄之中，决胜千里之外"已不再是幻想。

1.1　光通信简介

1.1.1　光通信概念

什么是光通信？通俗地说，光通信是利用光波作为载体来传送信息的通信方式。

自古以来，通信就是人们的基本需求之一。这种需求使人们开始发明能将信息从一个地方传送到另一个遥远地方的通信系统。至今为止，已有多种形式的通信系统出现，已知的最早的光通信线路是在公元前 2 000 多年，古人在都城和边境堆起一些高高的土丘，遇到敌人入侵，就在这些土丘上燃起烟火传送受到入侵的信息，各地诸侯看见烟火就立刻领兵来救援，这种土丘叫作烽火台。烽火台燃起烟火传送受到入侵的信息就是一种古老的由光通信设备组成的光系统，如图 1-1（a）所示。此外，夜间的信号灯、水面上的航标灯也是古老光通信的实例。

自古到今，夜间常用信号灯实现相邻舰船间的通信。信号灯操作员一手掌握信号灯的照射方向，另一手频繁地搬动把手，使信号灯前面的遮光百叶窗按照信号规则展开和关闭，从而发送简短信息，如图 1-1（b）所示。

航标灯（灯塔）通信，主要完成船舶导航指引。航标灯是安装在某些航标上的交通灯，在夜间发出规定的灯光颜色和闪光频率，达到规定的照射角度和能见距，对夜行的船舶进行指引，如图 1-1（c）所示。航标灯在海上昼夜发出可识别信号，供船舶测定位置和向船舶提供危险警告。

早期所用的光通信方式往往是原始、落后和不太可靠的。近代光通信是从 1880 年贝尔（Bell）发明的一种利用光波作为载波传送话音信息的"光电话"开始的，他证明了利用光波作载波传送信息的可能性。贝尔光电话是光通信历史上的第一步，是现代光通信的雏形。

如图 1-2 所示，"光电话"利用太阳光或弧光灯作为光源，通过透镜把光束聚焦在送话器的振动镜上，当人嘴发出声音时，振动镜就振动而发生变形，使其光强度随话音的变化而变化，实现话音对光强度的调制。这种已调制的信号光通过透镜 2 变成平行光束向接收端传送。在接收端，用抛物面反射镜把传送来的光束反射到硒管上，使光信号变换为电流，传送到受话器，使受话器再生出声音。贝尔光电话和烽火台报警光系统一样，都是在大气中实现光波信号的传播，光波传播易受气候的影响，可靠性低。

（a）烽火台　　　　　　　　　　（b）信号灯　　　　　　　　（c）航标灯（灯塔）

图 1-1　原始光通信设备

图 1-2　贝尔的光电话实验装置

1.1.2　光通信发展概况

光通信的发展史可以从两个角度来描述，一是从光学理论的发展；二是从光通信系统的发展。

1．光学理论发展概况

光通信是伴随着光学理论的发展而发展的。早在 10 世纪，被誉为"光学之父"的海赛姆首先提出"视觉是由物体发出的光辐射线引起的"，从而推论出光线的反射和折射定律。17 世纪，笛卡儿运用直观"模型"来说明物理现象，如利用"网球"模型说明光的折射等。1678 年，惠更斯出版的《光论》一书阐述了光的波动性原理。利用它的波动性可解释光的反射、折射、衍射、干涉和衰减等特性。建立了解释和分析光波传动的理论基础。

1675 年，牛顿创立了光的粒子说，从一个侧面反映了光的运动性质。牛顿假设了以太的存在，认为粒子间力的传递是通过以太进行的。1704 年，牛顿著成《光学》一书，系统阐述了其在光学方面的研究成果，建立并详述了光的粒子理论。20 世纪初，物理学家们将托马斯·杨的光干涉实验结果和爱因斯坦的光量子假说结合起来，提出了光的波粒二象性。

1815 年，菲涅尔完善了惠更斯的光波动学说，肯定了光是横波，推导出了反射定律和折射定律，即菲涅尔公式。

1864 年，麦克斯韦通过理论研究指出，和无线电波、X 射线一样，光是一种电磁波，光学现象实质上是一种电磁现象，光波就是一种频率很高的电磁波。1867 年，麦克斯韦的光电磁说出现，以实验和几个普遍动力学原理为基础，证实了光的传播是通过电场、磁场的状态随时间变化的规律表现出来的，他把这种变化的规律列成数学方程，最终导出了电场和磁场的波动方程，即著名的麦克斯韦波动方程。

1905 年，爱因斯坦提出光子假设，成功解释了光电效应，即光变致电的现象。也就是说当光照射到金属表面上时，金属中有电子逸出现象，逸出的电子称为光电子，光电子定向移动形成的电流叫光电流。

2．光通信系统发展概况

光通信系统的发展反映了光通信发展的历程。自贝尔发明光电话后，又有人用弧光灯代替日光作为光源延长了光电话的通信距离，但还是只限于数千米。在第一次世界大战期间，曾有人使用弧光灯作发射机，通过声波电流对光强进行调制；使用硅光电池作接收器，当调制后的光信号照射到硅光电池的 PN 结上时，通过光伏效应在外电路产生变化的光电流，在晴好天气通信距离可达 8km，如图 1-3（a）所示。当用光电倍增管作为接收器时，将调制后的光信号还原成电信号，如图 1-3（b）所示。实验表明，用光波承载信息进行点对点通信是可行的，但通话的质量受空气质量和气候影响十分严重，不能实现全天候通信。

为了克服气候对光通信的影响，人们想到把激光束限制在特定的空间内传输，例如利用光波导传输。1958 年，美国古鲍等提出了透镜阵列光波导和反射镜阵列光波导的光波传输系统，如图 1-3（b）和图 1-3（c）所示。这两种光波导传输系统从理论上说是可行的，但是实现起来非常困难。地上人为活动会使地下透镜光波导变形和振动，由于没有找到稳定可靠和低损耗的传输介质，所以光通信的研究曾一度走入低谷。

图 1-3　近代早期光通信系统的组成

能不能找到一种介质，就像电线电缆传输电那样来传输光呢？古希腊玻璃工匠发现玻璃棒能传光。1910 年，德国人汉德罗斯、德拜对介质波导进行了深入分析。1927 年，英国人贝尔德首次利用光的全反射现象解释了石英纤维解析图像的原理，并且获得了两项专利。1930 年，德国人拉姆拉出了石英细丝，人们把它称为光导纤维，简称光纤或光波导，并论述了它传光的原理。1951 年，英国人希尔等开始用柔软玻璃纤维束传输图像。1966 年，英籍华人高锟发表里程碑式论文，提出降低玻璃纤维的杂质，使光纤的损耗降低到 20dB/km，就有可能把光纤用于通信，从而奠定了光纤通信系统在传输乃至通信中的重要地位。

1.2　光纤通信系统概况

1.2.1　光纤通信概念及发展概况

1. 光纤通信概念及特点

光纤通信是利用光导纤维（简称光纤）传输光波信号的通信方式。由于光纤的传光性能优异，传输带宽极宽等优势，现在已形成了以光纤通信为主，微波、卫星和电缆通信为辅的信息传输网络格局。

通信发展始终在追求两大目标，一是远距离传输，二是大容量通信。众所周知，无论是无线电通信，还是有线电通信都是以电磁波为载波进行的，而电磁波的频谱很宽，其分布情况如图 1-4 所示。从无线通信发展规律可知，随着载波频率的提升，其传输可用带宽可以随之提升。简单的解释就是载波频率的提升，带来可用频谱范围的增大，进而带来传输可用带宽的增加，即信道容量随载波频率的提升而增大，所以人们一直在探索将更高频率的电磁波作为载波用于通信技术。光纤通信中所用的光载波属于电磁波的范畴，主要包括紫外线、可见光和红外线，光波与无线电波相似，其波长在微米（μm）级，频率非常高，约为 10^{14} Hz 量级，其频率比传统的"微波"段还高 $10^4 \sim 10^5$ 倍。光纤通信中所用的光纤属于介质光波导的范畴，其基础材料是 SiO_2。目前光纤通信使用的工作波长为 $0.85 \sim 2.00$ μm，采用的典型中心波长为 0.85 μm、1.31 μm、1.55 μm 和 1.625 μm。

图 1-4　电磁波谱与传输介质的关系

光纤通信与电缆或微波等通信方式相比，主要区别有二，一是用很高频率的光波作载波；二是用光纤作为传输介质。光纤具有传输容量大、传输损耗小、质量轻、不怕电磁干扰等一系列优点。基于此，光纤通信有以下明显的优势。

（1）由于光波频率高，可供利用的频带极宽，尤其适合高速宽带信息的传输，在高速通信干线、宽带综合业务通信网络中，发挥着越来越大的作用。

（2）由于光纤的传输损耗很低，现已做到 0.2 dB/km 以下，因而可以大大增加通信无中继距离，这对于长途干线和海底传输十分有利。在采用了先进的相干光通信、光放大器和光孤子通信技术之后，无中继通信距离可提高到几百千米，甚至上千千米。

（3）光纤传输是限制在光纤纤芯内的，光能几乎不会向外辐射，因此不存在光缆中各光纤之间的信号串扰，很难被窃听，信号传输质量高，保密性好。

（4）光纤抗电磁干扰能力很强，这对于电气铁路和高压电力线附近的通信极为有利，也不怕雷击和其他工业设备的电磁干扰，因此在一些要求防爆的场合使用光纤通信是十分安全的。

（5）光纤几何尺寸小，细如发丝，可绕性好，可多根成缆，便于敷设。光纤质量轻，特别适用于飞机、轮船、卫星和宇宙飞船。

（6）光纤的化学性能稳定，耐化学侵蚀、抗高温、不打火花，适用于特殊环境。

（7）光纤是石英玻璃拉制成型的，原料资源丰富，节约了有色金属。

应该指出，光纤通信也有一些缺点，如光纤的连接操作技术要求高、需专用设备等，现已在一定程度上得到克服，它不影响光纤通信的实用。表 1.1 和表 1.2 分别列出了光纤与电缆、波导这几种传输介质的特性比较和光纤的特点及应用场合。

表 1.1　光纤与电缆、波导的特性比较

传输介质	频率带宽	损耗系数/（dB/km）	一般传输距离	敷设安装	接续
市话对称电缆	4 kHz	1.64（线径 0.4mm）	1～5 km	方便	方便
5 类双绞线	100 MHz	24（dB/100m）	90～100 m	方便	方便
细同轴电缆	30 MHz	4.1（dB/100m）	180 m	方便	较方便
粗同轴电缆	800 MHz	7.1（dB/100m）	500 m	方便	较方便
微波波导	2～24 GHz	0.015～0.3（dB/m）	<100 m	特殊	特殊
单模光纤	10～100 GHz	0.2（注 1）～0.36（注 2）	>50 km	方便	特殊

注 1：当光波波长为 1.55 μm 时的值。

注 2：当光波波长为 1.31 μm 时的值。

表 1.2　光纤的特点及应用场合

光纤特点	应用场合
低损耗、宽频带	公用通信、计算机通信、有线电视图像、物联网传输
尺寸小、质量轻	飞机、导弹、航空航天、船舰内的控制信号通信
抗电磁干扰	电力及铁道通信，交通控制信号，核电站通信
耐化学侵蚀	油田、炼油厂、矿井等区域的通信
应变传感特性	光纤桥梁工程结构实时监测信号通信

2. 光纤通信发展概况

众所周知，光早已用于远距离通信，如烽火台、信号灯等，但直到近代，如 1880 年贝尔发明了一种利用光波作为载波传输语音信息的光电话，这才在真正意义上建立了近代光通信的雏形。但当时贝尔光电话传输距离最远仅 213 m，很显然，这种系统没有实用价值，究其原因有二：一是没有可靠的、高强度的光源；二是没有稳定的、低损耗的传输介质，所以无法得到高质量、远距离、大容量的光通信。

1960年，美国人梅曼（T.H.Maiman）发明了第一台相干振荡光源——红宝石激光器，这一发明给光通信带来了新的希望。激光（Light Amplification by Stimulated Emission of Radiation，Laser）器是基于物质原子、分子内能的变化而构成的光波振荡器。激光的频率成分单纯、方向性好、光束发散角小，几乎是一束平行的光，所以对光通信很有吸引力。但是最初发明的激光器在室温下不能连续工作，因此，不能在通信中获得实际应用。

1962年半导体激光器出现，为光通信光源实用化带来了希望。1970年，首次研制出在室温下连续工作的双异质结半导体激光器，为实用化通信光源奠定了基础。

1966年，英籍华裔科学家高锟（C.K.Kao），发表了一篇题为《光频率介质纤维表面波导》的论文，开创性地提出光纤在通信上应用的基本原理，他预测当光纤损耗下降到20dB/km时，以光纤作长途信息传输的介质将带来一场通信业的革命。由此高锟教授荣获2009年诺贝尔物理学奖。

1970年，美国康宁公司的 Maurer 等人首次研制出阶跃折射率多模光纤，其在波长为630 nm处的损耗系数小于20 dB/km；同年美国贝尔实验室的 Hayashi 等人研制出室温下连续工作的 GaAlAs 双异质结注入式激光器。正是光纤和激光器这两个科研成果的同时问世，拉开了光纤通信的序幕。到20世纪70年代末，在1 310 nm波长上，光纤损耗系数已降至4 dB/km；在1 550 nm波长上，降至0.20 dB/km，已接近理论值。与此同时，为促进光纤通信系统的实用化，人们又及时地开发出适用于长波长的光源（激光器、发光二极管）和光检测器。应运而生的光纤成缆、光无源器件和性能测试及工程应用仪表等技术的日趋成熟，都为光纤通信作为新的通信方式奠定了坚实的基础。

1976年，美国西屋电气公司在亚特兰大成功地进行了世界上第一个传输距离为110 km的44.736 Mbit/s光纤通信系统的现场实验，使光纤通信向实用化迈出了第一步。

我国自20世纪70年代初就已开始了光纤通信技术的研究，1977年，武汉邮电科学研究院（现烽火公司）研制成功中国第一根阶跃折射率分布的、波长为850 nm、损耗系数为3 dB/km的多模光纤。后来又研制成功单模光纤、特殊光纤及光通信设备。

1987年年底，我国建成第一个国产的长途光通信系统，由武汉至荆州，全长约250 km，传输速率为34 Mbit/s，光缆采用架空方式。

1988年起，国内光纤通信系统的应用由多模光纤转为单模光纤。

1993年，我国与日本、美国三方投资建设的第一条大容量海底光缆正式开通，全长1 250 km，传输速率为560 Mbit/s，可提供7 560条电路，相当于原有的中日海底同轴电缆的15倍。

1999年，我国完成了"八纵八横"通信光缆工程，全长约80 000 km。它作为整个国家南北东西的主干通信网，使我国光纤通信水平迈上了新台阶。

近年，我国着力解决全网瓶颈——将光纤接入网作为通信接入网的一部分，直接面向用户。并提出"光进铜退"策略，即将光纤引入千家万户，保证亿万用户的多媒体信息畅通无阻地进入信息高速公路。在网络传输的高速化方面，目前商用系统的速率已从155.520 Mbit/s增加到10 Gbit/s，不少已达到40 Gbit/s，另外，速率达160 Gbit/s和640 Gbit/s的传输试验也获得成功。

光纤通信技术的问世与发展给世界通信业带来了一场变革。特别是近50年，光纤通信的研究和开发非常迅速：技术上不断更新换代，通信能力（传输速率和中继距离）不断提高，应用范围不断扩大。到目前为止光纤通信的发展可以粗略地分为四个阶段。

第一阶段（1966—1976 年），从基础研究到商业应用的开发时期。在这个时期，实现了短波长（850 nm）低速率（34 Mbit/s 或 45 Mbit/s）多模光纤通信系统，无中继传输距离约 10 km。

第二阶段（1976—1986 年），以提高传输速率和增加传输距离为研究目标，为大力推广应用的大发展时期。在这个时期，实现了工作波长为 1 310 nm、传输速率为 140～565 Mbit/s 的单模光纤通信系统，无中继传输距离为 50～100 km。

第三阶段（1986—1996 年），以超大容量和超长距离为目标、全面深入开展新技术研究的时期。在这个时期，实现了 1 550 nm 色散移位单模光纤通信系统。采用外调制技术，传输速率可达 2.5～10 Gbit/s，无中继传输距离可达 100～150 km。

第四阶段（1996—2009 年），主要研究光纤通信新技术，例如，同步数字体制 SDH 光纤传输网络技术，超大容量的密集波分复用 DWDM 技术使最高速率达到 256×40 Gbit/s= 10 Tbit/s 和超长距离的光孤子通信技术等。

目前人们正涉足第五阶段光纤通信系统的研究和开发，至少具有四大特征：超宽带——单根光纤传输容量达 Tbit/s 以上；超长距离——光放大距离可达数千千米；光交换——克服电交换瓶颈；智能化——智能光网络技术。光通信发展简史如表 1.3 所示。

表 1.3　光通信发展简史

古代光通信	烽火台、夜间信号灯、水面上的航标灯、古希腊玻璃工匠发现玻璃棒能传光
17 世纪 60 年代	1666 年，牛顿用三棱镜将太阳光分解为七色彩带，并用微粒学说进行解释 1669 年，巴塞林那斯发现光通过方解石晶体出现双折射现象 1678 年，惠更斯在《光论》中提出光波动性（一种振动）原理，其基本思想是振动源周围的介质是有弹性的，故一点的振动可通过介质传递给邻近的质点，并依次向外扩展，而成为在介质中传播的波
19 世纪 60 年代	1865 年，麦克斯韦与光的电磁波，以实验和普遍动力学原理为基础，导出了电场和磁场的波动方程 1880 年，美国人贝尔发明了光电话（光源为阳光，接收器为硒管，传输介质为大气）
20 世纪 60 年代	1960 年，美国发明了第一台红宝石激光器，并进行了用透镜阵列传输光的实验 1961 年，美国嘉蓬等人制成氦-氖（He-Ne）气体激光器 1961 年，英国人对卡潘尼、休尼查等对光纤中的模进行了研究 1962 年，制成砷化镓半导体激光器 1966 年，英籍华人高锟就光缆传输的前景发表了具有历史意义的论文，此时光纤损耗约为 1 000 dB/km
20 世纪 70 年代	1970 年，美国康宁公司研制成功损耗为 20 dB/km 的石英光纤 1970 年，美国贝尔实验室和日本 NEC 公司先后研制成功室温下连续振荡的 GaAlAs 双异质结半导体激光器 1976 年，日本在奈良县开始筹建世界上第一条全用光缆实现光通信的试验区 1977 年，世界上第一个光纤通信系统在美国芝加哥市投入商用，传输速率为 45Mbit/s
20 世纪 80 年代	提高传输速率，增加传输距离，大力推广应用，光纤通信在海底通信获得应用
20 世纪 90 年代	掺铒光纤放大器（EDFA）的应用迅速得到了普及，密集波分复用（DWDM）系统实用化
2010 年后	先进的调制技术、超强的 FEC 纠错技术、电子色散补偿技术、偏振复用相干检测技术，以及有源和无源器件集成模块大量问世，出现了以 40 Gbit/s 和 100 Gbit/s 为基础的 DWDM 系统应用
2010—2023 年	2010 年，潘建伟小组的刘洋等人实现了 200 km 的光纤量子密钥分发实验 2012 年，潘建伟小组在青海湖实现了 101 km 的自由空间量子纠缠分发实验 2018 年 1 月，潘建伟小组与奥地利科学院研究组合作，利用"墨子号"量子实验卫星，在中国和奥地利之间首次实现距离达 7 600 公里的洲际量子密钥分发，并利用共享密钥实现加密数据传输和视频通信 2023 年 5 月 24 日，中国科学技术大学潘建伟小组分别在北京、济南和合肥建立了实用化的城域量子通信实验网

1.2.2　光纤通信系统概念及发展概况

1．光纤通信系统概念

光纤通信系统可以传输数字信号，也可以传输模拟信号，可以承载话音、图像、数据和多媒体业务等各类信息。目前实用的光纤通信系统，采用的是强度调制（IM）-直接检波（DD）的实现方式，由光发射机、光纤线路、光接收机和各种光器件等构成，如图 1-5 所示，现主要用于骨干网、本地网及接入网。

图 1-5　光纤通信系统基本构成示意图

图 1-5 中所示的是一个方向的传输系统，反方向传输系统的结构与之相同。光纤通信系统可分为三个组成部分，即光发射机、光纤线路和光接收机。

光发射机的关键部分由光源和驱动电路组成。光发射机的作用是将带有信息的电信号转换成光信号，即电/光转换。光源是其核心部件，由激光器（Laser Diode，LD）或发光二极管（Light Emission Diode，LED）构成。

光纤线路是光的传输通道，包括光纤、光纤接头和光纤连接器等。而光纤在实际应用中一般以光缆形式存在，完成光信号传输。对于长距离的光纤线路，除了作为传输线传输光信号的光纤外，中途还需要光放大器或光中继器，光放大器起光信号放大的作用，用来弥补长距离传输光信号的损耗；光中继器是将光纤长距离损耗和畸变后的微弱光信号放大、整形，再生成具有一定强度的光信号，继续送向前方，以保证良好的传输质量。

如图 1-6 所示，在光纤线路中，光缆可以架空敷设，也可以敷设在管道内、直埋于地下或敷设于海底。由于敷设和制造的原因，单盘光缆的长度一般从几百米到数千米。光缆直径的尺寸和重量决定了单盘光缆的长度。较短的光缆适用于管道敷设，较长的光缆适用于直埋、架空或敷设于海底。利用光纤熔接技术，可以将不同的光缆段连接成连续的长途线路。

光接收机由光检测器（如光电二极管 PIN 或 APD）、放大电路和信号恢复电路组成。光接收机的作用是实现光/电转换和再生，即把来自光纤的光信号还原成电信号，再经放大、整形、判决再生恢复原形。

2．光纤通信系统的概况

（1）模拟光纤通信系统

传输模拟信号的光纤通信系统称为模拟光纤通信系统，模拟光纤通信系统的典型应用场景是工业控制的单路电视系统和光纤有线电视（CATV）的多路传输系统。此外，模拟光纤传输还应用于光纤测量、光纤传感等领域。随着数字通信技术的日益成熟，模拟光纤传输技术应用逐步趋于萎缩。

图 1-6　光纤线路常用的敷设方式

（2）数字光纤通信系统

传输数字信号的光纤通信系统称为数字光纤通信系统，数字光纤通信系统有 PDH 和 SDH 两种传输体制。我国采用的 PDH 传输体制的速率分四级，基群速率为 2.048 Mbit/s，2 次群速率为 8.448 Mbit/s，3 次群速率为 34.368 Mbit/s，4 次群速率为 139.264 Mbit/s。SDH 传输体制的速率是按同步传输模块 STM-N 系列来分的，即 STM-N（N=1, 4, 16, 64）的速率为 155.520×N Mbit/s，亦即 STM-1 速率是 155.520 Mbit/s，STM-4 速率是 622.080 Mbit/s。根据所需传输容量选择同步数字传输系列等级，一般大中城市市内中继光纤通信系统选用 STM-64；小城市（镇）和乡村中继光纤通信系统既可选用 STM-4 或 STM-16，也可选用 PDH 传输体制的 2 次群或 3 次群；长途干线光纤通信系统常用掺铒光纤放大器 EDFA 为光中继器，单一光波长的数字光纤通信系统，长途干线传输可用光中继器，如图 1-7 所示。还可以采用多波长复用的密集波分复用（DWDM）系统，该系统是在一根光纤上传输多个光波长信道的光纤通信方式，充分利用了光纤带宽，有效扩展了通信容量，图 1-8 给出了一个 32 波分复用系统，即由 32×STM-64 组成的光纤通信系统。

图 1-7　数字光纤通信系统原理图

图 1-8　32×STM-64 DWDM 光纤通信系统原理图

1.3　光纤通信网络概况

1.3.1　光网络概念

　　两用户间需要通信时，可利用通信系统来完成，也就是说，欲让 A、B 两地的用户互相通信，必须在他们之间建立一个通信系统。对于离散分布的 n 个用户，若要让其中任意两个用户能互相通信，最简单的方法是用通信系统把各用户分别一一连接起来，这就需要建立 $n(n-1)/2$ 个通信系统。此时，若自高空向地面俯视，可以看到有很多传输设备与传输线路纵横交错地分布在大地上，犹如罩着一个鱼网，故称为"通信网"。通信网的基本结构如图 1-9 所示，图中圆点代表网络上的节点（或网元），节点具有宽泛的意义，节点既可以是终端节点，如电话机、电视机、计算机、手机等，也可以是网络节点（或网元），如交换机、路由器、传输设备和中继器等。节点之间由传输线路（如电缆、光缆、无线电）连接在一起。通信网的基本结构主要有网孔型、星型、复合型、环型和总线型等，如图 1-9 所示。将各类网型结合起来使用会更合理些。

图 1-9　通信网的基本结构

　　光网络是光纤通信网络的简称，它兼顾"光"和"网络"两层含义，可通过光纤提供大容量、长距离、高可靠性的线路传输，同时在传输介质上，可利用先进的电或光交换技术，引入控制和管理机制，实现多节点间的联网以及资源和业务需求的灵活配置。

　　光网络由光传输系统和在光域内进行交换/选路的光节点构成，具有光传输容量和光节点处理能力非常大的特点。光网络组成设备常有光终端复用设备（OTM）、光分插复用设备（OADM）和光交叉连接设备（OXC）等。光网络主要分为三级网，即接入网、本地网、骨干网。

1.3.2　光纤通信网络模型及发展概况

1.　光纤通信网络模型

光纤通信网从电信的业务来分，有电话网、电报网、传真网、图像通信网、广播电视网及计算机数据网（局域网、城域网和广域网）等；按服务区域范围分，有接入网、本地网、骨干网，或者分为局域网、城域网和广域网等。

一个完整的光纤通信网络由用户终端设备、光传输设备、在电路域内或光路域内交换/选路的节点设备和相应的信令、协议、标准、资费制度与质量标准等软件构成。

用户终端设备（也称终端节点）是以用户线为传输信道将各种业务，如语音、图像、数据等信息变成电信号的终端设备（如手机、计算机等）。

光传输设备是为用户终端和业务网提供传输服务的传输终端，主要包括数字复用、解复用设备和光接收、发射机等，也包含光纤线路和相应的光器件。

交换/选路设备用于完成用户群内各个用户终端之间通信线路的信息汇聚、转接和交换，并控制信号的流向。交换设备的种类有：源于电话通信的程控交换机、源于数据通信的分组交换机、源于下一代网络（NGN）宽带通信的软交换机、IP 多媒体子系统 IMS 及全光通信中的光交换机等。

信令系统是通信网的神经系统。比如，电话要接通，必须要传输和交换信令，完成各种呼叫处理、接续、控制与维护管理等功能。信令系统可使网络作为一个整体正常运行，有效完成任何用户之间的通信。

协议是通信网中用户与用户、用户与网络资源、用户与交换中心间完成通信或服务所必须遵循的预先约定的规则和共同"语言"。这种语言能使通信网正确控制、合理运行。

标准是权威机构建议的协议，是通信网应遵守的条款。

光纤通信网络的基本结构拓扑图如图 1-10 所示。

2.　光纤通信网络发展概况

光纤通信网络是一种基于光纤的网络，光纤通信技术已渗透至接入网、本地网和骨干网之中。在典型业务的光纤通信网络应用中，光纤传输系统只用来代替各类电缆传输系统，节点对信号的处理和交换等还采用电子技术，这类网络称为第一代光网络。比如常见的光纤通信网络在电信业务网、有线电视网、计算机局域网、光互联网等网络中的应用。

光纤通信在电信业务网中的应用，主要在骨干网、本地网的中继传输中，其构成如图 1-5 所示。

光纤通信在用户接入网中的应用，是指在用户接入网中采用光纤作为主要传输介质来实现用户信息传送的应用形式。此时的光纤接入网的主要优点是可以传输宽带业务，如高速数据下载业务、IPTV 业务和图像传送业务等；传输质量好、可靠性高；网径一般在 20 km 以内，不需要中继器等。图 1-11 给出了光纤接入网的结构示意图。

图 1-10　光纤通信网络的基本结构拓扑图

图 1-11　光纤接入网的结构示意图

利用光纤作为 CATV（有线电视）的干线传输介质，可大大提高信号传输质量，为多功能、大容量的信息传送提供了基础。因此，目前 CATV 网的最佳选择是光纤与同轴电缆（带宽为 75 MHz 或 1 GHz）混合（HFC），计算机局域网也可连在如图 1-12 所示的分前端，借助光纤通信网络实现高速数据传输。图中 CM（Cable Modem）为电缆调制解调器；DVB 为数字视频广播；STB 为机顶盒；OR\ROT 为光纤终端盒，MOD 为影片点播。

在计算机校园网中，利用光纤通信系统可传输 1 000 Mbit/s 以上的数据信号，其结构如图 1-13 所示。

图 1-12　电视、数据传输网络结构图

图 1-13　计算机校园网组成

当数据传输速率越来越高时，采用电子技术处理交换节点的数据就出现了困难，此时就必须考虑交换节点的数据在光路选路，这促使第二代光网络即全电光网络诞生。第二代光网络以在光域完成节点数据的选路/交换为标志，实现了节点的部分全光化。第二代光网络的代表技术包括密集波分复用（DWDM）、光时分复用（OTDM）和光码分复用（OCDM）等。

随着各种业务的不断涌出，对于光纤通信而言，超高速度、超大容量、超长距离传输一直是人们追求的目标，而全光网络可实现这一目标。全光网络总体来说是以光传送网（OTN）为骨干网络结构逐步发展成以智能光网络（ASON）为主体的网络结构，以光节点代替电节点，其信息可以始终以光的形式进行传输和交换，这正向着第三代光网络发展。

1.4　未来光通信

光纤通信的发展依赖于光纤通信技术的进步，为了适应传输容量不断提高的需求和网络发展，人们为传输系统的技术开发做出了不懈的努力，光纤、光缆、器件、光系统的品种不断更新，性能逐渐完善，随着"光进铜退"的实施，已使光纤通信成为信息高速公路的重要传输平台。当今光纤通信技术的发展趋势主要有如下几个方面。

1.4.1　光纤、光缆发展趋势

由于光纤传输速率的逐步高速化、大容量化（理论上，单根光纤可以提供 25THz 传输带宽），光纤损耗、色散、非线性效应等严重影响到光纤通信系统的质量，人们已将光纤的工作波长由 850 nm 向 1 310～1 550 nm 移动，并尝试向 2 000 nm 区域扩展。

为降低光纤损耗、色散和非线性效应，相继研制出了应用广泛的非色散位移光纤（ITU-T G.652），其在 1 310 nm 为零色散，在 1 550 nm 为最低损耗，工作波长为 1 310 nm；色散位移光纤（ITU-T G.653），其低损耗和零色散均在 1 550 nm，工作波长为 1 550 nm；截止波长位移光纤（ITU-T G.654），其在 1 550 nm 损耗仅为 0.15 dB/km；非零色散位移单模光纤（ITU-T G.655），其在 1 550 nm 损耗小，色散小，非线性效应小；宽带光传送的非零色散宽带光纤（ITU-T G.656）；用于接入网的弯曲损耗不敏感光纤（ITU-T G.657）等。

随着"宽带中国""互联网+""万物互联"等战略的落地，尤其是光纤到户、光纤到基站和 5G 的持续建设，我国光纤光缆产量呈现逐年增长的趋势，截至 2023 年全球光纤光缆产量达到 6.5 亿芯千米，我国光纤光缆产量为 3.46 亿芯千米。随着光纤通信容量不断增大、中继段距离不断增长的需求，保偏光纤是重要研究方向。采用相干光纤通信系统，可实现越洋无中继通信，但要求保持光的偏振方向不变，以保证相干探测效率，因此常规单模光纤要向着保偏光纤方向发展。

市场需求是最好的发展源动力。用户对通信的要求已从窄带电话、传真、数据和图像业务逐渐转向可视电话、电视点播、图文检索和高速数据等宽带新业务，由此促生了光纤用户网。光纤用户网的主要传输介质是光纤，而用户光纤光缆的特点是含纤数量高，每缆可高达 2 000～4 000 芯，因此高密度化的带状光缆诞生了，它可减少光缆的直径和重量，又可在工程施工中便于分支和提高接续速度。

1.4.2　光纤通信系统发展趋势

随着信息社会的到来，信息共享、有线电视、电视点播、电视会议、家庭办公、计算机互联网等应运而生，迫使光纤通信系统向高速化、大容量发展。实现高速化、大容量的主要手段是采用时分复用、波分复用和频分复用，将多系统信息汇总传输。

现代电信网的发展对光纤通信提出了更高的要求，光纤通信已由以往单信道的光纤通信系统向多信道的波分复用系统发展。采用波分复用技术充分利用光纤的宽低损耗区，在不改变现有光纤通信线路的基础上，可以很容易地成倍提高光纤通信系统的容量。目前密集波分复用（DWDM）加掺铒光纤放大器（EDFA）的高速光纤通信系统成为发展主流。实用的 DWDM 系统工作在 8～80 个波长，每个波长可传输 2.5 Gbit/s 或 20 Gbit/s。

光纤通信系统向相干光通信系统方向发展，成为另一个趋势。目前大多数光纤通信系统采用的是强度调制（IM）-直接检波（DD）方式，在相干光通信系统中采用相干检测方式，最大的好处是可提高光接收机的检测灵敏度，从而提高光纤通信系统的无中继传输距离。

1.4.3　光纤通信网络发展趋势

光纤通信网络从一开始就是为传送基于电路交换信息的用户信号建设的，一般是 TDM 的连续码流，光同步数字传输网络 SDH 成为长途传输网的主要技术，其优势在于它不仅具有高传输容量，而且还有着灵活可靠的保护方式。随着互联网和其他宽带业务的剧增，数据信息的传送量越来越大，带宽的需求又迫使去挖掘光纤带宽潜力，采用 WDM 技术增加在单根光纤中的传输容量成为重要选择，目前，以 WDM 技术为基础的光传输技术在骨干网中融纳了 SDH 技术。

WDM 技术不仅具有 SDH 一样灵活可靠的保护方式，而且也能够使光纤的传输容量几倍、几十倍地增加。随着可用波长数的不断增加，光放大、光交换等技术的发展，越来越多的光传输系统升级为 DWDM 系统。在 DWDM 技术逐渐从骨干网向本地网和接入网渗透的过程中，人们发现波分复用技术不仅可以充分利用光纤中的带宽，而且其多波长特性还具有无可比拟的光通道直接连网的优势，为进一步组成以光子交换为交换体的多波长光纤网络提供了基础，因此促使了波分复用系统由传统的点到点传输向光传送网的方向发展，形成了多波长波分复用光网络，即光传送网（Optical Transport Network, OTN）。

在今天的全球信息量中，宽带数据业务早已取代传统电信网中语音业务的主导地位。同时，IP 技术通过数年的发展，其应用领域不再局限于传送数据信息，已被用作传送语音、数据、视频等多媒体综合业务。随着 IP 数据业务的急剧增长，一种适合 IP 业务分组化，能够提供大容量、多业务承载能力的分组传送技术成为业界关注的焦点。分组传送网（PTN）、IP 移动承载网（ATN 或 IP ARN）和切片分组网络（SPN）技术应运而生，PTN 与 ATN 的基本概念和工作原理相似，它们的系列产品的使用定位有所区别。PTN 是 IP/MPLS 和传送网技术结合优化的产物，是端到端面向连接的传送技术，在 IP 业务和底层光传输介质之间设置了一个 MPLS 层，它是针对分组业务流量的突发性和统计复用传送的要求而设计的，以分组业务为核心并支持多业务提供，同时端到端面向连接，继承了光传输的传统优势。

SPN 是面向 5G 移动承载提出的切片分组传送技术体系，是对 PTN 技术的继承、增强和创新。

由此可见，随着网络化时代的到来，网络的不断演进和巨大的信息传输需求，对光纤通信提出了更高的要求，同时也促进了光纤通信技术的发展。就光纤通信网络技术而言，其发展方向主要有以下几点。

（1）信道容量不断增加。目前，实用化的光纤通信系统单通道速率已由 155 Mbit/s 扩充到 32×10 Gbit/s 或者 160×10 Gbit/s 并向更高速率发展。在实验室，NEC 实现了 274×40 Gbit/s 系统；阿尔卡特实现了 256×40 Gbit/s 系统；西门子实现了 176×40 Gbit/s 系统。在未来的全光网络中，如能将光时分复用（OTDM）、光码分复用（OCDM）等技术与 WDM 结合起来，光纤通信系统容量还将大幅度扩展。

（2）超长距离传输。目前商用光纤通信系统的传输距离已由 40 km 增加到 160 km。拉曼光纤放大器的出现，为进一步增大无中继距离创造了条件。在实验室，无电中继的传输距离已从 600 km 增加到 4 000 km。

（3）光传输与光交换技术融合。将具有巨大传输容量、可实现点到点通信的 DWDM 系统与光交换技术融合，可以平滑升级扩容组建 OTN 及全光网络。采用可重构光分插复用设备（ROADM）和光交叉连接设备（OXC）可实现光互联网、智能光网络 ASON。据报道，256×256 全光交叉连接设备已进入实用。

（4）光纤接入网。作为通信网的"最后一千米"，直接面向用户，通过把光纤引入千家万户，将使亿万用户的多媒体信息畅通无阻地进入通信网。目前用于光纤接入网的技术有 3 种：一是已广泛使用的基于 SDH 的多业务传送平台（MSTP），可同时实现 TDM、ATM、Ethernet 及 FR、FDDI、Fiber Channel、FICON 和 ESCON 等业务的接入处理和传送，提供统一网管的多业务的接入节点设备。二是基于 WDM 的多业务平台，其将 WDM 的每个波道分别用作各个业务的通道，用透明传输的方式支持各种业务的接入处理，如在 FE、GE 等端口中嵌入 Ethernet 2 层甚至 3 层交换功能等，使 WDM 系统既有传送能力，又有业务提供能力。三是基于无源光网络（PON）实现的接入平台，PON 技术在德国和日本受到重视，它将 ATM 与 PON 结合形成 APON，或将 Ethernet 与 PON 结合形成 EPON，传输速率可达 155 Mbit/s 或 622 Mbit/s 甚至 1 Gbit/s，可以提供经济高效的语音、IP 数据、视频广播等多媒体传送平台，并有效地利用网络资源。

1.4.4　光通信发展趋势

光通信系统既有有线的光纤通信系统，也有无线的光通信系统。目前光纤通信系统中所用的光收发机大多采用的是 IM-DD 方式，其优点是调制、解调简单，且成本低，足以满足现在的通信需求，其缺陷是受限于传输容量和距离。未来光通信的发展趋势是引入相干光通信、光孤子通信、光时分复用通信、光码分复用通信和光量子通信技术，以弥补 IM-DD 光纤通信系统的不足。

1. 相干光通信技术特点与进展

相干光通信系统始于 20 世纪 80 年代，当时已经有了一些实际应用，但由于各方面的限制，相干光通信一直未成为主流系统。随着各种多媒体应用和互联网的普及，光波分复用系统发展到 100 Gbit/s 及更高速率后，相干光通信技术迎来了又一发展机遇。相干光通信主要采用相干调制和外差检测技术，可以充分地利用光纤的传输带宽，有效提高系统的传输容量。

相干光通信，在发射端将要传输的电信号对光载波进行振幅或频率或相位调制，在接收端则采用零差或外差检测等相干检测技术进行信息的接收。相干光通信具有以下特点。

（1）接收机的接收灵敏度高，传输的中继距离长。在接收端相干检测可使经相干混合后的输出光电流的大小和本振光功率的乘积成正比。由于本振光功率远大于接收的信号光功率，因此可大大提高灵敏度，有利于增加光信号的传输距离。

（2）接收机的频率选择性好。可以充分利用光纤低损耗光谱区（1 250～1 600 nm），提高光纤通信系统容量。相干接收机可以使密集波分复用频率间隔小于 1 GHz，可以实现超高容量的信息传输。

（3）有一定的色散补偿效应，通信容量大。

（4）可提供多种调制方式。在相干光通信中，除可以对光进行幅度调制外，还可以使用频率和相位等多种调制方式。

在 20 世纪 80 年代，英、美、日等国相继进行了一系列相干光通信实验。AT&T 及 Bell 于 1989 年和 1990 年在宾夕法尼亚州的罗灵-克里克地面站与森伯里枢纽站间先后进行了 13 00nm 和 1 550nm 波长的 1.7 Gbit/s FSK 现场无中继相干传输实验，相距 35 km，接收灵敏度达到-41.5 dBm；NTT 公司于 1990 年在濑户内陆海的大分-尹予和吴站之间进行了 2.5 Gbit/s CPFSK 相干传输实验，总长 431 km。但因 EDFA 和 DWDM 技术已比较成熟，IM-DD 系统已能满足当时的通信需要，使得相干光通信技术的应用与发展缓慢下来。近年来相干光通信技术的应用再次受到重视。从 2005 年至今，美国、日本、德国、荷兰、英国、中国等每年都有相关研究文章发表。相干光通信方面的理论研究正在逐年升温，商品化研发也在进行。2006 年，美国 DISCOVERY 公司推出了带宽为 2.5 Gbit/s 及 10 Gbit/s 的外差检测相干光接收机，在带宽为 10 Gbit/s、误码率为 10^{-9} 时灵敏度可达-30 dBm。此外，相干光通信的一大热点应用在于星间光链路通信。相干光通信系统是一种更为先进、复杂的光传输系统，适用于更长距离、更大容量的信息传输。大规模的应用不会在短期内出现。

2. 光孤子通信技术特点与进展

光孤子理论的出现，对现代光通信技术发展的两个方向（一是大容量传输，二是延长中继距离）起到了里程碑的作用，被认为是第五代光纤通信系统的关键技术。

光孤子是经过长距离传输而保持形状不变的光脉冲。光孤子通信是指在光纤中所传输的光信号保持其脉冲波形稳定即脉冲不展宽，从而提高系统的传输距离和容量。光孤子通信具有以下特点。

（1）传输容量大。光孤子通信克服了色散的制约，当光强度足够大时会使光脉冲变窄，脉冲宽度不到一皮秒，可使光纤的带宽增加 10～100 倍，极大地提高了传输容量和传输距离。光孤子通信作为新一代光纤通信系统在洲际陆地通信和跨洋通信等超长距离、超大容量通信系统中大显身手。传输速率一般可达 20 Gbit/s，最高可达 100 Gbit/s。

（2）传输误码率低。光孤子传输由于波形保持不变，决定了其误码率大大低于常规光纤通信，甚至可实现误码率低于 10^{-12} 的无差错光纤通信。

（3）可以不用光中继站。只要对光纤损耗进行增益补偿，就可将光信号无畸变地传输极远距离，从而免去了光电光转换、整形放大、判决再生、再重新发送等复杂过程。

1973 年，美国贝尔实验室的 A.Hasegawa 提出了将光孤子应用于光通信的设想，直到 1983 年，美国贝尔实验室的 Mollenauer 研究小组首次研制成功了第一支色心锁模孤子激光器 CCL，从而进入了实验研究阶段。1991 年后半导体激光器和 EDFA 在光孤子通信试验系统中的成功应用，使光孤子通信走向实用化。光孤子通信的这一系列进展使孤子通信系统实验已达到传输速率 10～20 Gbit/s，传输距离 13 000～20 000 km 的水平。光孤子通信的现状与展望，如图 1-14 所示。图中，三个坐标分别表示传输距离、传输速率和 EDFA 的噪声因子（NF）性能，其阴影部分表示现状。

图 1-14　光孤子通信的现状与展望

3．光时分复用通信技术特点与进展

光时分复用（Optical Time-Division Multiplexing，OTDM）和电时分复用类似，是指光域的数字信号时分复用，是把一条复用信道划分成若干个时隙，每个基带数据光脉冲流分配占用一个时隙，N 个基带信道复用成高速光数据流信号进行传输。

光时分复用系统原理如图 1-15 所示，将多个高速调制光信号转换为等速率光信号，然后放在光发射器里利用超窄光脉冲进行时域复用，将其调制为更高速率的光信号然后再放到光纤里进行传输。这有效解决了限制传输速率容量的电子瓶颈问题。

图 1-15　光时分复用系统原理

OTDM 技术被认为是未来的光网络技术。为了满足人们对信息的大量需求，将来的网络必将是采用全光交换与路由的全光网络，而 OTDM 的特点使其作为将来的全光网络技术方案更具吸引力。OTDM 技术具有以下特点。

（1）可简单地接入极高的线路速率（高达几百吉比特每秒）。

（2）支路数据可具有任意速率等级，并和现在的技术（如 SDH）兼容。

（3）由于是单波长传输，大大简化了放大器级联管理和色散管理。

（4）网络的总速率虽然很高，但在网络节点只需以本地的低数据速率工作。

（5）OTDM 和 DWDM 的结合可支撑未来超高速光通信网的实现。

虽然光时分复用的研究起步较晚，但 OTDM/WDM 系统已经成为未来高速、大容量光通信系统的一种发展趋势。一些发达国家投入了大量的人力物力，如德国的 SHF、日本的 NTT 和 NEC 以及美国、英国的一些研究机构等对光时分复用技术进行了广泛的研究。1988 年，贝尔实验室建成了第一个 OTDM 点到点实验室传输系统，当时的速率为 4×4 Gbit/s。1996 —1999 年，日本 NTT 传输系统实验室试验并实现了 100 Gbit/s 和 640 Gbit/s 的 40～1 000 km OTDM 传输系统。1997 年，英国的 TB 实验室报道了有关实现 40 Gbit/s 的 OTDM 局域网的试验研究。在中国，"九五"期间国家"863 计划"通信主题就将光时分复用技术列为重点课题，中国国内许多高校也相继投入到高速光时分复用系统的研究中。北京交通大学、清华大学和北京邮电大学先后承担了部分国家"863"项目，对光时分复用器、TDM/DWDM 网络接口及全光再生等方面进行了研究。从研究情况看，OTDM 主要有 3 个发展方向，第一个发展方向是研究更高速率的系统并与 DWDM 相结合。OTDM 的最高速率已达 640 Gbit/s，OTDM 和 DWDM 相结合已实现了 3 Tbit/s 的传输速率。第二个发展方向是 OTDM 实用化技术和比特间插的 OTDM 网络技术。第三个发展方向是 OTDM 全光分组网络。目前，OTDM 技术尚不成熟，还在试验阶段，加上需要较复杂的光学器件，离实用化还有一定距离，有待进一步研究，但是在将来的 Tbit/s 级通信系统中，或将成为重要的通信手段。

4．光码分复用通信技术特点与进展

光码分复用（Optical Code Division Multiplex，OCDM）是一种充分利用现有光纤带宽的复用技术。在电通信领域，码分复用是一种扩频通信技术，在发射端将不同的用户信息采用相互正交的扩频码序列进行调制后再发送，在接收端采用相关解调来恢复原始数据。由于这种伪随机地址码序列可以对光信号的任意信息进行标记来实现编/解码，如光振幅编/解码、光相位编/解码、光波长编/解码等，因此 OCDM 的实现方式是多种多样的。每一种编/解码方式都要求不同的伪随机地址码序列具有正交性。与 DWDM 和 OTDM 相比，OCDM 并没有严格的系统容量定义，只是随着用户数的增加而系统性能不断降低，是一种干扰受限系统。OCDM 技术具有以下特点。

（1）ODCM 技术可以实现光信号的直接复用与交换，能动态分配带宽，且扩展网络容易，网管简单，因此非常适用于实时性、高突发、高速率和高保密性的通信业务。

（2）通过给用户分配码字实现多址接入，可以在无交换中心的情况下实现点到点、点到多点的通信，并且一个节点的故障不影响系统中的其他节点，用户可以即时接入，时延也很小。

（3）具有很高的保密性、安全性。

（4）信号处理简单。不像光波分复用系统那样对波长有严格的要求，也不需要光时分复用那样严格的时钟同步，从而大大降低了收发设备的成本。

5．光量子通信特点与进展

光量子通信是通过光纤传输量子态而实现通信的方式，是量子通信在光通信中的应用。

量子通信是由量子态携带信息的通信，它利用光子等基本粒子的量子纠缠效应实现保密通信。根据实验验证，具有纠缠态的两个粒子无论相距多远，只要一个发生变化，另外一个也会瞬间发生变化，利用这个特性可实现光量子通信。量子通信是指利用量子纠缠效应进行信息传输的一种绝对安全的新型通信方式，其核心就是通过量子密钥分发，实现相距遥远的通信双方共享绝对安全的量子密钥。经典通信的安全性和高效性与量子通信无法比拟。通过量子态的传送完成大容量信息的传输，实现了原则上不可破译的量子保密通信。量子通信具有传统通信方式所不具备的绝对安全特性，在国家安全、金融等信息安全领域有着重大的应用价值和前景。

1993年，美国科学家C.H.Bennett在量子纠缠理论的基础上提出了量子通信的概念。1997年，在奥地利留学的中国青年学者潘建伟与荷兰学者波密斯特等人合作，首次实现了未知量子态的远程传输。这是国际上首次在实验中成功地将一个量子态从甲地的光子传送到乙地的光子上。实验中传输的只是表达量子信息的"状态"，作为信息载体的光子本身并不被传输。

6．自由空间光通信技术特点与进展

自由空间光通信（Free Space Optics，FSO）是指将激光光波作为载波，大气作为传输介质的光通信系统。FSO结合了光纤通信与微波通信的优点，既具有大通信容量、高速传输的优点，又不需要铺设光纤，因此各技术强国在FSO领域投入大量人力物力，并取得了很大进展。FSO是由两台激光通信机构成的通信系统，它们相互向对方发射被调制的激光脉冲信号（声音或数据），接收并解调来自对方的激光脉冲信号，实现双工通信。FSO系统具有以下特点。

（1）减少了不必要的E/O转换，一条链路现在只需要2个O/E接口即可，大大降低了成本。光学系统较为简单，光纤出射的光束一般为圆高斯光，不需要整形，简化了光学系统，减小了体积，易于安装。

（2）易于升级及维护，当用户的带宽增加时，只需要对放置在室内的系统进行升级即可，免去了复杂烦琐的对准过程。

（3）利用现有的光纤通信系统中的光模块（收/发模块）和光器件（EDFA和WDM）与光纤耦合，就能很好地实现空间光通信与光纤通信网的结合。

（4）可以与光码分复用（OCDM）技术相结合，构成自由空间OCDM系统，进一步扩大系统的带宽。

FSO和其他无线通信相比，还具有不需要频率许可证、频带宽、成本低廉、保密性好、误码率低、安装快速、抗电磁干扰、组网方便灵活等优点。正是由于这些特点，FSO系统正受到电信运营商越来越多的关注与青睐。对于有线运营商，FSO可以在城域光网之外提供高带宽连接，而其成本只有地下埋设光缆的1/5。对于无线运营商，相对于昂贵的E1/T1线路租金和微波通信较低的带宽，该技术的每兆比特传输费用较低。在目前这个竞争激烈的环境中，FSO无疑为电信运营商以较低的成本加速网络部署，提高"服务速度"并降低网络操作费用提供了可能。而且FSO技术结合了光纤技术的高带宽和无线技术灵活、快速部署的特性，在接入层等近距离高速网的建设中大有用武之地，在目前许多企业和机构都不具备光纤线路，但又需要较高速率（如STM-1或更高）的情况下，FSO不失为一种解决

"最后一千米"瓶颈问题的有效途径。

　　我国卫星间光通信研究与欧、美、日相比起步较晚。目前已完成了对国外研究情况的调研分析，进行了星间光通信系统的计算机模拟分析及初步的实验室模拟实验研究，大量的关键技术研究正在进行中，与国外相比虽有一定的差距，但近些年来在星际光通信领域也取得了一些显著的成就。

习题 1

1. 简述光纤通信的基本概念、特点和应用。
2. 简述光纤通信系统的组成及各部分功能。
3. 光纤通信与电通信方式的主要差异是什么？
4. 光纤通信网络有几种基本结构拓扑图？请画出基本结构拓扑图。
5. 可通过哪些途径来提高光纤通信系统的传输容量？
6. 简述现代及未来光通信技术的发展趋势。
7. 简述相干光通信技术的定义。有何特点？
8. 简述光孤子技术的定义。有何特点？
9. 简述光量子技术的定义。有何特点？
10. 简述 FSO 技术的定义。有何特点？

第2章　光纤传输原理及传输特性

在光纤通信系统与网络中，光纤作为光波传输的良好介质得到了广泛的应用，光纤的传输特性对光纤通信的传输质量起决定性作用。本章从应用的角度介绍光纤和光缆的结构、类型、传输原理与特性。

2.1　光纤与光缆的结构及类型

在光纤通信中，长距离传输光信号所需要的光波导是一种叫作光导纤维（简称光纤）的圆柱体介质波导。所谓"光纤"就是工作在光频下的多层次的介质波导，它引导光沿着轴线方向传输。而光缆由多根光纤和加强构件的缆芯以及外护套构成。

2.1.1　光纤结构及类型

1. 光纤结构

光纤是由两种不同折射率的玻璃材料拉制而成的，其基本结构示意图如图 2-1 所示。内层为纤芯，是一个透明的圆柱形介质，其作用是以极小的能量损耗传输载有信息的光信号。紧靠纤芯的外面一层称为包层，从结构上看，它是一个空心的、并与纤芯同轴的圆柱体形介质，其作用是保证光全反射只发生在纤芯内，使光信号封闭在纤芯中传输。为了实现光信号的传输，要求纤芯的折射率比包层的折射率稍大些，这是光纤结构的关键。包层材料通常为均匀材料，其折射率为常数 n_2，一般为 1.45～1.46。纤芯的折射率可以是均匀的 n_1，也可以是沿纤芯横截面（径向）r 变化的 $n_1(r)$，一般为 1.463～1.467。另外涂覆层的直径控制在 250 μm，其作用是确保光纤不受外部压力而产生微变剪切应力。图 2-1 中，a 是纤芯的半径，b 是包层的半径，n 是表示光纤折射率大小的纵坐标，r 是光纤横截面（径向）的横坐标。

图 2-1　光纤基本结构示意图

2. 光纤的类型

光纤可依据构成材料、工作波长、传导模式、纤芯折射率分布、制造方法的不同，将其分为多种类型，如图 2-2 所示。

图 2-2　光纤的分类

由图 2-2 可知，光纤分类的方法很多，这里只重点介绍按照传导模式、纤芯折射率分布以及国际电信联盟（ITU-T）对光纤标准的建议来分类。

光是一种电磁波，它沿光纤传输时可能存在多种不同的电磁场分布形式（传播模式）。能够在光纤中远距离传输的传播模式称为传导模式。根据传导模式数量的不同，光纤可以分为多模光纤和单模光纤两类。

（1）多模光纤（Multi-mode Fiber，MMF）

多模光纤是指光纤中传输的模式不止一种，即在光纤中存在多种传导模式。多模光纤的纤芯直径为 $50 \sim 80 \ \mu m$，其横截面的折射率分布为阶跃型和渐变型，包层直径为 $125 \ \mu m$，多模光纤适用于中距离、中容量的光纤通信系统。

（2）单模光纤（Single-mode Fiber，SMF）

单模光纤是指光纤中只传输一种模式，即基模（LP_{01} 最低阶模式）。纤芯直径为 $8 \sim 10 \ \mu m$，模场直径只有 $9 \sim 10 \ \mu m$，包层直径仍为 $125 \ \mu m$。单模光纤适用于长距离、大容量的光纤通信系统。

需要指出的是，单模光纤和多模光纤只是一个相对概念。光纤中可以传输的模式数量的多少取决于光纤的工作波长、纤芯折射率分布和结构参数。

单模光纤又可分为常规单模光纤和特种单模光纤。特种单模光纤主要有双包层光纤、三角芯光纤、椭圆芯光纤等。它们的主要特点是：

① 双包层光纤在 1 550 nm 为零色散，在 1 310～1 600 nm 为色散平坦，如图 2-3（a）所示。

② 三角芯光纤在 1 550 nm 有微量色散，有效面积较大，适合用于 WDM 系统，如图 2-3（b）所示。

③ 椭圆芯光纤、熊猫芯光纤和蝴蝶芯光纤，具有高双折射特性，保偏状态，分别如图 2-4（a）、图 2-4（b）、图 2-4（c）所示。

图 2-3　典型特种单模光纤　　　　　　图 2-4　几种保偏光纤的截面结构

按纤芯折射率分布分类，光纤可粗分为阶跃型和渐变型两种。

（1）阶跃型光纤（SIF）的折射率可以表示为：

$$n(r)=\begin{cases}n_1 & (r<a) & \text{（纤芯）}\\ n_2 & (b\geq r\geq a) & \text{（包层）}\end{cases}$$

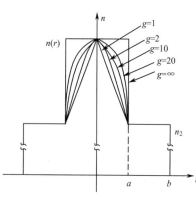

图 2-5　g 为不同值时的折射率

（2）渐变型光纤（GIF）的折射率可以表示为：

$$n(r)=\begin{cases}n(0)\left[1-2\Delta\left(\dfrac{r}{a}\right)^g\right]^{1/2} & (r<\alpha) & \text{（纤芯）}\\ n(a)=n(0)[1-2\Delta]^{1/2} & (b\geq r\geq\alpha) & \text{（包层）}\end{cases}$$

式中，$n(0)$ 是 $r=0$ 时纤芯中心的折射率；g 是折射率分布指数，它取不同的值，折射率分布不同，当 $g\rightarrow\infty$ 时，相当于阶跃型折射率分布光纤，如图 2-5 所示。r 为离开光纤轴心的距离，a 为纤芯半径（μm），Δ 为相对折射率差。对阶跃型光纤：

$\Delta=(n_1^2-n_2^2)/2n_1^2\approx(n_1-n_2)/n_1$；对渐变型光纤：$\Delta=[n^2(0)-n_2^2]/2n^2(0)$。图 2-6 是几种典型的光纤材料和其折射率分布。

图 2-6　几种典型的光纤材料和其折射率分布

从 G.656 光纤的应用范围可知，它适用 S+C+L 三个波段。单模光纤的波段划分如表 2.1 所示。

表 2.1　单模光纤的波段划分

O 波段（原始波段 Original）	E 波段（扩展波段 -Extended）	S 波段（短波段 -Short）	C 波段（常规波段 -Conventional）	L 波段 （长波段-Long）	U 波段（超长波段 -Ultralong）
1 326～1 360 nm	1 360～1 460 nm	1 460～1 530 nm	1 530～1 565 nm	1 565～1 625 nm	1 625～1 675 nm

2.1.2　光纤标准及应用

光纤标准按国际标准 ITU-T 建议执行。ITU 为国际电信联盟，是联合国的一个机构，于 1865 年成立。ITU 下设三个机构，即远程通信标准化组织（ITU-T）、无线电通信组织（ITU-R）和电信发展组织（ITU-D）。按 ITU-T 已给的建议，光纤标准可分为多模光纤 G.651 标准，单模光纤 G.652、G.653、G.654、G.655、G.656、G.657 标准；还有其他相关的单模光纤，如色散平坦光纤（DFF）和色散补偿光纤（DCF）。光纤至今已根据 ITU-T 的 G.651～G.657 等系列标准制造出相应的产品种类，抑制色散的方法各有不同，下面分别对单模光纤的种类及应用进行介绍。

（1）G.652 光纤是零色散波长在 1 310 nm 处的标准单模光纤。在 1 310 nm 处该光纤的损耗达到 0.3～0.4 dB/km。在 1 550 nm 窗口处有较大的色散，达+18 ps/（nm·km），该光纤不利于高速率大容量系统，广泛应用于 10 Gbit/s 左右的数据通信和图像传输中。

（2）G.653 光纤又称为色散位移光纤（DSF），将最小零色散点从 1 310 nm 附近移至 1 550 nm 波长处，使 1 550 nm 波长处的损耗系数和色散系数均很小。主要用于单信道长距离海底或陆地通信干线，其缺点是不适合波分复用系统。

（3）G.654 光纤又称为截止波长位移光纤，它在 $\lambda = 1\ 550\ nm$ 处损耗系数很小，$\alpha = 0.2\ dB/km$，光纤的弯曲性能好，主要用于长距离无再生中继的海底光缆系统，其缺点是制造困难，价格贵。

（4）G.655 光纤称为非零色散位移光纤（NZ DSF）。G.655 光纤在 1 550 nm 波长处有一低的色散（但不是最小），能有效抑制"四波混频"等非线性现象。适用于速率高于 10 Gbit/s 的使用光纤放大器的波分复用系统，但在长距离、高速率传输系统中仍需要进行色散补偿。

G.656 光纤称为非零色散宽带光纤。在 1 530～1 565 nm 波长范围内呈现低的色散系数 $3\ ps/(nm·km) \leqslant D \leqslant 14 ps/(nm·km)$。

（5）G.657 光纤是弯曲损耗不敏感光纤，弯曲半径可达 5～10 mm，可以像铜缆一样沿着建筑物内很小的拐角安装（直角拐弯），可以有效降低光纤布线的施工难度和成本。

（6）色散平坦光纤（DFF）在 1 310～1 550 nm 波段范围内都是低色散，且具有两个零色散波长，可用于工作波长在 1 310 nm 和 1 550 nm 的高速传输系统。

色散补偿光纤（DCF）是一种具有大的负色散和负色散斜率的光纤，用来补偿常规光纤工作于 1 550 nm 波长处所产生的较大的正色散。各种光纤的标准及应用如表 2.2 所示。

表 2.2　各种光纤的标准及应用

光纤标准（类型）	适 用 范 围
G.651 光纤	工作在 850 nm 的短波长窗口，对于四次群以下的光纤通信系统较为实用。常用于局域网和数据链路
G.652 光纤	在 1 310 nm 波长处性能最佳，是目前应用最广泛的光纤。主要应用在 1 310 nm 波长区开通长距离 622 Mbit/s 及其以下系统，在 1 550 nm 波长区开通 2.5 Gbit/s、10 Gbit/s 和 n×2.5 Gbit/s 波分复用系统

光纤标准（类型）	适 用 范 围
G.653 光纤	在 1 550 nm 波长处损耗系数和色散系数均最小。主要用于长距离、高速率传输，如 10 Gbit/s 以上系统，其缺点是易受非线性影响，并产生较严重的四波混频效应（FWM），它不支持波分复用系统
G.654 光纤	在 1 550 nm 波长处损耗系数最小，抗弯曲性能好。主要用于长距离海底光缆通信系统
G.655 光纤	在 1 550 nm 波长处有低色散保证，有抑制 FWM 等非线性效应，使得其能应用于 EDFA 和 DWDM 系统，并以 10 Gbit/s 的速率传输 300～400 km 而无须色散补偿
G.656 光纤	2006 年 11 月发布了 V2.0 版（由日本 NTT 公司和 CLPAJ 公司修订）G.656 光纤的基本规范。在 1 530-1 565 nm 波长范围内色散系数为 3～14 ps/(nm·km)，能有效抑制密集波分复用系统的非线性效应。G.656 光纤可保证通道间隔 100 GHz，40 Gbit/s 系统至少传 400 km
G.657 光纤	"G.657 弯曲损耗不敏感单模光纤光缆特性"是 ITU-T 于 2006 年 11 月发布的标准。这类光纤最主要的特性是在 1 260～1 625 nm 波长间具有优异的耐弯曲特性，其最小可弯曲半径等级为 10 mm、7.5 mm、5 mm，共 3 等，是常规 G.652 光纤弯曲半径的 1/4～1/2。适用于光纤接入网及终端建筑物内的各种布线
DFF 光纤	优点是在 1 310～1 550 nm 波长间为低色散。可与 G.652 光纤配合使用，以降低光纤总色散
DCF 光纤	优点是在 1 550 nm 波长内有很大的负色散，主要用于与 G.652 光纤配合使用，由 1 310 nm 扩容升级至 1 550 nm 时进行色散补偿

2.1.3　光缆结构及类型

光缆由缆芯（含光纤、加强构件、填充物等）和护套等构成。

缆芯一般是由带有涂覆层的单根或多根光纤合与不同形式的加强构件和填充物扭绞组合，再套上一层塑料子管形成的。

加强构件（加强件）用于提高光缆施工的抗拉能力。在光缆中，一根或多根加强构件位于光缆中心的，称为中心加强；分散于四周或绕包一周的，称为铠装式加强。加强构件一般采用镀锌钢丝、多股钢丝绳、带有紧套聚乙烯垫层的镀锌钢丝、纺纶丝和玻璃增强塑料等。

填充物是指用于注满光缆缆芯空隙的特定物质，比如石油膏。石油膏是光纤防淹的最后防线，它可有效地阻止潮气及水的渗入和扩散，以延缓潮气及水对光纤传输性能的影响，同时还能减少光纤的相互摩擦。

护套用来保护缆芯，使缆芯有效抵御一切外来的机械、物理、化学的作用，并能适应各种敷设方式和应用环境，保证光缆有足够的使用寿命。光缆护套是由内护套和外护套构成的多层组合体，内护套一般用聚乙烯（PE）和聚氯乙烯（PVC）等，外护套可根据敷设情况而定，可采用铝带和聚乙烯组成的 LAP 外护套加圆钢丝铠装等，起增强光缆抗拉、抗压、抗弯曲等机械保护作用。

通常依据光缆敷设位置和缆芯结构的不同对光缆进行分类。

1．室外光缆

常用的室外光缆按其缆芯结构可分为层绞式、骨架式、中心束管式 3 种，就光纤芯数结构又有单/多芯光缆和带状光缆，如图 2-7～图 2-10 所示。

（1）层绞式光缆

层绞式光缆是在一根松套管内放置多根光纤，多根松套管围绕中心加强件绞合成一体，如图 2-7 所示。松套管由热塑性材料（如尼龙、聚丙烯等）做成，它对一次涂覆光纤起机械缓冲保护作用。松套管内充满石油膏，层绞式光缆中光纤密度较高，制造工艺较简单、成熟，是目前光缆结构的主流。

（2）骨架式光缆

骨架式光缆由聚烯烃塑料绕中心加强件以一定的螺旋节距挤制而成，如图 2-8 所示。骨架槽中放置多根一次涂覆光纤或光纤带。这种结构的缆芯抗侧压性能好。

图 2-7　层绞式光缆　　　　图 2-8　骨架式光缆

（3）中心束管式光缆

中心束管式光缆是把光纤束（多根光纤）或光纤带置于松套管中，外有皱纹钢护套，该层外挤有高密聚乙烯（HDPE）外护套，该外护套中有两根平行于缆芯的轴对称加强件，这种结构的光纤受压小，如图 2-9 所示。

中心束管式带状光缆是把多根带状光缆单元（每个单元可放 4～12 根光纤）叠合起来，形成光纤叠层，放入松套管内，可做成中心束管式结构，如图 2-10 所示。带状缆芯可以制成上千芯光纤的高密度光缆，这种光缆已广泛应用于接入网中。

图 2-9　中心束管式光缆图　　　　图 2-10　中心束管式带状光缆图

2．室内光缆

常用的室内光缆都使用非金属加强件，可分为 4 种类型，如图 2-11～图 2-14 所示。

（1）多用途室内光缆

多用途室内光缆是由紧套光纤和非金属加强件构成的，光纤与一根非金属中心加强件绞合形成结实的光缆。图 2-11 所示为 48 芯多用途室内光缆结构。这种光缆的优点是直径小、质量轻、柔软，易于敷设、维护和管理，适用于各种室内场合。

（2）分支光缆

分支光缆用于各光纤的独立布线和分支，图 2-12 所示为一个 8 芯分支光缆结构。这种光缆主要用于中、短距离的传输，如大楼内向上的升井里、计算机房的地板下和光纤到桌面等。

（3）互连光缆

互连光缆是为计算机、过程控制和办公室布线系统等进行语言、数据、视频、图像传输设备互连所设计的光缆，其结构通常为单纤或双纤结构，图 2-13 为双纤结构。这些光缆里的光纤常为 G.657，主要优点是连接容易、直径小、弯曲半径小。

图 2-11　48 芯多用途室内光缆结构　　　　图 2-12　8 芯分支光缆结构

（4）皮线光缆

皮线光缆与互连光缆作用类似，如图 2-14 所示。目前主要用于 FTTH 入户段拉到桌面上等。皮线光缆多为单芯、双芯或四芯结构，横截面呈∞字形，加强件位于两圆中心，光纤位于∞字形的几何中心。皮线光缆内光纤采用 G.657 小弯曲半径光纤。

图 2-13　双纤互连光缆结构　　　　图 2-14　2 芯入户皮线光缆结构

3．特殊光缆

常用的特种光缆主要有电力光缆、海底光缆和野战军用光缆等。

（1）电力光缆

电力光缆常用的有架空地线光缆（Optical Power Ground Wire，OPGW），其结构如图 2-15 所示。把光纤放置在架空高压输电线的地线中，用以构成输电线路上的光纤通信网，这种结构形式兼备地线与通信双重功能，主要供电力部门传输监控变电站信息，包括内部通信。

（2）海底光缆

海底光缆的缆芯外护套采用钢丝铠装结构加聚乙烯外护套，并且紧挨着缆芯加密封铝皮封装，以保护光缆中的光纤。其结构如图 2-16 和图 2-17 所示。海底光缆的加强构件一般为钢加强件，以防止海水的高压力与敷设回收时的高张力。

图 2-15　架空地线光缆（OPGW）结构　　　　　图 2-16　海底光缆结构

图 2-17　几种典型的海底光缆结构

（3）野战军用光缆

野战军用光缆是为野战部队的战术通信、雷达车的信息传输、导弹制导、鱼雷制导等应用而设计的光缆，光缆形式结构多样，在此不多述。

总之，光纤的种类决定了光缆的传输性能，光缆的结构类型则决定了光缆的机械性能和使用环境。

2.1.4　光缆型号、规格及特性

光缆种类较多，具体型号也多，根据我国通信行业标准《YD/T908—2020 光缆型号命名方法》的规定，目前光缆型号的命名由光缆型号代码和光纤规格代码两部分组成，如图 2-18 所示。

图 2-18　光缆型号与光纤规格代码组成图

1. 光缆型号代码及其意义

光缆型号代码的意义如表 2.3 所示。

表 2.3　光缆型号代码的意义

分类代码（用途）	加强件	派生（结构特征）	护套	外护套
GY（野外光缆） GJ（局内光缆） GS（设备内光缆） GH（海底光缆） GT（特殊光缆） GW（无金属光缆）	无代号（金属加强件） F（非金属加强件） G（金属重型加强件） H（非金属重型加强件）	B（扁平式结构） C（自承式结构） T（填充层绞式结构） D（光纤带状结构） G（骨架槽结构） Z（阻燃结构） X（中心束管式）	Y（聚乙烯护套） V（聚氯乙烯护套） U（聚氨酯护套） A（铝—聚乙烯护套） L（铝护套） G（钢护套） Q（铅护套）	铠装层材料： 3/33（单/双细圆钢丝） 4/44（单/双粗圆钢丝） 5（单钢带皱纹纵包） 外护套材料： 1（纤维） 2（聚氯乙烯） 3（聚乙烯）

2. 光缆中光纤规格代码及其意义

光缆中光纤规格代码由两项组成，即光纤数和光纤种类。

光纤数即光纤的数目，是用 1、2、3、……来表示光缆内同一类别光纤实际数目。

光纤种类依据国际电工委员会 IEC 60793-2（2001）等标准的最新版本规定，大写字母 A 代表多模光纤，大写字母 B、C、D 代表单模光纤，其中 C、D 为极短距离传输的保偏单模光纤的分类代码；以数字表示不同种类的光纤。如 B1.1 表示 G.652A/B 光纤；B1.3 表示 G.652C/D；B1.2 表示 G.654 光纤；B2 表示 G.653 光纤；B3 表示色散平坦光纤（DFF），B4 表示 G.655 光纤；B5 表示 G.656 光纤；B6 表示 G.657 光纤。

例如 GYFTY-12 B1.1 的光缆型号与光纤规格的意义是非金属加强件、石油膏填充松套层绞式结构、聚乙烯护套的通信室外光缆，内含 12 芯的 G.652A/B 单模光纤。

3. 光缆特性

光缆的主要特性有几何参数、光学特性、传输特性、机械特性和环境特性。光缆的光学特性和传输特性主要由光缆中的光纤决定，光缆对机械特性和环境特性的要求由使用条件决定。光缆的机械特性和环境特性决定光缆的使用寿命。这里重点简述光缆的机械特性和环境特性。

光缆的机械特性指标有拉伸、压扁、冲击、弯曲、扭转等，如表 2.4 所示。光缆出厂前要对机械特性指标按国标进行测试，光缆机械特性指标如下。

表 2.4　光缆机械特性指标

序　号	项　目	方　法	试　验　条　件	测　试　状　态
1	拉伸	GB 7425·2	试样有效长度为 12 m，以 10 mm/min 的速度拉伸，最大拉力至光缆标称张力，维持 1 分钟，然后逐渐解除拉伸	① 光纤不断裂； ② 光纤损耗被监视；试验中光功计变化≤0.05 dB；试验解除后应无变化； ③ 护套无可见裂纹；④ 有导电线的光缆，导电线应保持导通状态
2	压扁	GB 7425·3	试样取 5 个压点（间隔>0.5 m），每个压点的两个垂直径向各压一次，受压面积为 10 cm²，最大压力至光缆标称侧压力	
3	冲击	GB 7425·4	试样取 5 个点（间隔>0.5 m），重锤落高为 1 m，冲击次数不少于 3 次	
4	弯曲	GB 7425·5	弯曲直径为 20 倍数缆径；试样有效长度为 1 m，由中央向左右弯曲 90°，弯曲速度为每秒钟 1 个循环，总次数应不少于 10 个循环	
5	扭转	GB 7425·6	试样有效长度为 1 m，一端悬吊重物（质量一般为 100 g 左右），扭转角度为±100°，总次数不少于 10 个循环	

（1）抗拉伸性

光缆纵向所能承受的最大拉力取决于加强件的材料，一般要求能承受的最大拉力应大于 1 km 长光缆的重量，多数光缆在 100～400 kg 范围内。

（2）抗压扁性

光缆能够承受的最大侧压力取决于外护套的材料结构。多数光缆能够承受的最大侧压力在（100～400 kg）/10 cm 范围内。

（3）抗冲击性

抗冲击性一般包括抗冲击、枪击和瞬间负荷增加的能力。冲击和瞬间负荷增加是指光缆在极短时间内承受一定载荷的冲击后，光缆护套和缆内光纤损耗的情况。

抗枪击是指光缆在一定距离内承受铅弹射击的性能。架空光缆受猎枪射击的概率较高，为保证光纤的传输性能，要求光缆护套能为光纤提供足够的保护。

（4）抗弯曲性

抗弯曲性是指光缆的弯曲特性。当光缆在施工和使用中受外力作用产生弯曲时，缆内光纤的传输损耗要发生变化。一般光缆最小弯曲半径为 200～500 mm。

（5）抗扭转性

抗扭转性是指光缆能承受扭转角度±90° 或±100°，不少于 10 个循环扭转或 10 个循环弯曲。扭转试验后检查光缆扭转处，应无任何破坏痕迹和永久变形。

光缆的环境特性主要包括光缆的温度特性、阻燃特性、护套完整性和阻水性。特别是光缆的温度特性，重点关注在温度变化下的损耗、渗水、石油膏滴流等问题。在我国一般要求光缆温度波动范围是低温地区-4℃～+40℃，高温地区-5℃～+60℃。

2.2　光纤传输原理分析

光的实质是电磁波或光场，光纤的传输原理就是光纤的导光原理。分析光纤传输原理的理论有两种：射线理论和波动理论。

射线理论是忽略波长 λ 的光学特性，把光看成沿直线传播的"光线"，遵从光的反射、折射定律，来分析光在光纤中传输的方法。这种理论适用于光纤纤芯直径远大于工作光波长（$2a \gg \lambda$）的多模光纤，可以得到简单、直观的分析结果。

波动理论是把光纤中的光场作为经典电磁场，要求光场必须满足麦克斯韦方程组以及边界条件，该理论可以得到全面、严格、精确的解析式或数字结果，给出光纤中的场结构形式（即传输模式），从而给出光纤中完善的场的描述形式。这种理论适用于单模光纤和多模光纤的分析。

本节首先用射线理论简单分析光在多模光纤中的传输原理，并介绍一些重要的概念，然后采用波动理论分析光在光纤中的传输原理。

2.2.1　用射线理论分析光纤的传输原理

用射线理论分析光纤的传输原理主要指从光信号射线进入光纤开始，到光信号在纤芯和包层界面上产生全反射，直至光信号传输到光纤线路终点为止，这一过程所需要满足的传输条件和具有的特性。下面简单介绍光纤传输原理及相关的分析过程。

1. 基本光学定律

光的独立传播定律认为，从不同光源发出的光线，以不同的方向通过介质某点时，各光线彼此互不影响，好像其他光线不存在似的。光的直线传播和折射、反射定律认为，光在各向同性的均匀介质（折射率 n 不变）中，光线按直线传播。光在传播中遇到两种不同介质的光滑界面时，将发生反射和折射现象，如图 2-19 所示。

光在均匀介质中直线传播的速度为：

$$v=c/n \tag{2.1}$$

式中，$c=3\times10^5$ km/s，是光在真空中的传播速度；n 是介质的折射率（空气的折射率为 1.002 7，近似为 1，玻璃的折射率为 1.45 左右）。

反射定律认为，反射线位于入射线和法线所决定的平面内，反射线和入射线处于法线的两侧，反射角等于入射角，若 θ_1 是入射角，θ_1' 是反射角，则有

$$\theta_1=\theta_1' \tag{2.2}$$

折射定律认为，折射线位于入射线和法线所决定的平面内，折射线和入射线位于法线的两侧，且入射角 θ_1 与折射角 θ_2 之间满足：

$$n_1\sin\theta_1=n_2\sin\theta_2 \tag{2.3}$$

图 2-19（a）中，$n_2>n_1$，光线以入射角 θ_1 由光疏介质（较小折射率介质）向光密介质（较大折射率介质）入射时，将会发生折射并且入射角 θ_1 大于折射角 θ_2；当光线从光密介质向光疏介质入射（$n_1>n_2$）时，如图 2-19（b）所示，入射角 θ_1 小于折射角 θ_2；当 $\theta_2=90°$ 时，则入射角 $\theta_1=\theta_c$（临界角）。根据折射定律得出：$\theta_c=\arcsin(n_2/n_1)$，只要入射角 $\theta_1>\theta_c$，此时就会产生全反射，如图 2-19（c）所示。无论是反射还是折射，它们都遵循反射定律和折射定律。

图 2-19　光的反射和折射

2. 光纤中光的传播

当子午线（始终在一个包含光纤轴线的子午面内传播，并且一个传播周期与中心轴相交两次的光线称为子午线）在阶跃型光纤中传播时，由于光纤中纤芯折射率 n_1 大于包层折射率 n_2（$n_1>n_2$），所以在纤芯与包层界面存在着临界角 θ_c，如图 2-20 所示。当光线①以 ϕ_0 角从空气（$n_0=1$）入射到光纤端面时，将有一部分光线进入光纤，此时 $n_0\sin\phi_0=n_1\sin\theta_z$。由于纤芯折射率 $n_1>n_0$（空气），则 $\theta_z<\phi_0$，光线继续传播，以 $\theta_z=（90°-\theta_1）$角射到纤芯和包层的界面处。若 $\theta_z<\theta_c=\arcsin(n_2/n_1)$，则入射光一部分被反射，一部分通过界面进入包层，

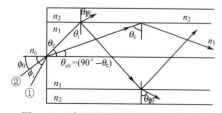

图 2-20　阶跃型光纤中的子午线传播

经过多次反射后，光很快被溢出而损耗掉。如果 ϕ_t 减小到 ϕ_0，如光线②，则 θ_z 也减小到 θ_{z0}，即 $\theta_{z0}=(90°-\theta_c)$，而 θ_t 增大。若 θ_t 增大到略大于临界角 θ_c 时，则此光线将会在纤芯和包层界面发生全反射，能量全部反射回纤芯。当它继续传播再次遇到芯包界面时，再次发生全反射，如此反复，光线就能从一端沿着折线传到另一端。

下面分析一下 ϕ_t 要小到多少时，才能将光线由光纤的一端传到另一端。假设 $\phi_t=\phi_0$ 时，$\theta_z=\theta_{z0}$，$\theta_t=\theta_c$，则有：

$$n_0\sin\phi_0=n_1\sin\theta_{z0}=n_1\sin(90°-\theta_c)=n_1\cos\theta_c \quad (n_0=1)$$

$$n_1\cos\theta_c=n_1\sqrt{1-\sin^2\theta_c}=n_1\sqrt{1-\left(\frac{n_2}{n_1}\right)^2}=n_1\sqrt{2\Delta}=\sqrt{n_1^2-n_2^2} \quad (2.4)$$

式中，$\Delta=(n_1^2-n_2^2)/2n_1^2\approx(n_1-n_2)/n_1$，定义为光纤的相对折射率差。

由式（2.4）可推出 ϕ_t 为纤芯端面的最大入射角（称为数值孔径角），可定义光纤的数值孔径（Numerical Aperture，NA）为

$$NA=\sin\phi_0=n_1\sqrt{2\Delta}=\sqrt{n_1^2-n_2^2} \quad (2.5)$$

NA 表征了光纤收集光的能力，由式（2.5）可见 n_1，n_2 相差越大，即 Δ 越大，光纤的数值孔径越大，光纤接收光的能力越强。ITU-T 建议光纤的 NA 为 0.18～0.23。

【例题 2-1】 设某光纤纤芯折射率 $n_1=1.5$，光纤相对折射率差 $\Delta=0.01$，试求该光纤的数值孔径和最大入射角。

解： 由数值孔径的定义有：

$$NA=\sin\phi_0=n_1\sqrt{2\Delta}=1.5\sqrt{2\times0.01}\approx0.21$$

从而可求得最大入射角近似为：

$$\phi_0=\arcsin(NA)\approx12.2°$$

当子午线在渐变型光纤中传播时，传播轨迹是自聚焦的。渐变型光纤纤芯的折射率 $n(r)$ 随光纤半径 r 的增加而逐渐减小，因此可将纤芯分成若干层折射率，直到等于包层的折射率，而每一层的厚度很薄，趋于 0，折射率在每一层中近似为常数，邻层的折射率有一阶跃差，但相差很小。在图 2-21 中，给出了渐变型光纤中的一个子午面及分层示意，各层之间的折射率满足以下关系：$n(r_0)>n(r_1)>n(r_2)>n(r_3)>\cdots>n(r_N)$。若一光线在光纤端面 r_0 处，以 ϕ_0 角入射，以传播入射角 θ_1 射到 1、2 层的分界面时，由于光线是从光密介质射向光疏介质，其折射角 θ_1' 将比 θ_1 大；由图 2-21 可知，此光线又以 $\theta_2=\theta_1'$ 为新的入射角在 2、3 层界面发生折射；依次类推，随着 $n(r)$ 的减小，其入射角将会逐渐增大，即有：$\theta_1<\theta_2<\theta_3<\theta_4<\theta_5\cdots$，直到某一界面处入射角大于临界角时，光线在此处发生全反射。由于中心轴下方的折射率分布和上方完全一样，随后又产生全反射，折回中心轴，继而又重新以 θ_1 角入射到 1、2 层界面，周而复始，这样光线就能从光纤的一端传输到另一端了。

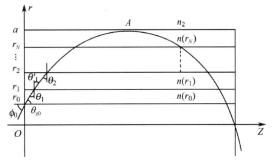

图 2-21　渐变型光纤中的子午线及分层示意

下面再分析一下被分成 N 层的渐变型光纤的导光条件，即入射光线必须在 N 层前的界

面上发生全反射，或最迟在 N 层与包层界面上发生全反射。因此，若在光纤端面选择 ϕ_0 入射，致使保证随着 r 增大纤芯内各层的入射角 θ_i 逐渐增大，并一定能使第 N 层与包层界的入射角之间满足 $\theta_N \geq \theta_c$。

根据光线的折射和全反射定律，有：

$$n(r_0)\sin\theta_1=n(r_1)\sin\theta_2=n(r_2)\sin\theta_3=\cdots=n(r)\sin\theta \qquad (2.6)$$

同理得出：

$$n(r_0)\sin(90°-\theta_{z0})=n(r_1)\sin(90°-\theta_{z1})=n(r_2)\sin(90°-\theta_{z2})=\cdots=n(r)\sin(90°-\theta_{zN})$$

从上式可得：

$$n(r_0)\cos\theta_{z0}=n(r_1)\cos\theta_{z1}=\cdots=n(r)\cos\theta_{zN}$$

射线上任一点符合下列关系：

$$n(r_0)\cos\theta_{z0}=n(r)\cos\theta_{zN}$$

在转折点 A 处，射线与光纤轴平行，则有

$$\cos\theta_{zN}=1，\quad n(r)=n_2 \qquad (2.7)$$

式中，n_2 为包层的折射率。从而有

$$n(r_0)\cos\theta_{z0}=n_2，\quad \cos\theta_{z0}=n_2/n(r_0)$$

设 θ_{z0} 所对应的 ϕ_0 为最大入射角（称为数值孔径角），又由于：

$$\sin\phi_0 = n(r_0)\sin\theta_{z0} = n(r_0)\sqrt{1-\cos^2\theta_{z0}} = n(r_0)\sqrt{1-\frac{n_2^2}{n^2(r_0)}} \qquad (n_0=1)$$

从而求出在 $r=r_0$ 处的光纤本地数值孔径为

$$NA(r_0) = \sin\phi_0 = n(r_0)\sqrt{1-\frac{n_2^2}{n^2(r_0)}} = \sqrt{n^2(r_0)-n_2^2} \qquad (2.8)$$

由此可见，要使光线全部限制在光纤纤芯中，ϕ_0 必须满足式（2.8）的关系，即 ϕ_0 的大小只与入射点的折射率和包层折射率有关，而与中间各层的折射率无关；在光纤的轴线上，折射率最大，数值孔径也最大。

综上所述，光纤之所以能够导光，就是利用了纤芯折射率略高于包层折射率的特点，使落在数值孔径角 ϕ_0 内的光线都能收集到光纤中，并都能在纤芯与包层界面以内形成全反射，从而将光限制在光纤中传播，这就是光纤的传输原理。

2.2.2　用波动理论分析光纤的传输原理

射线理论虽然形象地给出了光纤的传输原理，但无法对光信号在光纤中的传输状态进行严格的定量分析，因此，需要引入波动理论分析法。

波动理论的基础是波动方程，波动方程由麦克斯韦方程组作电磁分离而得到。波动理论以求解特定边界条件下的麦克斯韦方程组为基础，获得电磁场分布，进而推出光信号在光纤中传输的定量条件。根据求解麦克斯韦方程的不同，又分为严格的矢量分析法和近似的标量分析法，本节只介绍阶跃型光纤的近似的标量分析法。

如果光波做简谐振荡，由波动方程可以推出阶跃型光纤的矢量亥姆霍兹方程：

$$\nabla^2 \boldsymbol{E} + k_0^2 n^2 \boldsymbol{E} = 0 \qquad (2.9\text{-a})$$

$$\nabla^2 \boldsymbol{H} + k_0^2 n^2 \boldsymbol{H} = 0 \tag{2.9-b}$$

式中，$\boldsymbol{E}$ 是矢量电场强度；$\boldsymbol{H}$ 是矢量磁场强度；$k_0 = 2\pi/\lambda$ 是真空中的波数；λ 是真空中的光波长；n 是介质的折射率。矢量的亥姆霍兹方程在任何正交坐标系中都是适用的，在分析时需要将矢量方程简化为直角坐标系或柱坐标系中任一分量的标量亥姆霍兹方程。下面先从 E_y、H_y 横向电磁场分量的标量亥姆霍兹方程入手，再通过场的横向（非传输方向）分量与纵向分量（传输方向）的关系，求出其他场分量。

1. 标量解法求 LP$_{mn}$ 模的场方程

LP$_{mn}$ 标量模（也称为 LP$_{mn}$ 模或线极化模）是 D.Glogy 在 1971 年提出来的光纤传输模式。LP$_{mn}$ 模的基本点是不分别考虑 TE，TM，HE，EH 模的具体细节，而是仅关注合成后的整体极化效果。

因通信光纤为弱导光纤（$n_2/n_1 \approx 1$），LP$_{mn}$ 模在弱导光纤中传播的模式近似为 TEM 波，故其 E_z 和 H_z 非常小，因此可先求横向场分量 E_y 和 H_y，再求纵向场分量 E_z 和 H_z。具体做法是将阶跃型光纤同时定义在直角坐标系（x、y、z）与柱坐标系（r, θ, z）中，并将两个坐标系的 z 轴与光纤轴线重合，如图 2-22 所示。

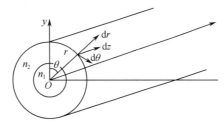

图 2-22　光纤的直角坐标系和柱坐标系

在弱导光纤中，横向（x、y 方向）电场偏振方向在传输过程中保持不变，故可用一个标量来描述。设横向电场的偏振方向沿 y 轴方向，它满足标量亥姆霍兹方程：

$$\nabla^2 E_y(r,\theta,z) + k_0^2 n^2 E_y(r,\theta,z) = 0 \tag{2.10-a}$$

式中，E_y 为电场在直角坐标系 y 轴的分量。选用柱坐标系（r, θ, z）使 z 轴与光纤轴线一致。将式（2.10-a）在圆柱坐标系中展开，得到横向电场 E_y 的亥姆霍兹方程为：

$$\frac{\partial^2 E_y}{\partial r^2} + \frac{1}{r}\frac{\partial E_y}{\partial r} + \frac{1}{r^2}\frac{\partial^2 E_y}{\partial \theta^2} + \frac{\partial^2 E_y}{\partial z^2} + k_0^2 n^2 E_y = 0 \tag{2.10-b}$$

可以利用分离变量法求解 E_y。

（1）将 E_y 写成三个变量乘积形式，即设试探函数为：

$$E_y = AR(r)\Theta(\theta)Z(z) \tag{2.11-a}$$

式中，$R(r)$，$\Theta(\theta)$，$Z(z)$ 分别是 r，θ，z 的函数，且分别表示 E_y 随三个坐标参数变化的情况；A 是常数。常规解法应将 E_y 函数形式代入式（2.10-b）中，设法求出 $R(r)$、$\Theta(\theta)$、$Z(z)$ 的解，从而得到 E_y 的解。但这种求法比较复杂，现只根据物理概念，可直接写出 $\Theta(\theta)$ 和 $Z(z)$ 的形式，再通过方程求解 $R(r)$。

（2）根据物理概念，写出 $Z(z)$ 和 $\Theta(\theta)$ 的表示形式。$Z(z)$ 表示导波（能传输的波）沿光纤轴 z 向的变化规律。因导波是沿 z 向传播的，它沿该方向呈行波状态。用 β 表示其轴向相位系数，$Z(z)$ 可表示为：

$$Z(z) = Ae^{-j\beta z} \tag{2.11-b}$$

$\Theta(\theta)$ 表明 E_y 沿圆周方向的变化规律，它沿 θ 方向是以 2π 为周期的简谐函数（正弦或余弦函数），为驻波状态，因而可写成：

$$\Theta(\theta) = \begin{cases} \cos m\theta \\ \sin m\theta \end{cases} \qquad (2.11\text{-c})$$

当 θ 变化 2π 时，场又重复原来的数值，$m=0, 1, 2, 3, \cdots$。为了在边界上匹配，纤芯和包层中的 $\Theta(\theta)$ 函数应按同样规律变化。

（3）求出 $R(r)$ 的表示形式。$R(r)$ 描述导波沿 r 方向的变化规律。将式（2.11）代入式（2.10-b），并考虑纤芯和包层的折射率 n_1 和 n_2 及纤芯半径 a，则可得 $R(r)$ 的标准贝塞尔方程：

$$r^2 \frac{\mathrm{d}^2 R(r)}{\mathrm{d}r^2} + r \frac{\mathrm{d}R(r)}{\mathrm{d}r} + [(k_0^2 n_1^2 - \beta^2)r^2 - m^2]R(r) = 0 \qquad (r \leqslant a) \qquad (2.12\text{-a})$$

$$r^2 \frac{\mathrm{d}^2 R(r)}{\mathrm{d}r^2} + r \frac{\mathrm{d}R(r)}{\mathrm{d}r} + [(k_0^2 n_2^2 - \beta^2)r^2 - m^2]R(r) = 0 \qquad (r \geqslant a) \qquad (2.12\text{-b})$$

式（2.12）中（$k_0^2 n^2 - \beta^2$）是常数，解此方程即为 $R(r)$。由于纤芯折射率 n_1 大于包层折射率 n_2（$n_1 > n_2$），使得纤芯与包层中的场有一定差别，且导波相位系数 β 也有变化，即对导波的 β 为 $k_0 n_2 < \beta < k_0 n_1$，在纤芯中为 $k_0^2 n_1^2 - \beta^2 > 0$，在包层中 $k_0^2 n_2^2 - \beta^2 < 0$。因此贝塞尔方程的求解有多种形式。取什么样的解要根据物理意义来确定。导波在纤芯中应是振荡解，故其解取第一类贝塞尔函数；在包层中应是衰减解，故其解取第二类修正的贝塞尔函数，于是 $R(r)$ 可写为：

$$R(r) = J_m[(k_0^2 n_1^2 - \beta^2)^{1/2} r] \qquad (r \leqslant a) \qquad (2.13\text{-a})$$

$$R(r) = K_m[(\beta^2 - k_0^2 n_2^2)^{1/2} r] \qquad (r \geqslant a) \qquad (2.13\text{-b})$$

式中，$J_m(r)$ 为 m 阶第一类贝塞尔函数；$K_m(r)$ 为 m 阶第二类修正的贝塞尔函数。这两种函数的曲线如图 2-23 所示。

（a）第一类贝塞尔函数曲线

（b）第二类修正的贝塞尔函数曲线

图 2-23　贝塞尔函数和修正的贝塞尔函数曲线

为了使分析具有一般性，先引入几个重要的无量纲参数。在纤芯和包层中，令：

$$U = (k_0^2 n_1^2 - \beta^2)^{1/2} a \qquad (2.14\text{-a})$$

$$W = (\beta^2 - k_0^2 n_2^2)^{1/2} a \qquad (2.14\text{-b})$$

式中，U 称为导波径向归一化相位常数，W 称为导波径向归一化衰减常数。它们分别表示在光纤的纤芯和包层中导波场沿径向 r 的分布情况。

由 U 和 W 可引出光纤的另一个参数，归一化频率 V，如令：

$$V = (U^2 + W^2)^{1/2} = (n_1^2 - n_2^2)^{1/2} k_0 a = \sqrt{2\Delta} n_1 k_0 a \qquad (2.15)$$

即：

$$V = \sqrt{2\Delta} n_1 k_0 a = \frac{2\pi n_1 a \sqrt{2\Delta}}{\lambda_0}$$

由式（2.15）可知，V 与光纤的结构参数（a, Δ, n_1）及工作波长 λ_0（包含在 $k_0 = 2\pi / \lambda_0$ 中）相关；V 称为归一化频率，是一个重要综合参数，光纤的很多特性都与 V 有关。

（4）横向电场 E_y 的标量解。将 $R(r)$、$\Theta(\theta)$、$Z(z)$ 代入式（2.11-a），并考虑到式（2.13）和（2.14）的关系，式（2.11-a）变成：

$$E_{y1} = \mathrm{e}^{-\mathrm{j}\beta z} \cos m\theta\, A_1 J_m(Ur / a) \qquad (r \leqslant a) \qquad (2.16\text{-a})$$

$$E_{y2} = \mathrm{e}^{-\mathrm{j}\beta z} \cos m\theta\, A_2 K_m(Wr / a) \qquad (r \geqslant a) \qquad (2.16\text{-b})$$

这里 $\Theta(\theta)$ 取了余弦函数的解。

利用光纤的边界条件可确定式中的常数 A_1，A_2。首先根据边界条件找出 A_1、A_2 之间的关系。在 $r=a$ 处，因 $E_{y1} = E_{y2}$，可得 $A_1 J_m(U) = A_2 K_m(W) = A$，将此式代入式（2.16）中，得：

$$E_{y1} = A\mathrm{e}^{-\mathrm{j}\beta z} \cos m\theta\, J_m(Ur / a) / J_m(U) \qquad (r \leqslant a) \qquad (2.17\text{-a})$$

$$E_{y2} = A\mathrm{e}^{-\mathrm{j}\beta z} \cos m\theta\, K_m(Wr / a) / K_m(W) \qquad (r \geqslant a) \qquad (2.17\text{-b})$$

根据平面电磁波 TEM 的性质，$Z_0 = \sqrt{\mu_0 / \varepsilon}$，$Z = Z_0 / n = -E_y / H_x$。光纤中的电磁波近似为 TEM 波，于是 H_x 的表达式为：

$$H_{x1} = -\frac{n_1}{Z_0} E_{y1} = -\frac{E_{y1}}{Z_1} \qquad (r \leqslant a) \qquad (2.18\text{-a})$$

$$H_{x2} = -\frac{n_2}{Z_0} E_{y2} = -\frac{E_{y2}}{Z_2} \qquad (r \geqslant a) \qquad (2.18\text{-b})$$

式中，Z_0、$Z_1 = Z_0 / n_1$、$Z_2 = Z_0 / n_2$ 分别是自由空间波阻抗、纤芯和包层波阻抗。

由麦克斯韦方程组可求出纵向场 E_z、H_z 与横向场 E_y、H_x 之间的关系：

$$E_z = \left(\frac{\mathrm{j}}{\omega\varepsilon}\right)\frac{\mathrm{d}H_x}{\mathrm{d}y} = \frac{\mathrm{j}Z_0}{k_0 n^2}\frac{\mathrm{d}H_x}{\mathrm{d}y} \qquad (2.19\text{-a})$$

$$H_z = \left(\frac{\mathrm{j}}{\omega\mu_0}\right)\frac{\mathrm{d}E_y}{\mathrm{d}x} = \frac{\mathrm{j}}{Z_0 k_0}\frac{\mathrm{d}E_y}{\mathrm{d}x} \qquad (2.19\text{-b})$$

将 E_y、H_x 代入式（2.19），即可求出 E_z、H_z 的表达式。有了电磁场的纵向分量 E_z、H_z，可以通过麦克斯韦方程组导出电磁场横向分量 E_r、H_r 和 E_θ、H_θ 的表达式。具体的方程组较复杂，这里不再给出，请参阅相关文献。

2. 标量解的特征方程

要确定光纤中导波的特性，一是需要确定参数 U、W 和 β 之间的关系，式（2-14）已给出；二是需要找出 U、W 的另一个关系式，就可得特征方程。

特征方程是先用前面推出的横向场 E_y、H_x 表达式，再利用纤芯和包层界面上切向分量连续的边界条件，即在 $r=a$ 处，$E_{z1}=E_{z2}$，忽略 n_1 和 n_2 之间的微小差别，令 $n_1=n_2$，就可得标量解的特征方程为

$$\begin{cases} U\dfrac{J_{m+1}(U)}{J_m(U)} = W\dfrac{K_{m+1}(W)}{K_m(W)} & \text{（2.20-a）} \\[3mm] U\dfrac{J_{m-1}(U)}{J_m(U)} = -W\dfrac{K_{m-1}(W)}{K_m(W)} & \text{（2.20-b）} \end{cases}$$

根据贝塞尔函数的递推公式可以证明，式（2.20）中的两式是相等的，因而可选其一求解。由于式（2.20）是超越方程，须用数值法求解，很复杂，故下面只讨论它在截止和远离截止两种情况下的解。

3. 光纤的 LP_{mn} 模及其特性

用 LP_{mn} 模来表示有多种模式，下标 m、n 的值表明各模式的场型特征。不同的模式，有不同的场结构（图案），有不同的传输系数 k_z（$\beta=k_z$），如果有相同的 k_z，则认为这些模式是简并的。LP_{mn} 由 $HE_{m+1,\,n}$ 和 $EH_{m-1,\,n}$ 模线性叠加而成，例如 LP_{0n} 模是由 HE_{1n} 模得到的；LP_{1n} 模由 HE_{2n},TM_{0n} 和 TE_{0n} 模线性组合而得；LP_{2n} 模由 HE_{3n} 模和 EH_{1n} 模线性组合获得，依次类推。

（1）LP_{mn} 模的截止条件 V_c

当 LP_{mn} 中某一模式出现了辐射即该模式已不能沿光纤有效传输，则定义该模式截止或导波截止。在光纤中，以径向归一化衰减常数 W 来衡量某一模式是否截止。对于导波远离截止即传播模，场在纤芯外包层的衰减很大，电磁能量就集中在纤芯中，此时，$W>0$ 或 $W \to \infty$；当场在包层中不衰减，这表明该模式穿出包层变成了辐射模，此时传播模被截止，即在包层中常数 $W=0$，表示导波截止，将"W"记作"W_c"（$W_c=0$）。

当 $W_c=0$ 时，截止条件下 LP_{mn} 模的 U_c 和 V_c 的关系为：

$$V_c^2 = U_c^2 + W_c^2 = U_c^2 \quad \text{或} \quad V_c = U_c \tag{2.21}$$

如果求出 U_c，即可决定 V_c，称此时的 V_c 为归一化截止频率。

由 $W_c=0$ 代入式（2.20-b），可得到截止条件下的特征方程为：

$$U\frac{J_{m-1}(U)}{J_m(U)} = -W\frac{K_{m-1}(W)}{K_m(W)} = 0 \tag{2.22}$$

当 $U_c \neq 0$ 时，则必须得：

$$J_{m-1}(U_c = \mu_{mn}) = 0$$

在 LP_{mn} 模的归一化截止频率 $V_{cmn}=U_{cmn}=\mu_{mn}$ 时，若 $m=0$，从 LP_{0n} 模的特征方程 $J_{-1}(U_c)=J_1(U_c)=0$，可解出 $n=1,2,3,\cdots$ 的 $V_{c0n}=U_{c0n}=\mu_{0n}=0$, $3.831\,7$, $7.015\,6$,$\cdots$，见图 2-24。如 LP_{01} 模的 $U_c=0$，$V_c=0$，意味着该模式无截止波长、无截止情况。此模式称为基模。第二个归一化截止频率较低的模式是 LP_{11} 模，称为二阶模，其 $V_c=U_c=2.404\,8$。其他模式的 $V_c=U_c$

值更大，基模以外的模式统称为高阶模。表 2.5 列出了部分较低阶 LP_{mn} 模截止时的 U_c 值。

表 2.5　截止情况下的 LP_{mn} 模的 $V_c = U_c$ 值

n	m		
	0	1	2
1	0	2.404 8	3.831 7
2	3.831 7	5.520 1	7.015 6
3	7.015 6	8.653 7	10.173 5

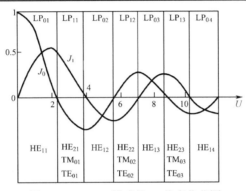

图 2-24　$m = 0, 1$ 模式的 U_c 值变化范围

对某一光纤，每个模式都对应一个归一化截止频率 V_c 或截止波长 λ_c，通过 V_c 或 λ_c 可分析判断光纤允许哪些模式在其中传输，若 $V > V_c$ 或 $\lambda < \lambda_c$，此模式可传输；若 $V < V_c$ 或 $\lambda > \lambda_c$，此模式就截止了。由归一化截止频率 V_c，可求出该模式的截止波长 λ_c：

$$V_c = \frac{2\pi n_1 a \sqrt{2\Delta}}{\lambda_c} \tag{2.23}$$

$$\lambda_c = \frac{2\pi n_1 a \sqrt{2\Delta}}{V_c} \tag{2.24}$$

注意，在阶跃型光纤中，对某一模式而言，光纤中任何参数发生变化，它的 V_c 都是不变的，但 λ_c 却会因光纤参数不同而不同。

通常把只能传输一种模式的光纤称为单模光纤，单模光纤只传输一种模式即基模 LP_{01}。LP_{01} 模的 $V_c = 0$ 是最小值，其 $\lambda_c = \infty$ 是最大值；LP_{11} 模的 V_c 为次最小值，其 λ_c 为次最大值。要保证单模传输，需要二阶模截止，即让光纤的 V 小于二阶模 LP_{11} 的归一化截止频率 V_c，从而可得：

$$0(LP_{01}) < V < V_c(LP_{11}) = 2.404\ 8$$

这一重要关系称为"单模传输条件"。

以上用波动理论分析光纤的传输原理针对的是阶跃型光纤，有关渐变型光纤的波动理论解法较为复杂，在此不作叙述。

【例题 2-2】 已知阶跃型光纤的相对折射率差 $\Delta = 0.01$，纤芯折射率 $n_1 = 1.48$，纤芯半径 $a = 3\ \mu m$，要保证单模传输，问工作波长应如何选择？

解： 单模传输条件是　　　$0 < V < 2.404\ 8$

即：
$$0 < \frac{2\pi a n_1 \sqrt{2\Delta}}{\lambda} < 2.404\,8$$

解得：
$$\lambda > 1.64\,\mu\text{m}$$

综上，对于工作波长 $\lambda > 1.64\,\mu\text{m}$ 的光波可以保证在该光纤中单模传输。

（2）LP_{mn} 模的传导条件

根据电磁场理论，当 LP_{mn} 模的归一化频率 V 大于归一化截止频率 V_c 时，LP_{mn} 模可以传导，即 LP_{mn} 模的传导条件是 $V > V_c$。

光纤中的 U 和 W 值与 V 值有关，即光纤中的场也随 V 值而变。当 V 值很大时，在极限情况 $V \to \infty$ 时，因 $V = 2\pi n_1 (2\Delta)^{1/2} a / \lambda_0$，故 $a/\lambda_0 \to \infty$。此时光波相当于在折射率为 n_1 的无限大空间（$a \to \infty$）中传播，其相位系数 $\beta \to k_0 n_1$，于是有：

$$W = (\beta^2 - k_0^2 n_2^2)^{1/2} a = k_0 (n_1^2 - n_0^2)^{1/2} a = \frac{2\pi (n_1^2 - n_0^2)^{1/2} a}{\lambda_0} \to \infty$$

因此，当 $V \to \infty$ 时可推出常数 $W \to \infty$，从参数的物理意义可看出，场完全集中在纤芯中，包层中场为零，此时导波远离截止。

对应一对确定的 m, n 值，就有一确定的 U 值，从而有确定的 W 及 β 值。随之就对应着确定的场分布和传输特性。这个独立的场分布称为光纤中的一个模式，即标量模（LP_{mn}）。如 $m=0$，$n=1$，对应模式为 LP_{01}；如 $m=0$，$n=2$，为 LP_{02} 模，如图 2-25 所示。余者依次类推。另外，m, n 值还有一种明确的物理意义，m 代表贝塞尔函数的阶数，可取值 $0,1,2,3,\cdots$；n 代表根的序号，可取值 $1,2,3,\cdots$。

（a）LP_{01} 模　　　　　　（b）LP_{02} 模

图 2-25　LP_{0n} 模的场沿半径的变化

2.3　光纤的结构参数

光纤的结构参数主要有光纤的几何参数、数值孔径、模场直径和截止波长等。这些参数与光纤横截面径向半径 r 有关，与光纤的长度及传输状态无关。

2.3.1　几何参数

光纤的几何参数与工程应用有紧密的联系，为了使光缆线路实现光纤的低损耗连接，光纤制造厂商按照 ITU-T 及 IEC（国际电工委员会）的建议，对光纤的几何参数进行了严格的控制和筛选。

多模光纤的几何参数包括纤芯直径、包层直径、纤芯不圆度、包层不圆度、纤芯与包层的同心度等；单模光纤的几何参数包括包层直径、包层不圆度、纤芯与包层的同心度误差（模场与包层的同心度误差）等。

1. 纤芯直径与包层直径

纤芯直径，主要针对多模光纤。ITU-T 规定多模光纤的纤芯直径为 (50 ± 3) μm。

包层直径是指裸纤的直径。无论是多模光纤还是单模光纤，ITU-T 规定通用光纤的包层直径均为 (125 ± 3) μm。

2. 纤芯/包层的同心度和不圆度

同心度 (Y_c) 是指纤芯中心或模场直径中心 O_1 和包层中心 O_2 的距离 O_1O_2 与芯径（$2a$）之比，即 $Y_c = (O_1O_2)/2a$。

不圆度（N_c）包括芯径的不圆度和包层的不圆度，用下式表示：

$$N_c = (D_{max} - D_{min})/D_{co} \qquad (2.25)$$

式中，D_{max} 和 D_{min} 分别是纤芯/包层的最大和最小直径；D_{co} 是纤芯/包层的标准直径。光纤的不圆度严重时，将影响光纤连接时的对准效果，增大接头损耗。因此，ITU-T 规定，光纤同心度误差小于 6%，单模光纤的模场中心和包层中心之间的距离误差在 1 310 nm 波长处不大于 1 μm，纤芯不圆度小于 6%；包层不圆度小于 2%。

2.3.2　数值孔径

数值孔径（NA）是多模光纤的重要参数之一，表征了多模光纤接收光的能力，同时与光源耦合效率、光纤微弯损耗的敏感性和带宽有着密切的关系。数值孔径大的，容易耦合，微弯敏感性小，带宽较窄。对单模光纤 ITU-T 没有把数值孔径作为正式参数。阶跃型和渐变型光纤的 NA 计算式参看 2.2 节的式（2.5）和式（2.8）。ITU-T 建议光纤的 NA 为 0.18～0.23。

2.3.3　模场直径

模场直径（MFD）是单模光纤特有的一个参数。模场是指光纤对的纤芯区中基模 LP_{01} 模的电场强度随光纤横截面径向 r 变化的分布，如图 2-26 所示。模场直径用来描述基模 LP_{01} 近场光斑的分布大小，设 LP_{01} 模的电场强度分布为 $E(r) = E_0 \exp(-r^2/W_0^2)$，取其最大值的 E_0/e 处所对应光纤 LP_{01} 模横截面径向 r 上两点之间的宽度为模场直径，用 $2W_0$ 表示。模场直径估算为：$2W_0 = 2\lambda / \pi n_1 \sqrt{\Delta}$。如 $\lambda = 1.31$ μm，$n_1 = 1.5$，$\Delta = 0.36\%$，

$$2W_0 = 2\lambda / (\pi n_1 \sqrt{\Delta}) = 2 \times 1.31 / (3.14 \times 1.5 \times \sqrt{0.36\%}) = 9.27 \text{ μm}。$$

单模光纤之所以用模场直径的概念，而不用纤芯的几何尺寸作为特征参数，是因为单模光纤中的场并不是完全集中在纤芯中，而是有

图 2-26　基模近场功率分布图

相当部分的能量在包层中。模场直径描述了单模光纤中光能量集中的程度。从工程上来说，模场直径失配的光纤连接损耗较大。ITU-T 规定模场直径为（9～10）±1 μm。

2.3.4　截止波长

单模光纤的截止波长是指光纤二阶模 LP_{11} 截止时的波长，用 λ_{ct} 表示。只有当工作波长 $\lambda > \lambda_{ct}$ 时，才能保证光纤工作在单模传输状态。阶跃型单模光纤的理论截止波长 λ_{ct} 为

$$\lambda_{cc} = \frac{2\pi}{V_c} n_1 a \sqrt{2\Delta} = \frac{2\pi}{2.405} n_1 a \sqrt{2\Delta} \tag{2.26}$$

式中，V_c 为 LP_{11} 模的归一化截止频率，对于阶跃型单模光纤 $V_c = 2.405$，n_1 为纤芯的折射率；a 为光纤半径；Δ 为相对折射率差。

【例题 2-3】 已知某阶跃型单模光纤参数 $\Delta = 0.003$，$n_1 = 1.46$，光波工作波长 $\lambda = 1.31$ μm，求单模传输时光纤应具有的纤芯半径 a。

解： 单模传输条件为：$V < 2.405$ 或 $\lambda > \lambda_{ct} = \dfrac{2\pi}{V_c} n_1 a \sqrt{2\Delta} = \dfrac{2\pi}{2.405} n_1 a \sqrt{2\Delta}$

可得

$$a < \frac{2.405\lambda}{2\pi n_1 \sqrt{2\Delta}} = \frac{2.405 \times 1.31}{2\pi \times 1.46 \sqrt{2 \times 0.003}} = 4.44 \text{ μm}$$

单模光纤截止波长是单模光纤特有的基本参量，理论和实践证明，光纤截止波长与光纤的长度和弯曲状态有关。判断一根光纤是否单模传输，只要比较工作波长 λ 与截止波长 λ_{ct} 的大小关系即可，如果 $\lambda > \lambda_{ct}$，则为单模传输，该光纤只能传输 LP_{01} 模；如果 $\lambda < \lambda_{ct}$，则不是单模传输，除传输 LP_{01} 模外，还有其他高阶模。

2.4　光纤的传输特性

光信号经过一定距离的光纤传输后会产生衰减和畸变，产生该现象的原因是光纤中存在损耗和色散。光纤损耗和色散限制了光纤的传输距离和传输容量。本节主要介绍光纤中光信号衰减和畸变的主要特性，包括损耗、色散和双折射及偏振特性。

2.4.1　损耗特性

光纤对光信号在传输中产生的衰减作用称为光纤损耗，并且随着距离的增长，光信号的强度随之减弱，其规律为：

$$P(z) = P(0)10^{-\alpha(\lambda)z/10} \tag{2.27}$$

式中，$P(0)$ 为入纤功率，即 $z=0$ 处的注入光功率；$P(z)$ 为传输距离 z 处的出纤光功率；$\alpha(\lambda)$ 为工作波长 λ 处的光纤损耗系数。当 $z=L$ 时，光纤损耗系数为：

$$\alpha(\lambda) = \frac{10}{L} \lg \frac{P(0)}{P(L)} \tag{2.28}$$

当工作波长为λ时，传输 L（km）后的总损耗 $A(\lambda)$，用公式表示为：

$$A(\lambda)=\alpha(\lambda)\times L \qquad (2.29)$$

【例题 2-4】　已知一段 3 km 长的光纤，入纤光功率为 1 mW（波长为 1 310 nm）时，出纤光功率为 0.8 mW。请计算这段光纤在该波长下的损耗系数为多少？若该类型光纤在 1 550 nm 波长下的损耗系数为 0.25 dB/km，求光信号经 10 km 传输后，出纤光功率为多少？

解：本题考查光纤的损耗概念及计算方法。

（1）由式（2.28）得

$$\alpha(\lambda)=\frac{10}{L}\lg\frac{P(0)}{P(L)}=\frac{10}{3}\lg\frac{1}{0.8}=0.32(\text{dB/km})$$

（2）由式（2.27）得

$$P(L)=\frac{P(0)}{10^{[\alpha(\lambda)\times L/10]}}=\frac{1}{10^{[0.25\times10/10]}}=0.56(\text{mW})$$

造成光纤损耗的原因很多，损耗的产生机理也非常复杂，如图 2-27 所示。简要地说主要有吸收损耗、散射损耗和附加损耗，如表 2.6 所示。

图 2-27　光纤传输的各种损耗

表 2.6　光纤的传输损耗

损 耗 分 类		损 耗 原 因
吸收损耗	材料杂质吸收	过渡金属正离子吸收（Cu^{2+}、Fe^{2+}、Cr^{2+}、Co^{2+}、Ni^{2+}、Mn^{2+}、V^{2+}、Po^{2+}）在可见光与近红外波段吸收；OH^{-1} 根负离子吸收（OH^{-1} 的吸引峰在 0.95 μm，1.23 μm，1.37 μm）
	材料固有吸收 （基本材料本征吸引）	紫外区吸引（电荷转移波段） 近红外区吸引（分子振动波段）
散射损耗	波导结构散射 （制作不完善造成）	纤芯折射率分布不均匀引起的散射 光纤芯径不均匀引起的散射 纤芯与包层界面不平引起的散射 晶体中气泡及杂物等引起的散射
	材料固有散射	瑞利散射 受激拉曼散射　〕由光学非线性效应引起 受激布渊散射
附加损耗	接续损耗 （包括活动接续和固定接续）	固有因素：芯径失配、纤芯折射率分布失配、数值孔径失配、同心度不良等 外部因素：纤芯位置的横向偏差、纤芯位置的纵向偏差（活接头存在、熔接头没有）、光纤的轴向角偏差、光纤端面受污染
	弯曲损耗	在敷设和连接光缆时，光纤的弯曲半径小于允许弯曲半径所产生的损耗
	微弯曲损耗	光纤轴产生微米级弯曲引起的损耗

另外还有非线性特性带来的非线性损耗，它是指在 DWDM 系统中，当光纤中传输的光强大到一定程度时就会产生受激拉曼散射、受激布里渊散射和四波混频等非线性现象，使输入光能量转移到新的频率分量上产生的散射损耗。

1. 吸收损耗

吸收损耗主要包括本征吸收、杂质吸收（OH 离子）和结构缺陷吸收。本征吸收分红外吸收和紫外吸收。以 "dB/km" 为单位用下面的经验公式估算红外吸收的损耗系数：

$$\alpha_{ir} = 7.81 \times 10^{11} \times e^{-48.28/\lambda}$$

式中，λ 是工作波长，单位为 μm，当 $\lambda=1.55\ \mu m$ 时，$\alpha_{ir} \approx 0.02$ dB/km，其影响较小。但当 $\lambda=1.70\ \mu m$ 时，$\alpha_{ir} \approx 0.32$ dB/km。可见红外吸收影响了工作波长向更长波长方向发展。

紫外吸收是光波照射激励电子跃迁至高能级时吸收的能量。这种吸收发生在紫外波长区，故通常称为紫外吸收。对掺锗的光纤，若 $\Delta < 0.4\%$，可以 "dB/km" 为单位用如下经验公式估算紫外吸收的损耗系数：

$$\alpha_{uv} = 1.47 \times 10^{-2} \times B \times e^{4.63/\lambda}$$

式中，B 是掺锗的质量百分比，当 $\lambda=1.31\ \mu m$，$B=3.5\%$ 时，$\alpha_{uv} \approx 1.75 \times 10^{-2}$ dB/km。但当 $\lambda=0.60\ \mu m$ 时，$\alpha_{uv} \approx 1.00$ dB/km。可见紫外吸收随 λ 的减少和掺锗浓度的增加而增加。

杂质吸收是玻璃材料中含有铁、铜等过渡金属离子和 OH 离子，在光波激励下由离子振动产生的电子阶跃吸收光能而产生的损耗。

2. 散射损耗

散射损耗是由于材料的不均匀使光散射将光能辐射出光纤外的损耗。光纤的散射损耗主要有瑞利散射、米氏散射、受激布里渊散射、受激拉曼散射、附加结构缺陷散射、弯曲散射和泄漏等。

制造光纤时，由于熔融态玻璃分子的热运动引起其内部结构的密度不均匀和折射率起伏，故对光产生散射。引起光纤损耗的散射主要是瑞利散射，瑞利散射具有与波长的 $1/\lambda^4$ 成正比的性质，即 $\alpha_R = A/\lambda^4$。对掺锗的光纤而言，$A \approx 0.63$ dBμm^4/km。λ 分别为 $0.85\ \mu m$、$1.31\ \mu m$ 和 $1.55\ \mu m$ 时，α_R 约分别为 1.3 dB/km、0.3 dB/km 和 0.1 dB/km。除瑞利散射损耗较大外，其他散射损耗只有瑞利散射损耗的百分之一。

3. 附加损耗

附加损耗属于来自外部的损耗或应用损耗，如在成缆、施工安装和使用运行中使光纤扭曲、侧压等造成光纤宏弯曲和微弯曲所形成的损耗等。微弯是在光纤成缆时随机性弯曲产生的，所引起的附加损耗一般很小，光纤宏弯曲损耗是最主要的。在光缆接续和施工过程中，不可避免地出现弯曲，它的损耗原理如图 2-28 所示。

以 "dB/km" 为单位，宏弯曲损耗系数 α_τ 可近似表示为：

$$\alpha_\tau = C_1 e^{-C_2 R} \tag{2.30}$$

式中，C_1，C_2 是与曲率半径 R 无关的常数。光纤宏弯曲程度越大，曲率半径越小，损耗越大。当弯曲程度不大时，其弯曲损耗可以忽略，但当弯曲半径 R 减小到某一值时，宏弯曲损耗将不能忽略，此时的弯曲半径为临界弯曲半径 R_c，其估算公式为：

$$R_c \approx \frac{3n_1^2\lambda}{4\pi(n_1^2-n_2^2)^{3/2}} \tag{2.31}$$

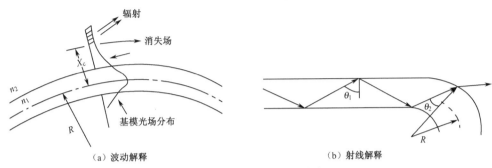

图 2-28　光纤弯曲引起的损耗

由式(2.31)可知纤芯与包层的折射率差较大，将导致临界弯曲半径 R_c 较小。例如 $n_1=1.5$，$\Delta=0.2\%$，$\lambda=1.55\ \mu m$，则 $R_c=975\ \mu m$，显然该值是相当小的。在施工过程中严格规定了光缆的允许弯曲半径，一般要求为 15 倍光缆直径，把弯曲损耗降低到可忽略不计的程度。

随着光纤制造技术的提高，杂质吸收、结构不完善等产生的损耗已降到很小。因此，目前高质量的光纤，其损耗已达到或接近理论计算值。图 2-29 为光纤中光功率损耗系数随波长变化的频谱曲线。从图中可知 3 个低损耗窗口的波长为 0.85 μm、1.3 μm、1.55 μm，分别对应的光纤损耗约为 2 dB/km、0.5 dB/km、0.2 dB/km。

图 2-29　G.652 光纤损耗频谱曲线

2.4.2　色散特性

在物理学中，色散是指不同颜色的光经过透明介质后被分散开的现象。

在光纤中，信号的不同模式或不同频率在传输时具有不同的群速度，因而信号达到终端时会出现传输时延差，从而引起光脉冲展宽或信号畸变，这种现象统称为色散。对于数字信号，经光纤传播一段距离后，色散会引起光脉冲展宽，严重时，前后脉冲将互相重叠，形成码间干扰，导致误码率增加。因此，色散决定了光纤的传输带宽，限制了系统的传输速率或中继段距离。色散和带宽是从不同的角度来描述光纤的同一特性的。

根据产生的原因，色散可分为模式色散、材料色散、波导色散和偏振模色散。

1. 模式色散

模式色散 $\Delta\tau_M$ 是指光在多模光纤中传输，因不同模式沿光纤轴向传播的速度不同，它们到达终端时，必定会有先有后，出现时延差，从而引起脉冲宽度展宽或畸变，如图 2-30 所示。

以阶跃型多模光纤为例，对其最大模式色散进行估算。在阶跃型多模光纤中，传输最快和最慢的两条光线分别是沿轴心传播的光线①和以临界角 θ_c 入射的光线②，如图 2-31 所示。因此，在阶跃型多模光纤中，最大模式色散是光线②到达终端所用时间 τ_{max} 和光线①到达终端所用时间 τ_{min} 之差 $\Delta\tau_{max}$，即

$$\Delta\tau_{max}=\tau_{max}-\tau_{min}$$

根据几何光学，设在长为 L 的光纤中，光线①和②沿轴方向传播的速度分别为 c/n_1 和 $c/n_1\sin\theta_c$。因此光纤的模式色散为：

$$\Delta\tau_M = \Delta\tau_{max} = L / \left(\frac{c}{n_1}\sin\theta_c \right) - L/(c/n_1) = \frac{Ln_1}{c}\left(\frac{n_1}{n_2}-1\right) \approx \frac{Ln_1}{c}\Delta \tag{2.32}$$

图 2-30　模式色散的脉冲展宽

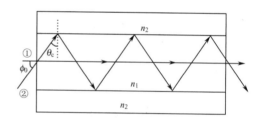

图 2-31　阶跃型多模光纤的模式色散

由图可以看出，最大时延差与 L、Δ 成正比，使用弱导光纤（$n_1\approx n_2$，$\Delta\approx n_1-n_2)/n_1$）有助于减少模式色散。例如 $\Delta=1\%$，石英光纤的 $n_1=1.5$，光纤长 1 km，根据式（2.32）可求得该光纤的模式色散 $\Delta\tau_{max}=50$ ns。由此可见，光纤的 L 越长，Δ 越大，模式色散就越严重。

2. 材料色散

材料色散 $\Delta\tau_m$ 是由于纤芯材料对不同光波长 λ 呈现不同折射率而造成的，波长短则折射率大，使得光的传输速度随波长的变化而变化，从而造成传输的时延差。目前光纤通信中使用的激光光源不是单色光，它具有一定的光谱宽度 $\Delta\lambda$，这样不同光波长的光波传输速度不同，从而产生时延差，引起脉冲展宽。材料色散的计算式为：

$$\Delta\tau_m = D_m \times \Delta\lambda \times L \tag{2.33}$$

式中，D_m 为材料色散系数，单位为 ps/（nm·km）；$\Delta\lambda$ 为光谱宽度，单位为 nm；L 为光纤长度，单位为 km。

【例题 2-5】 设某光纤的最大材料色散系数 $D_m=3.5$ ps/（nm·km），如用一中心波长为 1 310 nm 的半导体激光器产生传输光波，其谱线宽度 $\Delta\lambda=4$ nm，试求该光传输 1 km 光纤的材料色散。

解： 由式（2.33）得材料色散为：

$$\Delta\tau_m = D_m \times \Delta\lambda \times L = 3.5 \times 4 \times 1 = 0.014 \text{ ns} = 14 \text{ ps}$$

3. 波导色散

波导色散 $\Delta\tau_w$ 是指光纤的波导结构对不同波长的光信号产生的色散。波导色散与包层直径大小、光纤的折射率分布等有关，波导色散通常很小，一般忽略不计。

4. 偏振模色散（PMD）

对于理想单模光纤，由于只传输一种模式（基模 LP_{01} 或 HE_{11} 模），故不存在模式色散，但存在偏振模色散。偏振模色散是单模光纤特有的一种色散，由于单模光纤中实际上传输的是两个相互正交的偏振模，它们的电场各沿 x，y 方向偏振，分别记作 LP_{01}^x 和 LP_{01}^y，其相位系数 β_x，β_y 不同（$\beta_x \neq \beta_y$），相应的群速度不同，它们沿光纤传输产生时延差，导致脉冲展宽，即引起偏振模色散（PMD），如图 2-32 所示。图中 $\Delta\tau$ 为两个偏振模分量之间的总群时延差（DGD），也称 PMD。单位长度偏振模色散记作 $\Delta\tau_0$，计算公式如下：

$$\Delta\tau_0 = \tau_x - \tau_y = \frac{\mathrm{d}\beta_x}{\mathrm{d}\omega} - \frac{\mathrm{d}\beta_y}{\mathrm{d}\omega} = \frac{\mathrm{d}\Delta\beta}{\mathrm{d}\omega} \approx \frac{\Delta\beta}{\omega} \approx \frac{1}{c}(n_x - n_y) \tag{2.34}$$

式中，τ_x，τ_y 为这两种模式传输单位长度所用的时间；$\Delta\beta = \beta_x - \beta_y = n_x k_0 - n_y k_0$，$\omega$ 为光的角频率；k_0 为真空中的波数；n_x、n_y 是 LP_{01}^x、LP_{01}^y 模的等效折射率。

图 2-32　偏振模色散

造成单模光纤 PMD 的内在原因是纤芯的椭圆度和残余内应力，引起相互垂直的本征偏振以不同的速度传输，进而造成数字系统的光脉冲展宽和模拟系统的光信号失真，传输速率受限。造成单模光纤 PMD 的外在原因则是成缆和敷设时的各种作用力。

偏振模色散通常较小，在速率不高的光纤通信系统中可以忽略不计。对于工作在零色散（材料色散和波导色散之和为零）波长的单模光纤，偏振模色散将成为最后的极限。

人们已认识到 PMD 对大容量数字和模拟通信系统的影响是严重的。要使 10 Gbit/s 以上的高速系统能正常工作，光脉冲展宽必须限制在一定范围，即 L 长度光纤线路（链路）的最大总群时延差 DGD 应该在 30%脉冲宽度以下。实验证明，当光路的光功率代价 P_p 特定时，L 长度光纤线路的最大 DGD 有对应容限。例如，对于 10 Gbit/s 系统，其光脉冲宽度为 100 ps，当 P_p 为 1 dB 时，DGD 最大容限为 30 ps；对于 40 Gbit/s 系统，其光脉冲宽度只有 25 ps，当 P_p 为 1 dB 时，DGD 最大容限只能为 10 ps 以下，超出 10 ps 的脉冲展宽会使接收端无法正确地恢复原信号。由此可知，高于 40 Gbit/s 的系统，对光纤 PMD 值的要求成为至关重要的考虑因素。而 PMD 值是随机变化的，它与光纤制作过程、光缆成缆过程、光缆敷设过程、外界温度变化等有关。实际上常用总群时延差 DGD 的值，即 PMD 系数（PMD_C）来表征光纤光缆的 PMD 特性。

PMD 与光纤的平均总双折射（$\Delta\beta=\beta_x-\beta_y$）和平均偏振模耦合长度 h 存在重要关系：

当光纤很短时（$L \ll h$），PMD 近似与光纤长度 L 成正比，其计算公式如下：

$$PMD = DGD = PMD_C \times L \quad (ps) \tag{2.35}$$

当光纤 L 足够长时（$L \gg h$，典型值为 2 km 以上），此时由于沿光纤产生了足够多的模式耦合，快和慢的偏振模之间伴随着能量交换，这将会降低脉冲展宽，采用统计推算得到 PMD 与长度的平方根成正比，其计算公式如下：

$$PMD = DGD = PMD_C \times \sqrt{L} \tag{2.36}$$

式中，L 为光纤长度（km）；PMD（或 DGD）为长度为 L 的光纤的总偏振模色散（或偏振模总群时延差）（ps）；PMD_C 为光纤的 PMD 系数（$ps/\sqrt{km}$）。

PMD_C 的典型值在 $0.1 \sim 1\,ps/\sqrt{km}$ 之间。在 PMD_C 和 DGD 之间存在一种换算关系，从 DGD 最大容限可计算出对应 PMD_C 的要求。如在 400 Gbit/s 的高速系统中，传输 100 km 后，PMD_C 限制在 $0.1\,ps/\sqrt{km}$ 以内。一般系统对 PMD 系数最大设计值为 $0.5\,ps/\sqrt{km}$。

综上所述，在多模光纤中存在着模式色散、材料色散和波导色散三种色散，而且这三种色散之间存在模式色散 ≫ 材料色散 > 波导色散的大小关系。在单模光纤中，模式色散为零，其色散主要是材料色散、波导色散和偏振模色散，而且材料色散占主导，波导色散较小，偏振模色散一般可以忽略。因此光纤色散可表示为：

多模光纤色散：$\Delta\tau_{总}=(\Delta\tau_M^2 + \Delta\tau_m^2 + \Delta\tau_w^2)^{1/2}$

单模光纤色散：$\Delta\tau_{总}=(\Delta\tau_m^2 + \Delta\tau_w^2 + \Delta\tau^2)^{1/2}$

不过单模光纤一般只给出色散系数 D，其中包含了材料色散和波导色散的共同影响。

5. 光纤的带宽

在常规速率光纤传输系统中，光纤的色散特性可以用单位长度光纤的脉冲展宽 $\Delta\tau_{1km}$、带宽 B_0 和色散系数 D 三个物理量来描述。

脉冲展宽 $\Delta\tau_{1km}$ 是光脉冲经过传输后在时间坐标轴上展宽的程度，是色散特性在时域的描述，而带宽 B_0 是这一特性在频域中的描述。在频域中对于调制信号而言，光纤可以被看作一个低通滤波器，当调制信号的高频分量通过它时，就会受到严重损耗。ITU-T 建议 1km 的光纤带宽计算公式为：

$$B_0 = \frac{A}{\Delta\tau_{1km}} = \frac{\varepsilon \times 10^6}{D \times \Delta\lambda \times 1} \quad (MHz) \tag{2.37}$$

单位长度光纤的脉冲展宽 $\Delta\tau_{1km}$ 与色散系数 D 的关系为：

$$\Delta\tau_{1km} = D \times \Delta\lambda \times 1$$

长为 L（km）的光纤带宽计算公式为：

$$B_L \approx \frac{B_0}{L} = \frac{\varepsilon \times 10^6}{D \times \Delta\lambda \times L} \quad (MHz) \tag{2.38}$$

式中，D 的单位为 ps/（nm·km）；光源谱宽 $\Delta\lambda$ 的单位为 nm；1 km 的光纤带宽 B_0 的单位为 MHz；常数 $\varepsilon=0.115$（多纵模激光器），$\varepsilon=0.306$（单纵模激光器）。

在 DWDM 高速光纤传输系统中，着重考虑 PMD 对光纤的距离影响情况，可由下列公式分析：

$$L=\left[\frac{1}{10\text{PMD}_C\times B_L}\right]^2 \text{ 或 } B_L=\frac{1}{10\text{PMD}_C\sqrt{L}} \tag{2.39}$$

其中，PMD_C 为 PMD 系数（ps/$\sqrt{\text{km}}$），B_L 为传输速率（bit/s）（光纤带宽通常等于光纤速率），L 为光纤中继段距离（km）。

2.4.3　光纤双折射及偏振特性

双折射与偏振是单模光纤特有的现象。理想的单模光纤存在电场沿 x，y 方向上的线偏振模 LP_{01}^x 和 LP_{01}^y，该两模式有相同的相位系数，即 $\beta_x=\beta_y$，它们是相互简并的。但实际上光纤总有某种程度的不完善，如纤芯椭圆变形、光纤横向不对称、光纤弯曲等，使两模式之间的简并被破坏（$\beta_x\neq\beta_y$）。这种现象叫作模式双折射，简称双折射。由于双折射的存在，将引起光波的偏振态沿光纤长度发生变化，使得两个正交的偏振模式的群速度不同，从而产生时延差，导致脉冲展宽，引起偏振模色散，使光纤带宽变窄。另一方面可以利用双折射，制成保偏光纤，为相干光纤通信提供新形态的传输光纤。

1. 线双折射参数

可用下列参数说明单模光纤线双折射特性。

（1）线双折射率 $\Delta\beta_L$ 定义为两正交线偏振模的相位系数之差。

$$\Delta\beta_L=\beta_x-\beta_y$$

（2）归一化双折射率 B 是线双折射率与真空中的相位系数 k_0 之比。

$$B=\Delta\beta_L/k_0=(\beta_x-\beta_y)/k_0=n_x-n_y=\Delta n_{\text{eff}}$$

式中，Δn_{eff} 是等效折射率差，$k_0=2\pi/\lambda$，λ_0 为真空中的工作波长。

（3）拍长 L_B 定义为偏振态完成一个周期变化的光纤长度，如图 2-33 所示。在一个拍长上，两正交偏振光的相位差变化 2π，因而有 $\Delta\beta_L\times L_B=2\pi$，即有：

$$L_B=2\pi/\Delta\beta_L=\lambda_0/B$$

可见，双折射越严重，拍长越短。如光纤的拍长小于某种外界干扰的长度周期，就可抵御这种干扰而保持偏振状态。常用光纤的 B 的值在 $10^{-6}\sim10^{-7}$ 之间，有时以此为界，大于该值的称为高双折射光纤，小于该值的称为低双折射光纤。保偏光纤的 B 则在 $10^{-3}\sim10^{-5}$ 之间，为高双折射光纤。

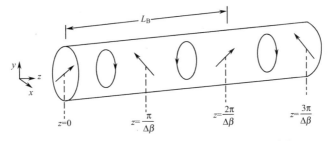

图 2-33　光纤双折射的偏振态在一个拍长上的演化

（4）消光比 η 和功率耦合系数 h 定义为如在光纤输入端激发 x 方向的线偏振模，其功率为 P_x，由于耦合，在光纤的输出端出现了 y 方向的线偏振模，其功率为 P_y。用消光比 η 和功

率耦合系数 h 来表示这一对正交线偏振模的耦合作用，即

$$\eta=\tan(hL)=P_x/P_y$$

式中，L 是光纤长度。这两个参数说明光纤的保偏能力，η，h 越大，光纤的保偏能力越强。

2．线双折射的成因

引起光纤线双折射的原因很多，大致可归为两种。一种是由于光纤截面为非圆形，如光纤纤芯的椭圆化；另一种是由于非对称内部应力。前者叫几何双折射，后者叫应力双折射。下面简单介绍这两种双折射。

典型的几何双折射是由于光纤纤芯椭圆变形形成了阶跃折射率分布。其光纤截面如图 2-34 所示，长轴 $2a$ 在 x 方向；短轴 $2b$ 在 y 方向。椭圆度 $e=1-(b/a)^2$。由于纤芯的椭圆变形，基模 LP_{01}^x 和 LP_{01}^y 模的相位系数 $\beta_x \neq \beta_y$，线双折射率 $\Delta\beta_L=\beta_x-\beta_y$。

在椭圆度 $e\ll1$，归一化频率 $V\approx2.4$〔V 值按平均光纤芯径 $(a+b)/2$ 计算〕的情况下，双折射率为：

$$\Delta\beta_L \approx (e^2/2)(\Delta/2)^{3/2}$$

可见 $\Delta\beta_L$ 随纤芯的椭圆度和光纤相对折射率差的增大而增大，如要得到低双折射光纤，对光纤纤芯的椭圆度要求很严格。

光纤中的应力双折射是由光纤受应力作用引起了弹性形变而造成的。光纤材料本身是各向同性介质，不同方向的电场分量所遇到的折射率相同。当光纤受非对称应力时，将引起弹性变形，同时引起折射率的变化，使材料变为各向异性，从而呈现出双折射。图 2-35 给出了两个应力双折射的例子。

图 2-34　几何双折射　　　　　　图 2-35　应力双折射

图 2-35（a）表示光纤弯曲引起非对称应力双折射的情况，弯曲光纤时的直径为 A，弯曲曲率半径为 R。图 2-35（b）表示光纤在 y 方向受侧向压力引起非对称应力双折射。

利用这两种效应都可构成光纤元件，如光纤型延迟器。

2.4.4　光纤非线性特性

在带有掺铒光纤放大器的密集波分复用大容量、高速度的光纤通信系统中，光纤中传输的工作波长多、功率大（大于 10 mW），可能引起信号与光纤的相互作用而产生各种非线性效应，如果不适当抑制，这些非线性效应会引起散射损耗、色散、相邻信道串扰等。

光纤的非线性可分为受激散射和折射率扰动。

1. 受激散射

受激散射是指光场把部分能量转移给非线性介质。非线性受激散射发生在光信号与光纤中的声波或系统振动相互作用的调制系统中，包括受激拉曼散射和受激布里渊散射。

（1）受激拉曼散射（SRS）

SRS（Stimulated Raman Scattering）是指光纤介质中分子间的振动对入射光（称为泵浦光）的相互作用，而使入射光产生散射。设入射光频率为 ω_p，光纤介质分子间振动频率为 ω_v，则散射光频率从 ω_p 移动了 ω_v，使散射光频率为 $\omega_S = \omega_p - \omega_v$ 和 $\omega_{aS} = \omega_p + \omega_v$，这种现象称为受激拉曼散射。所产生的频率为 ω_S 的散射光称为斯托克斯波（Stokes 波），频率为 ω_{aS} 的散射光叫反斯托克斯波。对斯托克斯波可用物理概念来描述：一个入射光子消失，产生了一个频率下移光子（Stokes 波）及一个有适当能量和动量的光子，使能量和动量守恒。

对典型的单模光纤，受激拉曼散射产生的最低阈值泵浦光功率 P_R 可近似表示为：

$$P_R \approx \frac{16 A_{\text{eff}}}{L_{\text{eff}} g_R} \tag{2.40}$$

式中，A_{eff} 为纤芯有效面积，即 $A_{\text{eff}} \approx \pi W_0^2$（$W_0$ 为模场半径）；L_{eff} 为光纤的有效互作用长度；g_R 是拉曼增益系数。

由式（2.40）可见，阈值泵浦光功率与纤芯有效面积成正比，与光纤的有效互作用长度成反比。若遇超低损耗的单模光纤，拉曼阈值会很低。在 $\lambda=1\ \mu m$ 附近，$g_R=10^{-13}\ m/W$，$L_{\text{eff}}=20\ km$，$A_{\text{eff}}=50\ \mu m^2$ 时，预测的拉曼阈值约为 400 mW。

受激拉曼散射的频移量在光频范围，频率为 ω_s 的波和频率为 ω_p 的波的传输方向一致。频率为 ω_s 的波和频率为 ω_{aS} 的波的传输方向相反，可采用光隔离器来消除相反方向传输的光功率。

（2）受激布里渊散射（SBS）

SBS（Stimulated Brillouin Scattering）是一种由入射到光纤中的光信号（光强较高），造成声光子的振动所引起相互作用的非线性现象。SRS 与 SBS 在物理过程上类似，只是 SBS 的频移量在声频范围，频率为 ω_s 的波和频率为 ω_p 的波的传输方向相反，是一种背向散射。在光纤中，SBS 产生的最低阈值泵浦光功率 P_B 可近似表示为：

$$P_B \approx \frac{21 A_{\text{eff}}}{L_{\text{eff}} g_B} \tag{2.41}$$

由式（2.41）可见，在 $\lambda=1\ \mu m$ 附近，$A_{\text{eff}}=50\ \mu m^2$，$L_{\text{eff}}=20\ km$，布里渊增益系数 $g_R=5\times10^{-11}\ m/W$ 时，$P_B \approx 1 \sim 15\ mW$，比 P_R 小得多。

2. 折射率扰动

在低光功率入射下，光纤折射率可以认为是常数。但在较强光功率入射下，则应考虑光纤折射率成为光强的函数，即折射率扰动。它们的关系为：

$$n = n_0 + nP/A_{\text{eff}} = n_0 + n|E|^2$$

式中，n_0 为线性折射率；n 为非线性折射率；P 为输入光功率；A_{eff} 为纤芯有效面积；E 为光场强度。折射率扰动引起三种非线性效应：自相位调制、交叉相位调制和四波混频。

（1）自相位调制（SPM）

SPM（Self Phase Modulation）是指传输过程中光脉冲自身相位变化，导致脉冲频谱展宽的现象。自相位调制与"自聚焦"有密切联系，如果十分严重，那么在密集波分复用系统中，光谱展宽会重叠进入邻近的信道形成干扰。光脉冲在光纤传输过程中相位变化为：

$$\phi=(n_0+n|E|^2)k_0L=\phi_0+\phi_{NL}$$

式中，$k_0=2\pi/\lambda$；L 是光纤长度；$\phi_0=n_0k_0L$ 是相位变化的线性部分；$\phi_{NL}=nk_0L|E|^2$ 为自相位调制。

从原理上，自相位调制可用来实现调相，可在光纤中产生光孤子，实现光孤子通信。

（2）交叉相位调制（CPM）

CPM（Cross Phase Modulation）是一个脉冲对其他信道脉冲相位的作用。两个或多个不同波长的光波在光纤的非线性作用下，将产生 CPM，其产生机理与 SPM 相似。CPM 与 SPM 不同的是，SPM 发生在单信道或多信道系统中，而 CPM 则仅出现在多信道系统中。

（3）四波混频（FWM）

FWM（Four Wave Mixing）是指由两个或多个波长的光波混合后产生的新光波，其原理如图 2-36 所示。在系统中，某一波长的入射光会改变光纤的折射率，从而在不同频率处发生相位调制，产生新波长。新波长数量与原始波长数量是呈几何递增的，即 $N=N_0^2(N_0-1)/2$（N_0 为原始波长数）。而且四波混频与信道间隔关系密切，信道间隔越小，FWM 越严重。

图 2-36 四波混频产生原理

FWM 对波分复用系统的影响为：一是将波长的部分能量转换为无用的新波长，从而损耗光信号的功率；二是新波长可能与某信号波长相同或重叠，造成干扰。这种非线性效应会严重地损坏信号眼图并产生系统误码。

各种光纤传输性能参数比较如表 2.7 所示。

表 2.7　各种光纤传输性能参数比较

光纤类型	性能参数							
	光波长：模场直径/μm	截止波长/nm	零色散波长/nm	工作波长/nm	损耗系数/（dB/km）		色散系数/[ps/（nm·km）]	
					1 310 nm	1 550 nm	1 310 nm	1 550 nm
G.651	纤芯直径：50±3 或 62.5±3	数值孔径：(0.18～0.24)±0.02	—	850	≤0.8 ≤1.0 ≤1.5	850 nm：≤4.0 ≤6.0	≤6	850 nm：≤120
G.652	1 310 nm：9	≤1 260	1 310	1 310	≤0.36	≤0.22	0	+18
G.653	1 550 nm：8.3	≤1 270	1 550	1 550	≤0.45	≤0.25	-18	0
G.654	1 550 nm：11.3	≤1 530	1 310	1 550	≤0.45	≤0.20	0	+18
G.655	1 550 nm：(9.5±0.5)	≤1 450	非零色散波长 1 530～1 565	1 530～1 565	1 550 nm：≤0.25	1 625 nm：≤0.30	1 530～1 565 nm 0.1≤D≤10	
G.656	1 550 nm：(8.12～9.03)	≤1 450	非零色散波长 1 530～1 565	1 530～1 565	1 530 nm：≤0.35	1 625 nm：≤0.40	1 530～1 565 nm 1≤D≤14	
G.657	1 310 nm：(8.6～9.5)	≤1 260	非零色散波长 1 310～1 324 nm 1 530～1 565	1 310～1 550	≤0.40	≤0.30	色散斜率：1 310～1 324 nm 0.092（ps/nm².km）	

续表

光纤类型	性能参数							
	光波长：模场/直径/μm	截止波长/nm	零色散波长/nm	工作波长/nm	损耗系数/（dB/km）		色散系数/[ps/（nm·km）]	
					1 310 nm	1 550 nm	1 310 nm	1 550 nm
DFF	1 310 nm：8 1 550 nm：11	≤1 270	1 310 和1 550	1 310～1 550	≤0.25	≤0.30	0	0
DCF	1 550 nm：6	≤1 260	>1 550	1 550	—	≤1.00	—	−80～−150

习题 2

1. 简单用射线理论描述阶跃型多模光纤的导光原理。

2. 写出 U,V,W 径向归一化常数表达式，并简述其物理意义。

3. 什么是标量模 LP_{mn}，简述标量模角标 m,n 的物理意义。

4. 简述单模光纤的模场直径、截止波长和双折射现象。

5. 简述使用过程中影响光纤损耗的因素。

6. 简述光纤色散的种类、产生的原因及其危害，并说明色散为什么会限制系统的通信容量。

7. 色散的程度用什么表示？其单位是什么？

8. 已知渐变型光纤纤芯的折射率分布为：

$$n(r) = n(0)\sqrt{1-2\Delta\left(\frac{r}{a}\right)^2} \qquad (0 \leqslant r \leqslant a)$$

求光纤的本地数值孔径 $NA(r)$。

9. 均匀纤芯与包层的折射率分别为：$n_1 = 1.50$，$n_2 = 1.45$，试计算：

（1）光纤的相对折射率差 Δ；

（2）光纤的数值孔径 NA；

（3）在 1 km 长的光纤上，由子午线的光程差所引起的最大时延差 $\Delta\tau_{max}$；

（4）若在 1 km 长的光纤上，将 $\Delta\tau_{max}$ 减小为 10 ns/km，n_2 应选什么值。

10. 已知阶跃型光纤纤芯的折射率 $n_1 = 1.465$，相对折射率差 $\Delta = 0.01$，纤芯半径 $a = 25$ μm，试求：

（1）LP_{01}，LP_{02}，LP_{11} 和 LP_{12} 模的截止波长各为多少？

（2）若 $\lambda_0 = 1.3$ μm，计算光纤的归一化频率 V 等于多少？

11. 对阶跃型光纤，若 $n_1 = 1.50$，$\lambda_0 = 1.3$ μm，试计算：

（1）若 $\Delta = 0.25$，为了保证单模传输，其纤芯半径 a 应取多大？

（2）若取 $a = 5$ μm，为保证单模传输，Δ 应取多大？

（3）若将光纤的包层和涂敷层去掉，求裸光纤的 NA。

12. 对单模光纤，若 $n_1 = 1.500$，$n_2 = 1.495$，$\lambda_0 = 1.31$ μm，$a = 5$ μm，试估算：

（1）光纤的模场直径 $2W_0$；

（2）理论截止波长 λ_{ct}；

（3）临界弯曲半径 R_c。

第 3 章　光纤通信基本器件

在光纤通信系统与网络中，光纤是传输光信号的介质，而光器件用来完成光信号的产生、还原、光连接、光分路耦合、光分波合波、光放大、光衰减等光传输网络所需要的相关功能。光器件是光纤通信系统与网络中必不可少的设备，在光纤通信中占有重要的地位。光器件可分为有源器件和无源器件两大类。光发射机采用的发光器件，如半导体激光器（LD）、半导体发光二极管（LED）等，光接收机采用的光检测器件，如 PIN、APD 等，长途光纤线路还有光放大器，如掺铒光纤放大器（EDFA）、拉曼光纤放大器、半导体光放大器 SOA 等属于有源器件。光纤连接器、光分路耦合器、光开关、波分复用器、光衰减器、光隔离器、光环行器、光偏振控制器等属于无源器件。本章介绍主要光器件的工作原理及特性。

3.1　光有源器件

光有源器件是光发射机的核心，其作用是将电信号转换成光信号。光纤通信中常用的光有源器件有 LD 和 LED 两种。这两种器件要求光源发射的峰值波长必须在光纤低损耗窗口内，即在 0.85 μm、1.31 μm、1.55 μm 附近，并具有高可靠性（工作寿命达 10 万小时），输出光功率足够大且稳定，发光单色性好谱线宽度要窄，调制特性好，以减少光纤中色散的影响。此外，它们还具有体积小、质量轻、与光纤耦合效率高、调制简便等一系列优点。

3.1.1　半导体激光器结构及原理

半导体激光器（简称激光器）是向半导体 PN 结注入电流，实现粒子数反转分布，产生受激辐射，再利用光学谐振腔的正反馈，实现光放大而产生激光振荡的。

1. 半导体激光器的工作原理

激光的产生与光源内部物质的原子的结构和运动状态是密切相关的，原子中的电子不停地做无规则运动，其能量只能取某些离散值，电子可以从较低的能级跃迁到较高的能级，也可以从较高的能级跃迁到较低的能级。就一个电子来看，它所具有的能量时大时小，不断地变化，但从大量电子的统计规律看，电子按能量大小的分布有一定的规律。一般而言，电子占据各个能级的概率是不等的，占据低能级的电子多，占据高能级的电子少。当原子中电子的能量最低时，整个原子的能量最低，这个原子中的电子处于稳态，称为基态；当原子中电子处于比基态高的能级时，称为激发态。通常情况下，大部分原子中的电子处于基态，只有少数原子中的电子被激发到激发态，而且能级越高，处于该能级上的电子数越少。在热平衡条件下，各能级上的电子数服从费米（Femi）统计分布规律，其数学表达式为：

$$f(E) = 1/[1 + e^{(E-E_f)/k_0 T}]$$

（3.1）

式中，$f(E)$ 为 E 能级被电子占据的概率，称为费米分布函数；$k_0=1.38\times10^{-23}$ J/K 为玻耳兹曼常数；T 为绝对温度，单位为开尔文（K）；E_f 为 Femi 能级，它与物质的特性有关，它只是反映电子在各个能级中分布情况的一个参量（E_f 是抽象的一个能级）。对于 E_f 能级以下的所有能级，电子占据的可能性大于 1/2；对于 E_f 能级以上的所有能级，电子占据的可能性小于 1/2。由式（3.1）可见电子占据能级的可能性随着能级的增高，按指数减少。

这里需要说明一下，人们常把电子、原子、离子、分子等统称为微观粒子或粒子，其能量不能连续变化，而具有一系列不连续的分立值，这里把分立的粒子内能称为粒子的能级。

1）光的辐射和吸收

原子中电子可以通过与外界交换能量的方式发生能级跃迁，电子所处的能级代表电子所具有的能量，如果电子获得能量，电子从低能级跃迁到高能级，此时，电子所具有的能量比跃迁前高。

爱因斯坦于 1917 年根据辐射与原子相互作用的量子论提出：光与物质相互作用时，将发生自发辐射、受激吸收和受激辐射三种物理过程，这三种物理过程表明光与物质相互作用时，光可以被物质吸收，也可以从物质中发射出来。受激辐射过程是半导体激光器的物理基础。

（1）自发辐射，如图 3-1（a）所示。在没有外界影响的情况下，处在高能级 E_2 的粒子自发地向低能级 E_1 跃迁，并发射出一个频率为 f、能量为 ε 的光子，这种发光过程称为自发辐射。发射出的光子的能量为两级的能量之差，即

$$释放光子的能量为 \varepsilon=E_2-E_1=hf$$
$$发射光子的频率为 f=(E_2-E_1)/h$$

式中，$h=6.628\times10^{-34}$ J·s 为普朗克常数；f 为发射光子的频率。自发辐射是处于高能级粒子的自发行为，与是否存在外界激励作用无关。由于自发辐射可以发生在一系列能级之间，因此材料自发辐射光谱范围很广。即使跃迁过程满足相同能级差，自发辐射也是独立的、随机的，各列波的相位和偏振方向都不相同，并向四面八方传播，为一种非相干光。

（2）受激吸收，如图 3-1（b）所示。原处于低能级 E_1 的粒子受到外来的频率为 $f_外=(E_2-E_1)/h$ 的光子照射时，会吸收光子的能量从低能级 E_1 向高能级 E_2 跃迁，这个过程称为受激吸收。受激吸收的条件是外来光子的激励，且每个外来光子能量 $hf\geq E_2-E_1$。

（3）受激辐射，如图 3-1（c）所示。处于高能级 E_2 的粒子受到外来光子的激发（感应）时，发射一个与感应光子一模一样的全同光子，即频率、相位、偏振方向和传播方向相同且因受激辐射发出的光，为相干光。受激辐射的条件是每个外来光子的能量 $hf\geq E_2-E_1$，其特点是外来光子与感应光子为全同光子。在受激辐射中，一个外来光子作用，可以得到两个全同光子，如果这两个光子再次使粒子产生受激辐射，就可得到 4 个全同光子，如此进行下去，将形成"雪崩"反应，得到大量的全同光子，这种现象称为光放大，如图 3-1（d）所示。光的受激辐射是半导体激光器产生激光的条件之一。

（4）粒子数反转分布。在热平衡条件下，低能级上的粒子数 N_1 大于高能级粒子数 N_2（$N_1>N_2$），总效果是受激吸收比受激辐射占优势。当外界向物质提供能量时，使低能级上的粒子获得能量而激发到高能级，此时，高能级上的粒子数 N_2 大于低能级上的粒子数 N_1（$N_2>N_1$），总效果是受激辐射比受激吸收占优势。这种分布状态称为粒子数反转分布。

（5）光放大。当物质在外部能源作用下，达到粒子数反转分布时（光放大状态），高能级上的大量粒子在受到外来入射光子的激发下，同步发生与入射光子的频率、相位、偏振方向和传播方向一致的全同光子，这样就实现了用一个弱的光子入射来激发粒子数反转分布物质，使其输出一个强光的光放大作用。

图 3-1　能级和电子的跃迁

2）激光产生的条件

半导体激光器是单色性、相干性、光强极好的一种光源。激光是由以受激辐射为基础的物质内部原子内能的变化引起的。要想产生激光，必须具备光放大的激活物质、频率选择及正反馈、满足阈值条件及相位条件这三个基本条件。

（1）激活物质，即处于粒子反转分布的激光工作物质。激光工作物质应具有确定能级系统，可在需要的光波范围内辐射光子。泵浦源是能够使激光工作物质处于粒子反转分布的激励源。

（2）频率选择及正反馈。光学谐振腔是能引起振荡和正反馈的系统，其对光波具有频率选择作用。光学谐振腔是由激活物质两端分别加一块平面反射镜 M_1 和 M_2 组成的，使受激辐射产生的光子在两块反射镜之间往复反射，其中 M_1 的反射率为 100%，M_2 的部分反射率为 90%左右，以从 M_2 输出激光。图 3-2 给出了一个简单的半导体激光器结构原理图。

图 3-2　半导体激光器结构原理图

（3）阈值条件及相位条件。激活物质和光学谐振腔只是为激光的产生提供了必要的条件，要产生激光振荡，还必须满足一定的阈值条件及相位条件。如图 3-2 所示，产生振荡必须满足：

$$P(2L) \geqslant P(0)，即\ r_1 r_2 \exp[(g_0 - \alpha_i)2L] \geqslant 1 \tag{3.2}$$

因此有：

$$g_0 \geqslant \alpha_i + \frac{1}{2L}\ln\frac{1}{r_1 r_2} = \alpha \tag{3.3}$$

式中，$P(0)$ 为 $z=0$ 处的光功率；$P(2L)$ 为光束在腔内经历一个来回（$z=2L$ 处）的光功率；L 为腔的长度；g_0、α_i 分别为激活物质的增益系数和损耗系数；r_1 和 r_2 分别为两个反射镜的反射率。

式（3.3）为产生激光的阈值条件，式中第一项是激活物质内部损耗，第二项是通过两个反射镜的传输损耗，当增益系数 g_0 大于损耗系数 α_i 时，将迅速出现激光输出。

要产生激光振荡，除要满足阈值条件外，还要满足相位平衡（谐振）条件。如图 3-2 所示，为了能在腔内形成稳定振荡，要求光波能因干涉而形成正反馈使光波能量加强。条件是波从某一点出发，经腔内往返一周再回到原来位置时，应与初始出发波同相，即相差为 2π 的整数倍。激光器的相位平衡条件可以表示为：

$$\Delta\phi = 2\pi q = k \times 2L = (2\pi/\lambda_q) \times 2L \tag{3.4}$$

$$L = (\lambda_q/2) \times q \tag{3.5}$$

式中，k 为介质中相位常数，$k = 2\pi/\lambda_q$，$q = 1,2,3,\cdots$；$\lambda_q = 2L/q$ 为与 q 值对应的波导波长。式（3.5）又称为光学谐振腔的驻波条件，其腔内形成驻波的频率与波长为：

$$谐振波长为 \lambda_{0q} = n \times \lambda_q = 2nL/q \tag{3.6}$$

$$谐振频率为 f_{0q} = c/\lambda_{0q} = cq/(2nL) \tag{3.7}$$

式中，n 为整个光腔内充满均匀工作物质的折射率；$L \gg \lambda_q$，因此，q 值为 $10^4 \sim 10^6$ 数量级。例如，某半导体激光器 $L=400\ \mu m$，$n=3.4$，$\lambda_{0q}=1.3\ \mu m$，则由式（3.6）可求出 $q=2\,092$，这就是说腔内的纵模很多。

所谓"纵模"是指光场沿 z 轴变化。通常不同的 q 值，对应不同的谐振频率、不同光场的纵向分布及不同的驻波图案，如图 3-3 所示。例如，$q=8$，腔长 $L=(\lambda_q/2) \times 8$，有 8 个半个波长，其谐振频率 $f_{08} = c \times 8/(2nL)$。

图 3-3　激光振荡的驻波图案

纵模间隔是指相邻的两个纵模的谐振频率间隔 Δf_{0q}（或波长间隔 $\Delta\lambda_{0q}$），由式（3.7）得：

$$\Delta f_{0q} = f_{0q+1} - f_{0q} = c(q+1)/(2nL) - cq/(2nL) = c/(2nL) 或 \Delta\lambda_{0q} = \lambda^2/(2nL)$$

可见，Δf_{0q} 与腔长 L 有关，L 越长，Δf_{0q} 越小，与 q 的取值无关。典型地，$L=200 \sim 400\ \mu m$，$n=3.4$，则 Δf_{0q} 在 $1.1\times10^{11} \sim 2.2\times10^{11}$ Hz（或 $\Delta\lambda_{0q}$ 在 $0.5 \sim 1.0\ \mu m$）之间。

3）半导体的能带及 PN 结能带结构

制作半导体激光器的半导体材料是共价晶体，晶体的最大特点是由大量原子按一定的周期有规律地排列在空间中，构成一定形式的晶格，如 GaAs 晶体就是由大量 Ga（镓）和 As（砷）原子按一定周期有规律排列而成的。在晶体中，不同原子的内外各电子壳层将发生交叠，电子不再完全被约束在某一个原子上，它可以由一个原子转移到相邻原子上去，电子可以在整个晶体中运动，称为共有化运动。其结果是若干不同原子聚集在一起时，由于原子间的相互作用，相同能级的电子态会分裂成为多个接近的能量状态，这些状态聚集在一起形成了能带。最外层能级组成的能带称为导带，形成化学键价的电子占据的能带称为价带，导带和价带之间没有电子存在的空隙称为禁带，其宽度 $E_g = E_c - E_v$，如图 3-4 所示。

注：E_v 是价带顶部的能量，E_c 是导带底部能量，E_f 是费米能级的能量

图 3-4　晶体的能带图

半导体激光器的发光原理基于受激辐射的工作原理。实际上半导体激光器的发光频率为非单色光频，因为半导体导带和价带都由许多能级组成，其禁带宽度也是有微小变化的，用式 $f = (E_c - E_v)/h = E_g/h$ 计算，可知光波频率是在一定范围内变化的。

P 型和 N 型半导体的能带和电子分布，如图 3-5 所示。在 PN 结界面上，由于存在多数载流子（电子或空穴），并产生梯度，因而产生扩散，形成内部电场，如图 3-6（a）所示。内部电场产生漂移运动，直到 P 区和 N 区的 E_f 相同，两种运动处于平衡状态为止，结果能带发生倾斜，如图 3-6（b）所示。这时在 PN 结上施加正向电压，产生与内部电场相反方向的外加电场，结果能带倾斜减小，扩散增强。N 区电子及 P 区的空穴源源不断地流向 PN 结区形成一个特殊的增益区（又称为有源区）。此有源区的导带主要是电子，价带主要是空穴，结果获得粒子数反转分布，如图 3-6（c）所示。当电子与空穴辐射复合时，导带的电子从高能带跃迁到低能带，跃迁所释放的能量则产生光子，这就是产生光发射的物理机理。PN结在正向偏压下由电子注入产生自发辐射的现象称为电致发光。

图 3-5　半导体的能带和电子分布

（a）PN 结内载流子运动　　　　　　　（b）零偏压时 PN 结的能带图

（c）正向偏压下 PN 结能带图

图 3-6　PN 结的能带和电子分布

2. 半导体激光器基本结构

法布里-珀罗（F-P）腔激光器是最常见的激光器，其基本结构由一个薄有源层（厚度为 0.05～0.1 μm）、一个 P 型限制层、一个 N 型限制层和解理面构成，如图 3-7 所示。有源层夹在 P 型限制层和 N 型限制层中间，它可以是 P 型（或 N 型）。当给半导体激光器施加正向偏压时，电子从 N 型限制层，空穴从 P 型限制层注入有源层，电子和空穴在此区域复合释放出光子。当外加的正向偏压增加到有源层的禁带宽度 E_g 时，半导体激光器就开始振荡，发出激光。

"异质结"是指具有不同折射率和不同禁带宽度的两种半导体材料构成的 PN 结。异质结结构的激光器，可以有效地限制光波和载流子，从而降低激光器的阈值电流，提高激光器的输出功率和效率。应用最广泛的双异质结激光器（DH-LD）结构如图 3-8 所示，其特点是光波导效应明显，损耗小，阈值电流 I_{th} 低。有源区宽度窄，发光强度更加集中。

图 3-7　F-P 腔激光器的基本结构　　　　　　图 3-8　DH-LD 结构

除 DH-LD 外，隐埋条形半导体激光器近几年发展迅速。其特点是有源区的限制层材料是 GaAlAs，其禁带宽度（E_g）较宽，有源区形成的导波效应明显，对光波和载流子进行限制从而使粒子数反转分布浓度升高，I_{th} 降低。I_{th} 为 10～30 mA，输出光功率 P_0=30 mW，有源区宽度仅为 1～2 μm，厚度为 0.1～0.2 μm。

量子阱半导体激光器，其结构与普通的 DH-LD 结构基本相同，主要是有源层进一步减小，I_{th} 降低（约为 0.55 mA）。其特点是增益高，动态单纵模特性好，温度特性好，横模控制能力强，适用于高速率、大容量的光纤通信系统。

为什么半导体材料在电子能级跃迁时，电子-孔穴的复合就能产生光发射呢？在光的受激辐射过程中必须保持能量与动量的守恒。禁带形状是与动量有关的，依照禁带形状，可将半导体分为直接带隙材料和间接带隙材料，如图 3-9 所示。在直接带隙材料中，导带中的最低能量与价带中的最高能量具有相同的动量（相同波矢量 k），电子垂直跃迁，发光效率高。在间接带隙料材料中，要完成电子跃迁，必须有其他粒子参与以保持动量守恒，因此不适合制作光源。只有直接带隙半导体材料才能制作发光器件，如 GaAs、InP、InGaAsP 等。

图 3-9 材料能量与波矢量关系示意图

3.1.2 分布反馈式与可调谐式半导体激光器

前面介绍的半导体激光器异质结 LD、隐埋条形 LD、量子阱 LD 等，都属于 F-P 腔激光器，存在着多个纵模，光谱宽度较宽，与光纤的色散作用后，会导致光脉冲产生较大的展宽，从而限制了传输容量和距离。而动态单纵模半导体激光器具有良好的单色性和方向性，作为光源，可以消除光纤色散等带来的影响。

1. 分布反馈式半导体激光器

分布反馈式半导体激光器是一种动态单纵模半导体激光器（Distributed Feed Back-LD，DFB- LD），其结构与普通 F-P 腔激光器不同，它没有集总反射的谐振腔反射镜，它的反射机构由有源区波导上纵向等间隔（布拉格，Bragg）光栅提供工作。另外还有一种有别于 DFB-LD 的激光器为分布布拉格反射式半导体激光器（Distributed Bragg Reflector-LD，DBR-LD）。

DFB-LD（DFB 激光器）的结构如图 3-10 所示，在有源区介质表面使用光刻法形成周期性的波纹形状（光栅），波纹的周期即光栅周期，为 ∧，约有上千个 Bragg 反射镜（点），按纵向分布于全长上。只要对激光器注入正向电流,有源区造成足够的粒子数反转,介质就具有增益。如果波纹周期 Λ 满足式（3.8）的相位条件,则有源区内电子-空穴复合,在两端就可得到激光输出。这种 Bragg 条件为:

$$\Lambda = m \times \lambda_m / 2 = m \times \lambda_0 / 2n \tag{3.8}$$

式中, Λ 为光栅周期; λ_m 为有源介质中的光波长; λ_0 为真空波长; n 是有源层折射率; m 为整数,是光栅引起的布拉格衍射级。当 $m=1$ 时,提供的反馈最强,即前向和后向波之间耦合最强。对于波长为 1.55 μm 的激光器,可以计算出 $m=1$, $n=3.4$ 时, $\Lambda=0.23$ μm。

（a）DFB激光器的结构　　　　　　（b）DFB激光器中的光反射

图 3-10　DFB 激光器的结构及其中的光反射

与 F-P 腔激光器相比,DFB 激光器具有下列优点:

（1）单纵模特性好。DFB 激光器的发射波长主要由光栅周期 Λ 决定。在每一个周期 Λ 内形成一个微谐振腔。由于 Λ 的长度很小,故模式间隔比 F-P 腔激光器大得多,较容易实现单纵模工作,边模抑制比可达 35 dB 以上。

（2）光谱线宽窄。在 DFB 激光器中,Bragg 反射相当于多级调谐,使谐振波长的选择性大为提高。DFB 激光器线宽一般为 0.05～0.08 nm（普通 F-P 腔激光器的单模线宽可达 0.1～0.2 nm）。

（3）温度特性好。DFB 激光器的波长稳定性随温度漂移约为 0.08 nm/℃（普通 F-P 腔激光器的一般温度漂移值为 0.3～0.4 nm/℃）。

（4）调制特性好。DFB 激光器在高速调制下也能保持单纵模振荡,在 GHz 量级直接调制下,边模抑制比可以大于 30 dB,这使得 DFB 激光器成为长波长高速光纤通信系统和光纤有线电视（CATV）传输系统中的理想光源。

DBR 激光器的结构如图 3-11 所示。它将周期性刻蚀波纹沟槽放在具有放大作用的有源区两外侧的无源波导上,这两个无源的周期波纹波导充当 Bragg 反射镜作用,在自发辐射光谱中,只有在 Bragg 频率附近的光波才能满足振荡条件以提供有效的反馈。由于有源区的增益特性,从而发射出激光。

在波分复用（WDM）系统中,DBR 激光器备受青睐。DBR 激光器的工作特性与 DFB 激光器的相似,但其阈值电流比 DFB 激光器的高。

2. 可调谐式半导体激光器

DFB 激光器和 DBR 激光器显然具有很高的边模抑制,因而能实现单纵模输出,但这类激光器的发光波长仍是固定的,不能调谐。对于相干光通信和 DWDM 系统则需要若干不同波长的 LD 作光源,而耦合腔激光器既可以提供大的纵模选择性,又具有波长可调性。

（1）C^3 耦合腔结构波长可调激光器（Cleaved-Coupled Cavity Laser）

如图 3-12 所示，C^3 耦合腔结构波长可调激光器是耦合腔的单片集成化设计。它将传统的多纵模半导体激光器从中间切开，一段长 L，另一段长 D，分别加以驱动电流。中间为一个窄的空气间隙，宽度约为 $1\,\mu m$。切开解理面的反射率约为 30%，可以使器件的两部分之间有足够的耦合。改变某一腔体注入电流，C^3 耦合腔结构波长可调激光器可以实现约 20 nm 范围的波长调谐，其主要特性为：

$$腔长=L+a+D=(1/2)q\lambda_q$$

图 3-11　DBR 激光器的结构

图 3-12　C^3 耦合腔结构波长可调激光器的结构

（2）光栅外腔结构波长可调激光器

利用光栅衍射对光波进行选择，类似于牛顿棱镜。图 3-13 所示为光栅外腔结构波长可调激光器的结构。通过调节光栅的倾角，可以实现单纵模调谐，调谐范围可以达 50 nm 以上。激光器芯片一端要镀增透膜（AR 膜），以增强耦合效果。在相干光通信及 WDM 光通信系统中，需要采用可调谐光源作为本振光源。

图 3-13　光栅外腔结构波长可调激光器的结构

LD 在使用时都必须有散热结构和恒温控制及与光纤耦合防反射的隔离器等。目前商用激光器制成 LD 组件，其结构和外形如图 3-14、图 3-15 所示。LD 组件由 LD、光电二极管 PIN、散热器 TEC、隔离器、热敏电阻 R_T 和光纤等组成。

图 3-14　LD 组件结构

图 3-15　LD 组件外形

3.1.3　半导体激光器的主要特性

1．阈值稳态特性（P-I 特性曲线）

典型的半导体激光器 P-I 特性曲线如图 3-16 所示，图中 I_{th} 是阈值电流。当注入电流 I 小于 I_{th} 时，器件输出微弱的自发辐射光，是非相干的荧光；当注入电流 I 大于 I_{th} 时，器件进入受激辐射状态，发射光是相干光。当注入电流 I 超过 I_{th} 时，光功率随电流的增大而急剧上升，这时激光器发出的才是激光。在这一区域内，P-I 特性曲线呈线性。阈值电流 I_{th} 是激光器的重要参数，该值越小越稳定。I_{th} 值一般在 20～100 mA 之间。

2．温度特性

半导体激光器是一个对温度很敏感的器件，图 3-17 给出了一个 1.3 μm 的 InGaAsP-DH 半导体激光器在 0～70℃ 范围内的 P-I 特性曲线。随着温度的升高，阈值电流也会升高，发光功率下降，阈值电流与温度的关系可表示为：

$$I_{th}(T) = I_0 \exp\left(\frac{T}{T_0}\right)$$

式中，T 为器件结区的绝对温度；T_0 为激光器材料的特征温度，T_0 越大，器件的温度特性越好；I_0 为激光器特征常数，它与激光器所使用的材料与结构有关。

若 LD 在 T_1 绝对温度时所对应的阈值电流为 I_{th1}，在 T_2 绝对温度时所对应的阈值电流为 I_{th2}，则两者的关系为：

$$I_{th2}=I_{th1}\exp[(T_2-T_1)/T_0]$$

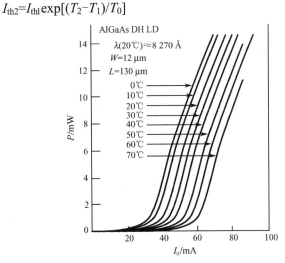

图 3-16　半导体激光器 P-I 特性曲线　　　　　图 3-17　P-I 特性曲线随温度的变化

3．转换效率

半导体激光器是把电功率直接转换成光功率的器件。其电光之间的转换效率用外微分量子效率 η_D 表示：

$$\eta_{D} = \frac{(P_{ex} - P_{th})/hf}{(I - I_{th})/e_{0}} = \frac{\Delta P}{\Delta I}\frac{e_{0}}{hf}$$

式中，P_{th} 和 I_{th} 分别是对应的阈值；P_{ex} 和 I 分别为激光器的输出光功率和驱动电流；hf 和 e_{0} 分别为光子能量和电子电荷。由此得到：

$$P_{ex} = P_{th} + \frac{\eta_{D}hf}{e_{0}}(I - I_{th})$$

η_{D} 的几何意义是 P-I 曲线线性部分的斜率，它不随注入电流变化。若 $P_{ex} \gg P_{th}$，则有：

$$\eta_{D} \approx \frac{P_{ex}/hf}{(I - I_{th})/e_{0}} = \frac{P_{ex} \times e_{0}}{(I - I_{th})hf}$$

4. 发光波长和光谱特性

半导体激光器的发光波长取决于导带的电子跃迁到价带时所释放的能量，这个能量近似等于材料的禁带宽度 E_{g}，单位为电子伏特 eV，半导体激光器的发光波长 λ，单位为 μm，可通过下式求得：

$$hf = E_{g}$$

式中，$f = c/\lambda$，f 和 λ 分别为发射光的频率和波长，代入上式得：

$$\lambda = hc/E_{g} = 1.24/E_{g} \tag{3.9}$$

不同的半导体材料有不同的禁带宽度 E_{g}，因而有不同的发光波长 λ。对于砷化镓-砷铝化镓（GaAs/GaAlAs）材料，适用于 0.85 μm 的发光波段；砷化镓铟磷-铟化磷（InGaAsP/InP）材料适用于 1.3～1.55 μm 的发光波段。

半导体激光器的光谱特性主要由纵模决定，图 3-18 和图 3-19 分别为多纵模、单纵模半导体激光器的光谱图，其中 λ_{p} 为最大辐射功率的纵模峰值所对应的波长，称为峰值波长，典型值是 850 nm、1 310 nm 和 1 550 nm。光谱特性是衡量器件发光单色性的一个物理量，常用下列参数描述。

图 3-18　多纵模半导体激光器的光谱图

图 3-19　单纵模半导体激光器的光谱图

（1）光谱宽度 $\Delta\lambda$

$\Delta\lambda$ 的定义是最大峰值波长功率下降 50% 所对应的波长宽度，称为光谱宽度（谱宽）。$\Delta\lambda$ 的值为 3～5 nm，较好的单纵模激光器的 $\Delta\lambda$ 约为 0.1 nm，甚至更小。

（2）光谱线宽 $\Delta\lambda_L$

$\Delta\lambda_L$ 的定义是在一个最大峰值纵模中辐射功率最大值下降 50% 的波长宽度，称为光谱线宽。

（3）边模抑制比（MSR）

MSR 的定义是主纵模最大峰值功率 P_m 与最强边模功率 P_s 之比，MSR 是 LD 频谱纯度的一种量度，如图 3-19 所示，写成公式为：

$$MSR（dB）=10\lg\frac{P_m（mW）}{P_s（mW）}$$

（4）最大-20 dB 宽度

最大-20 dB 宽度是主纵模（最大峰值归一化为 0 dB）下降 20 dB 处的波长宽度 $\Delta\lambda_q=\lambda_2-\lambda_1$，如图 3-19 所示。

波长宽度也可以用频宽来表示，根据频率与波长的关系，可以近似得到：

$$|\Delta f|\approx\frac{c}{\lambda^2}|\Delta\lambda|$$

5. 电光延迟 t_d 和张弛振荡现象

半导体激光器在高速脉冲调制下，输出光脉冲瞬态响应波形如图 3-20 所示。输出光脉冲和注入电流脉冲之间存在一个初始延迟时间，称为电光延迟时间 t_d，其数量级一般为 ns 级。t_d 可用"速率"方程求得：

$$t_d=\tau_{sp}\ln[I_P/(I_P+I_b-I_{th})]$$

式中，I_P 是脉冲电流；I_b 是直流偏值；I_{th} 是阈值电流；τ_{sp} 是自发辐射寿命。可以看出，当 $I_b\to I_{th}$ 时，$t_d\to 0$，一般情况下 t_d 为 0.5~2.5 ns。

电光延迟会产生码形效应，如图 3-21 所示，当电光延迟 t_d 与数字调制信号周期 $T/2$ 为相同数量级时，会使"0"码后的"1"码光脉冲变窄，幅度减小；当两个脉冲连续为"1"时，第二脉冲的电子密度高于第一脉冲到来之前的值，于是第二光脉冲延迟时间减少，输出幅度和宽度增加。这种现象称为码形效应。其特点是脉冲序列中较长的连"0"以后，出现的"1"码光脉冲的幅度明显下降，连"0"数越长，这种现象越突出，调制速率越高，码形效应越明显。

当电流脉冲注入激光器后，输出光脉冲会出现幅度逐渐衰减的振荡，称为张弛振荡，其振荡频率一般为 0.5~2 GHz，如图 3-20 所示。

张弛振荡和电光延迟的后果是限制调制频率。当最高调制频率接近张弛振荡频率时，波形失真严重，会使光接收机在抽样判决时增加误码率。

6. 自脉动现象（等幅振荡）

某些激光器在脉冲调制甚至直流驱动下，当注入电流达到某个范围时，输出光脉冲出现持续等幅的高频振荡，这种现象称为自脉动现象，如图 3-22 所示。自脉动频率可达 2 GHz，严重影响 LD 的高速调制特性，自脉动现象是 LD 内部不均匀增益或不均匀吸收产生的，往往和 LD 的 $P\text{-}I$ 特性曲线的非线性有关，自脉动现象发生的区域和 $P\text{-}I$ 特性曲线扭折区域相对应。

图 3-20　光脉冲瞬态响应波形　　　　图 3-21　码形效应　　　　图 3-22　自脉动现象

3.1.4　半导体发光二极管（LED）

光纤通信中常用的光源还有 LED。在工作原理上与半导体激光器的根本区别是，LED 是利用注入有源区的载流子自发辐射而发光的，其光谱宽，辐射角度也较大，在低速率的数字通信和窄带模拟通信系统中使用时为最佳光源。二者在结构上的主要差别是，LED 没有阈值电流 I_{th}、没有光学谐振腔，形不成激光，发出的是荧光，是非相干光。

在光纤通信中广泛应用的 LED 有两种，一种是面发光二极管（SLED），另一种是边发光二极管（ELED）。其结构如图 3-23、图 3-24 所示。

图 3-23　SLED 的结构　　　　　　图 3-24　ELED 的结构

3.1.5　半导体发光二极管的主要特性

图 3-25　LED 的 P-I 特性曲线

与半导体激光器相比，由于二者在发光机理和结构上存在差异，因此它们在主要性能上存在明显差异。

1. P-I 特性曲线

LED 的输出完全由自发辐射产生，其 P-I 特性曲线如图 3-25 所示。LED 无阈值，发光功率随工作电流变化，LED 的注入工作电流通常为 50～100 mA，偏压为 1.2～1.8 V，输出功率约几毫瓦。

工作温度升高时，同样的工作电流下 LED 输出功率要下降。例如，当温度从 20℃ 升到 70℃ 时，输出功率下降一半，但相对 LD 而言，温度的影响较小。

2．光谱特性和发散角

LED 的水平发散角约为 30°，LED 的垂直发散角约为 120°。在室温下，短波长 GaAlAs 材料制作的 LED，光谱宽度 $\Delta\lambda$ 为 25～40 nm，而对长波长 InGaAsP 材料制作的 LED，$\Delta\lambda$ 为 75～100 nm。

由于 LED 的 $\Delta\lambda$ 较宽，使光信号在光纤中传输时材料色散和波导色散较严重，而发散角大使 LED 和光纤的耦合效率低。

DFB 激光器、F-P 腔激光器和 LED 的一般性能如表 3.1 所示。

表 3.1　DFB 激光器、F-P 腔激光器和 LED 的一般性能

	DFB 激光器		F-P 腔激光器		LED	
工作波长 $\lambda/\mu m$	1.3	1.55	1.3	1.55	1.3	1.55
光谱宽度 $\Delta\lambda/nm$	边模抑制比 30～35dB		1～2	1～3	25～40	60～100
阈值电流 I_{th}/mA	15～20	20～30	20～30	30～60	—	
工作电流 I/mA	$(1.2～1.5)\,I_{th}$		$(1.2～1.5)\,I_{th}$		50～100	50～100
输出功率 P/mW	20～40	15～30	5～10	5～10	1～5	1～3
入纤功率 P/mW	10～20	7～15	1～3	1～3	0.1～0.3	0.1～0.2
调制带宽 B/MHz	500～1 000		500～2 000	500～1 000	50～150	30～100
辐射角 $\theta/°$			20×50	20×50	30×120	30×120
寿命 t/h	$10^6～10^7$	$10^5～10^6$	$10^6～10^7$	$10^5～10^6$	10^8	10^7
工作温度/℃	-20～50	-20～50	-20～50	-20～50	-20～50	-20～50

LED 通常与 G.651 规范的多模光纤耦合，用于 1.3 μm 或 0.85 μm 波长的小容量短距离系统。F-P 腔激光器通常和 G.652 或 G.653 规范的单模光纤耦合，用于 1.3 μm 或 1.55 μm 大容量长距离系统。DFB 激光器主要和 G.653 或 G.655 规范的单模光纤或特殊设计的单模光纤耦合，用于超大容量的新型光纤系统，是目前光纤通信发展的主要趋势。

3.2　光检测器件

光检测器件是光接收机的关键器件，它的作用是把接收到的光信号转换成电流信号。光纤通信中最常用的光检测器件有 PD 光电二极管、PIN 光电二极管和 APD 雪崩光电二极管。

3.2.1　PD 光电二极管

光纤通信中所使用的半导体光检测器件，是利用光电效应原理而制成的。所谓半导体光电效应是指一定波长的光照射到半导体 PN 结上，且光子能量大于半导体材料的禁带宽度（$hf>E_g$）时，价带电子吸收光子能量跃迁到导带，使导带中有电子，价带中有空穴，从而使 PN 结中产生光生载流子，在场的作用下形成光电流的一种现象，如图 3-26 所示。

PD（Photo Detection）光电二极管是基于 PN 结的光电效应把光信号转换为电信号的器件。PD 管通过外电路对 PN 结加反向偏压，如图 3-27 所示，外加电场与内建电场方向一致，

因而在 PN 结界面附近形成相当高的电场耗尽区，当光束入射到 PN 结时，耗尽区内产生的光生载流子立即被高电场（内建电场和外加电场）加速，以很高的速度向两端运动，从而在外电路中形成光生电流。当入射光功率变化时，光生电流也随之线性变化，从而完成了光电转换过程。

图 3-26　半导体 PN 结及能带图

3.2.2　PIN 光电二极管

PIN 光电二极管工作原理示意图如图 3-28 所示。它是在 PD 光电二极管的基础上改进而成的。它由 P、I、N 三层组成。为了提高光电二极管的响应速度和转换效率，就要适当加大耗尽区的宽度，从而使入射光尽可能地在耗尽区被吸收。因此在重掺杂的 P 型和 N 型半导体之间，设置了一层低掺杂的 N 型半导体，因为这一层的掺杂浓度很低，近乎本征 I 半导体，故称 I 层。在 PIN 管结构中重掺杂的 P^+ 和 N^+ 区非常薄，而低掺杂的 I 区很厚，经扩散作用后可形成一个很宽的耗尽区，这样，在外加反向偏压下，可大幅度提高光电二极管的光电转换效率。

图 3-27　PD 光电二极管工作原理示意图

图 3-28　PIN 光电二极管工作原理示意图

3.2.3　APD 雪崩光电二极管

APD 雪崩光电二极管是具有内部电流增益的光电转换器件，可以用于检测微弱光信号，获得较大的输出光电流。

APD 的结构及电场分布如图 3-29 所示，APD 由重掺杂的 P 型、N 型半导体的中间加入宽度较窄的 P 型半导体层和很宽的轻微掺杂 P 型的 I 层共四层组成。设计上已考虑到使它能承受高反向偏压（100～150 V），从而在耗尽区内形成一个高电场区，可高达 $3×10^5$ V/cm。当耗尽区吸收光子时，激发出来的光生载流子经过高电场区被加速，以极高的速度与耗尽区的晶格发生碰撞，使晶体中的原子电离，从而产生新的光生载流子，如此循环反复，并产生连锁反应，使载流子迅速增加，光电流在 APD 管内部获得倍增，形成雪崩倍增效应。APD 就是利用雪崩倍增效应使光电流得到倍增的高灵敏度检测器。

图3-29　APD的结构及电场分布

3.2.4　光电二极管的主要特性

1. 光电效应条件和波长响应范围

光电效应的发生是具有一定条件的。若入射光子能量 hf 小于半导体材料的禁带宽度 E_g，那么无论入射光多么强，光电效应也不会发生。因此产生光电效应的条件是：

$$hf>E_g \quad 或 \quad \lambda<hc/E_g$$

式中，λ 为入射光波长，f 为入射光频，c 为真空中光速。

由光电效应的条件可知，对任何一种特定材料制作的光电二极管，都存在耗尽区截止波长 λ_c 或截止频率 f_c，其表达式为：

$$\lambda_c = \frac{hc}{E_g} = \frac{1.24}{E_g} \quad 或 \quad f_c = \frac{E_g}{h}$$

式中，E_g 为材料的禁带宽度，其单位为电子伏特（eV），1 eV=$1.6×10^{-19}$ J，λ_c 的单位为μm。例如，对 Si 材料制作的光电二极管，λ_c=1.06 μm，故可用作 0.85 μm 的短波长光检测器。对 Ge 和 InGaAs 材料制作的光电二极管，$\lambda_c≈1.6$ μm，所以可用作 1.3 μm 和 1.55 μm 的长波长光检测器。

2. 光电转换效率

衡量光电转换效率的特性参数有响应度 R_0 和量子效率 η。响应度定义为入射的光功率 P 与所产生的第一次光生电流 I_p 之比，用 R_0 表示，单位为 A/W，即：

$$R_0 = \frac{I_P}{P} \tag{3.10}$$

量子效率 η 定义为转换形成光电流的电子-空穴对数与入射到光敏面的总光子数之比，即：

$$\eta = \frac{形成光生电流的电子-空穴对数}{入射到光敏面的总光子数} = \frac{I_P / e_0}{P / hf} = \frac{I_P hf}{P e_0} ×100\% \tag{3.11}$$

η和 R_0 之间的关系为：

$$\eta = \frac{I_P / e_0}{P / (hf)} = \frac{I_P}{P} \times \frac{hf}{e_0} = R_0 \frac{hf}{e_0} \quad \text{或} \quad R_0 = \eta \frac{e_0}{hf} \approx \frac{\eta \lambda}{1.24}$$

式中，电子电荷 $e_0 = 1.6 \times 10^{-19}$C，$\lambda$ 的单位为μm。如果$\lambda = 0.85\ \mu$m，$\eta = 80\%$，则 $R_0 = 0.55$ A/W，表明 1 mW 的光入射到光电二极管上，可产生 0.55 mA 的光电流。

从光电二极管的光电效应条件，可以看出半导体材料的光电转换效率与入射光波长有关，图 3-30 是由不同材料制成的 PIN 管响应度、量子效率与波长的关系曲线。从图中可见，Si 光电二极管的波长响应范围为 0.5～1.0 μm，其中在 0.85 μm 处$\eta = 90\%$，$R_0 = 0.55$ A/W。Ge 和 InGaAs 光电二极管的波长响应范围为 1.1～1.6 μm，适用于长波长波段。

3. 光电响应速度和频率特性

响应速度是指光电二极管接收到光子后产生光生电流输出的速度，它常用响应时间，即上升时间和下降时间来表示。

光电二极管在接收机中，通常有偏置电路，并与放大器相连。图 3-31 所示为光电二极管接收电路及其等效电路，C_d 是它的结电容，R_s 是它的等效串联电阻，其值很小；R_L 是它的负载电阻；C_a 和 R_a 是光电二极管之后的放大器的输入电容和输入电阻。

光电二极管进行光电转换的响应速度与 RC 电路的上升时间、光生载流子的产生、在耗尽层中渡越、复合及耗尽层外载流子的扩散时间有关。

光电二极管等效电路中的无源并联支路构成 RC 低通滤波器，其通带上限频率为：

$$f_c = 1/(2\pi R_T C_T) \approx 1/(2\pi R_L C_d)$$

式中，$R_T = R_L // R_a$；$C_T = C_d // C_a$，$C_d = \varepsilon A / W$，其中 ε 为材料的介电常数，A 为 PN 结区面积，W 为耗尽区宽度。由分析可近似求得光电二极管的上升时间 t_r 和下降时间 t_f 为：

$$t_r = t_f = 2.2 t_0 \approx 2.2 R_L C_d$$

式中，t_0 为光电二极管单一时间常数。对于 PIN 管而言，通常上升时间 $t_r < 1$ ns；对于 APD 管而言，$t_r < 0.5$ ns。

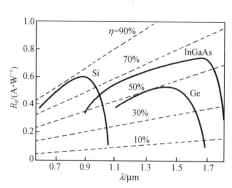

图 3-30   PIN 管响应度 R_0、量子效率 η 与
波长λ的关系曲线

图 3-31   光电二极管接收电路
及其等效电路

4. 暗电流 I_d

暗电流 I_d 定义为无光照射时光电二极管的反向电流，称为暗电流（噪声电流）。Si 的

PIN 管的 I_d 大于 1nA，Ge 的 PIN 管的 I_d 约几百纳安，InGaAs 的 PIN 管的 I_d 约几十纳安。APD 管的 I_d 由于倍增因子 G 存在，因此其暗电流总是大于同材料的 PIN 管的 G 倍。

5. APD 管的平均倍增因子 G 特性

APD 管有与 PIN 管一样的特性，如光电转换效率、响应速度、暗电流等，除此之外，还有倍增因子、过剩噪声等新引入的特性。在此重点介绍这两个特性。

倍增因子 G 定义为 APD 管有倍增时输出光生电流 I_M 与无倍增的初始光生电流 I_P 之比，即

$$G=I_M/I_P$$

APD 的倍增因子 G 与反向电压 V 的关系可近似用 Miller 公式表示：

$$G = \frac{1}{1-[(V - I_M R_s)/V_B]^n} \tag{3.12}$$

式中，V_B 为击穿电压；V 为 APD 的反向电压；R_s 为 APD 的体电阻；指数 n 是与 APD 材料、掺杂及工作波长有关的参数，通常取值 1～7。

对于 APD，响应度为 $R=I_M/P=GI_P/P=GR_0$，而量子效率 $\eta=(I_P/e_0)/[P/(hf)]<1$，$\eta$ 仅与初级光生载流子有关，不涉及倍增载流子。一般 APD 的倍增因子 G 在 40～100 之间。

6. APD 噪声特性

APD 管由于雪崩倍增的随机性会带来新的噪声，称为过剩噪声。在工程上过剩噪声可用过剩噪声因子 $F(G)$ 表示：

$$F(G)=G^x$$

式中，$0<x<1$，x 为过剩噪声指数。对于 Si 材料的 APD 管，$x=0.3$～0.5；对于 Ge 材料的 APD 管，$x=0.8$～1.0；对于 InGaAsP/InP 材料的 APD 管，$x=0.5$～0.7。

PIN 和 APD 光电二极管的一般性能如表 3.2 所示。

表 3.2　PIN 和 APD 光电二极管的一般性能

种　　类	Si-PIN	Si-APD	InGaAs-PIN	InGaAs-APD
响应波长/μm	0.4～1.1		0.9～1.7	
响应度/(A.W^{-1})	0.3～0.55（0.90 μm）	0.5～1.2（0.85 μm）	0.75～0.95（1.3 μm）	0.75～0.95（1.3 μm）
量子效率/%	65～90	77	60～75	60～75
暗电流/nA	1～10	0～9（0.9V_B）	0～9（−5V 偏压）	50（0.9V_B）
响应时间/ns	0.5～1.0	0.1～2.0	0.06～0.5	0.1～0.5
带宽/GHz	0.125～1.4	0.2～1.0	0.125～40	1.5～3.5
工作电压/V	−45～−100	−100～−220	−15～−5	−60～−30
结电容/pF	1.2～3.0	1.3～2.0	0.5～2	<0.5
倍增因子	1	100～500	1	10～60
过剩噪声指数	—	0.3～0.5	—	0.5～0.7

3.3　光纤放大器

光纤损耗和色散的存在，使光纤无中继传输距离受限。在大容量、长距离光纤通信系统中，延长通信距离的方法是采用光电中继器，即光—电—光中继方式，这种方式设备复杂，成本昂贵，维护不便。为此，人们试图寻找一种新型中继放大器，即光放大器。光放大器直接对传输的光信号进行放大，可以省去传统中继方式中的光/电和电/光变换，进而可以引入较小的噪声和处理误差。

图 3-32　光放大器的基本原理

光放大器的基本原理如图 3-32 所示，其主要由工作介质、泵浦源组成。工作时，工作介质先从泵浦源中吸收足够的能量，处于粒子反转分布，当输入信号光经过此工作介质时两者将发生受激辐射作用，使输入的弱光信号从工作介质中获得能量形成放大了的输出信号光。由此可见，输入的弱信号光间接吸收了泵浦源的能量而获得放大，工作介质起能量传递作用，它把泵浦源能量形式转化成信号光的形式。

光放大器主要应用于以下方面：一是在 DWDM 光纤通信系统中，光放大器可以对一根光纤上同一窗口同时传输的多个光载波进行放大，替代传统的单波长光中继设备。若用掺铒光纤放大器（Erbium Doped Fiber Amplifier，EDFA），有数十至上百纳米的带宽，可以覆盖相当数量的不同波长信道，因而一个光纤放大器就可以代替诸多中继设备对 DWDM 系统的多信道光信号进行放大。二是 EDFA 可以补偿光信号由分路而带来的损耗，扩大本地网的网径，增加用户。三是在光孤子通信中的应用，光孤子脉冲沿光纤传输时，其功率逐渐减弱，这将破坏非线性与色散之间的平衡。解决的方法之一就是在光纤传输线路中每隔一定的距离加一个光放大器，补充线路的非线性，使光孤子在传输中保持脉冲形状不变。

光放大器的种类主要有半导体光放大器（Semiconductor Optical Amplifier，SOA），拉曼散射、布里渊散射光纤放大器和掺杂光纤放大器。掺杂光纤放大器包括掺铒光纤放大器（EDFA）、掺镨光纤放大器（POFA）和掺铌光纤放大器（NDFA）。由于掺铒光纤放大器具备一系列优良特性，已成为光纤通信系统中的最佳放大器。下面重点讨论 EDFA。

3.3.1　EDFA 的结构及原理

EDFA 的基本结构是将稀土元素铒的离子 Er^{3+} 注入光纤芯层中，浓度约为 25 mg/kg，形成 EDFA 的工作介质——掺铒光纤 EDF，在泵浦源激励下可直接对某一段波长的光信号进行放大，其具有高增益、高输出、宽频带、低噪声等一系列优点，是目前应用最广泛的光放大器，为光纤通信带来极其深远的影响。

1. EDFA 的基本结构

EDFA 主要由掺铒光纤、泵浦源、WDM、光隔离器等组成，如图 3-33（a）所示。WDM 的作用是将不同波长的泵浦光和信号光混合送入掺铒光纤。对它的要求是能将两路光信号有效地混合而插入损耗最小。

光隔离器的作用是抑制光反射对光放大器的影响，保证系统稳定工作。对它的要求是插入损耗低、与偏振无关、隔离度优于 40 dB。

光滤波器的作用是滤除放大器的噪声，提高系统的信噪比。

泵浦源的作用是提供足够的光功率使掺铒光纤处于粒子数反转分布。泵浦源即为半导体激光器，输出功率为 10～100 mW，工作波长有 1 480 nm、980 nm 和 800 nm 三种。

掺铒光纤应具有一定的长度（10～100 m）和一定的增益。

EDFA 的放大过程：在泵浦源作用下的掺铒光纤得到粒子数反转分布，再通过信号光与此时的掺铒光纤的相互作用，即受激辐射，信号光便得到放大，实质是泵浦光将能量转移给信号光，从而使信号光得到放大。

EDFA 的泵浦形式有同向泵浦、反向泵浦和双向泵浦三种，如图 3-33 所示。同向泵浦指信号光与泵浦光从同一端注入掺杂光纤，其优点是结构简单，噪声性能较好；反向泵浦指泵浦光与信号光从不同的方向输入掺杂光纤，两者在光纤中反向传输，其特点是当光信号放大到很强时，泵浦光也强，不易达到饱和，但噪声性能不佳。为了使掺铒光纤中的杂质粒子得到充分激励，必须提高泵浦功率，可用多个泵浦源激励光纤。双向泵浦结构结合了同向泵浦和反向泵浦的优点，使泵浦光在光纤中均匀分布，其增益最高、噪声性能较好。

图 3-33　EDFA 的三种典型结构

2．EDFA 的工作原理

在制造光纤中适量掺入铒离子（E_r^{3+}），就形成 EDFA 的工作介质——掺铒光纤。掺铒光纤与泵浦源、信号光相互作用的机理，如图 3-34 所示。

掺铒光纤能放大光信号是由于 E_r^{3+} 吸收了泵浦光的能量，E_r^{3+} 属于分立能级，E_r^{3+} 在未受泵浦光激励的情况下，掺铒光纤中的 E_r^{3+} 按费米统计分布规律处在基态 $^4I_{15/2}$ 上，当泵浦光射入时，处于基态上的铒离子吸收泵浦光子后向高能级跃迁。泵浦光的波长不同，粒子所跃迁的高能级也不同。例如，泵浦光的波长为 1 480 nm，E_r^{3+} 粒子先跃迁到 $^4I_{13/2}$ 能级的顶部，并迅速以无辐射跃迁形式由泵浦态变至亚稳态（$^4I_{13/2}$ 能级的低部）。由于源源不断地进行泵浦，粒子数不断增加，从而在 $^4I_{13/2}$ 能级低部与 $^4I_{15/2}$ 能级之间形成粒子数反转分布。当具有

1 550 nm 波长的光信号通过这段掺铒光纤时，亚稳态（$^4I_{13/2}$ 能级）的粒子以受激辐射的形式跃迁到基态（$^4I_{15/2}$ 能级），并产生出和入射光信号中的光子一模一样的全同光子，从而大大增加了信号光子数量，实现了信号光在掺铒光纤中的放大。

图 3-34　掺铒光纤与泵浦源、信号光相互作用的机理

3.3.2　EDFA 的主要特性

EDFA 的主要特性有增益特性、输出功率特性和噪声特性。

1. 增益特性

增益特性表示放大器的放大能力，其定义为：

$$[G]\,(\text{dB})=10\lg\frac{\text{放大器输出信号功率}}{\text{放大器输入信号功率}}=10\lg\frac{P_{\text{out}}\,(\text{mW})}{P_{\text{in}}\,(\text{mW})}$$

EDFA 的增益大小与多种因素有关，通常为 15～40 dB。增益光谱范围为 1 525～1 565 nm。

图 3-35 表示了信号增益与泵浦功率的关系。小信号输入时的增益系数大于大信号输入时的增益系数。若定义增益为 0 dB 时的泵浦功率为泵浦阈值功率 P_{th}，则当泵浦功率 $P_{\text{p}}/P_{\text{th}}$ 大于 3 时，放大器增益出现饱和，即泵浦功率增加很多，而增益基本保持不变。

图 3-35　信号增益与泵浦功率的关系

图 3-36 表示了增益与掺铒光纤长度的关系。开始时增益随掺铒光纤长度的增加而上升，但当泵浦光功率一定，掺铒光纤超过一定长度后，其能量不足以使掺铒光纤粒子数反转，

此时信号光不仅不能放大，反而被消耗，其 G 为负数。这样就存在一个可以获得最大增益的最佳长度。例如，泵浦功率为 30 mW，光纤长度超过 50 m 时，光纤越长反而增益越小，这时 50 m 即最佳光纤长度（对应的增益为最大）。

图 3-36 增益与掺铒光纤长度的关系

2. 输出功率特性

对于理想的光放大器，不管输入功率多高，光信号都能按同一比例被放大，但实际的 EDFA 却并非如此。当输入功率增加时，受激辐射加快，以至于减少了粒子反转数，使受激辐射光减弱，导致增益饱和，输出功率趋于平稳。

3. 噪声特性

在 EDFA 的输出光中，除有信号光以外，还有自发辐射光等，它们被一起放大，形成了影响信号光的噪声源。EDFA 的噪声主要有以下 4 种：信号光的散粒噪声；放大器的自发辐射（ASE）散粒噪声；信号光与 ASE 光谱之间的差拍噪声；ASE 自身光谱间的差拍噪声。以上 4 种噪声中，后两种影响最大，其功率谱密度如图 3-37 所示。

EDFA 的噪声特性可用噪声系数（Noise Figure，NF）来度量，其定义为：

$$NF = \lg \frac{输入端的信噪比}{输出端的信噪比} = 10\lg \frac{(S/N)_{in}}{(S/N)_{out}}$$

图 3-37 主要噪声功率谱密度

由于任何一种放大器都不可避免地要引入噪声，使信噪比降低，因此输出端的信噪比总是比输入端的信噪比低。

对于不同的泵浦波长，噪声系数也略有差异。1 480 nm 泵浦源的 NF 为 4～6 dB；980 nm 泵浦源的 NF 为 3.2～3.4 dB。

EDFA 的构成原理图如图 3-38 所示。表 3.3 列出了国外几家公司 EDFA 的技术参数。

图 3-38　EDFA 的构成原理图

表 3.3　EDFA 的技术参数

公司名称	型　号	光增益/dB	最大输出功率/dBm	噪声指数/dB	工作波长/mm	泵浦波长/mm	工作温度/℃	工作带宽/mm
Tech Sight Inc（加拿大）	FA102	28	10	4.5	1 530～1 560	980	0～60	30
	FA106	38	16	6	1 530～1 560	1 480	0～60	30
AT&T（美国）	×1 706×J	30	11.5	8	1 540～1 560	1 480	−5～40	20
	×10 706×Q	35	15.5	8	1 540～1 560	1 480	−5～40	20
BT&D（英国）	EFA200×	40	15	4.5	1 530～1 565	1 480	−40～60	35
	EFA201×	35	15	<4.0	1 530～1 565	980	−40～60	35
PITEL（日本）	ErFA1115	25～33	10～15	<7	1 552	1 480	0～40	30
	ErFA1118	>35	18	<7	1 552	1 480	0～40	30

3.4　光纤连接器

3.4.1　光纤连接器的结构与种类

光纤连接器又称光纤活动连接器，它是实现光纤与光纤之间、光纤与光模块或仪表、光纤与其他光无源器件之间的可拆卸连接，它的种类有 FC/PC 球面型、FC/APC 斜八度面型、SC/PC 球面型、SC/APC 斜八度面型、ST/PC 球面型和 LC/PC 球面型等，如表 3.4 所示。

表 3.4　各种光纤连接器

光纤连接器种类	形　状
FC/PC 球面型 FC/APC 斜八度面型	
SC /PC 球面型 SC /APC 斜八度面型	

光纤连接器种类	形　状
ST /PC 球面型	
LC /PC 球面型	

3.4.2　光纤连接器的主要性能指标

1. 插入损耗

插入损耗用[L]表示。若入纤的光功率为 P_T，出纤的光功率为 P_R，如图 3-39（a）所示。插入损耗[L]定义为：

$$[L]（\text{dB}）=10\lg\frac{P_T（\text{mW}）}{P_R（\text{mW}）}$$

对于理想的光纤连接器，$P_T=P_R$，[L]=0dB。影响光纤连接（插入）损耗的原因可归为两类：一是相互连接的两光纤结构参数，如数值孔径、模场直径、折射率指数的不匹配；二是光纤的耦合不完善、有缺陷，如图 3-39 所示。

（a）光纤的耦合

（b）横向偏移　　　（c）间隙 D

（d）倾斜角 θ　　　（e）端面不平整

图 3-39　光纤的耦合与耦合缺陷

2. 回波（反射）损耗

回波（反射）损耗[R_L]定义为：

$$[R_L]（\text{dB}）=10\lg\frac{P_T（\text{mW}）}{P_r（\text{mW}）}$$

式中，P_T 为入纤的光功率，P_r 为反射的光功率。回波损耗越大越好，以减少反射光对光源和系统的影响。

3．重复性和互换性

重复性是指活动连接器多次插拔后插入损耗的变化，用 dB 表示。互换性是指各连接器互换时插入损耗的变化，也用 dB 表示。常用光纤连接器的结构特点和性能指标如表 3.5 所示。

表 3.5　光纤连接器的结构特点和性能指标

结构和特性		FC/PC	FC/APC	SC/PC	SC/APC	ST/PC	LC/PC
结构特点	插针套管（包括光纤）端面形状	球面	斜八度面	球面	斜八度面	球面	球面
	连接方式	螺纹	螺纹	轴向插拔	轴向插拔	卡口	轴向插拔
	连接器形状	圆形	圆形	矩形	矩形	圆形	矩形
性能指标	平均插入损耗/dB	≤0.2	≤0.3	≤0.3	≤0.3	≤0.2	≤0.3
	最大插入损耗/dB	0.3	0.5	0.5	0.5	0.3	≤0.4
	重复性/dB	≤±0.1	≤±0.1	≤±0.1	≤±0.1	≤±0.1	≤±0.1
	互换性/dB	≤±0.1	≤±0.1	≤±0.1	≤±0.1	≤±0.1	≤±0.1
	回波损耗/dB	≥40	≥60	≥40	≥60	≥40	≥45
	插拔次数	≥1 000	≥1 000	≥1 000	≥1 000	≥1 000	≥1 000
	使用温度范围/℃	−40～+80	−40～+80	−40～+80	−40～+80	−40～+80	−40～+80

3.5　光分路耦合器与波分复用器

3.5.1　光分路耦合器

光分路耦合器的功能是把一个输入的光信号分配给两个或多个输出，或把两个或多个光信号输入组合成一个输出。光分路耦合器与波长无关。

1．光分路耦合器基本结构

光分路耦合器简称耦合器，常用的有 X 型耦合器、Y 型耦合器、星型耦合器、树型耦合器等不同类型，各具有不同功能和用途。图 3-40 所示是 X 型耦合器模型，其功能如表 3.6 所示。X 型（2×2）耦合器及 1×N、N×M 星型耦合器大多采用熔融拉锥的制造方法，即将多根裸光纤绞合熔融在一起，图 3-41 所示是 2×2 单模光纤耦合器的耦合机理。在模式混合区，两根光纤的芯径变小且两个芯区非常靠近，因而归一化频率 V 显著减小，导致模场直径增加，这使两根光纤的消失场产生强烈的重叠耦合，光功率可以从一根光纤耦合到另一根光纤，实现分路耦合功能。根据混合区的长度和包层厚度，可以在两根输出光纤中获得预期的光功率比例。

表 3.6　光分路耦合器的功能

输　入	按比例输出	作　用
P_1	P_3, P_4	分路（P_2 很小）
P_3, P_4	P_1	耦合（P_2 很小）
P_2	P_3, P_4	分路（P_1 很小）

图 3-40　X 型耦合器模型

图 3-41　2×2 单模光纤耦合器的耦合机理

星型耦合器（$N×M$）如图 3-42 所示，其功能是把 N 根光纤输入的光功率组合在一起，均匀地分配给 M 根光纤输出，N 和 M 不一定相等，该耦合器通常用作多端功率分配器。

树型和星型耦合器都可用 2×2 耦合器拼接而成，如图 3-43、图 3-44 所示，星型耦合器应用示意图如图 3-45 所示。将 N 个光节点上光发射机输出的光信号送入星型耦合器，而将组合信号分送入各节点上的光接收机，它使各节点能共享网络系统的软硬件资源，又能实现大容量信息的低损耗传输。

图 3-42　星型耦合器

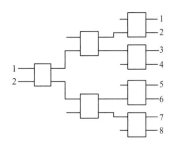

图 3-43　1×8 或 2×8 树型耦合器

图 3-44　32×32 星型耦合器

图 3-45　星型耦合器应用示意图

2. 光分路耦合器的主要性能指标

光分路耦合器的性能指标有插入损耗、附加损耗、分光比和隔离度（或串扰）等，下面以图 3-40 所示的 X 型耦合器参考模型为例，讨论其主要性能指标。

（1）插入损耗

插入损耗$[L_i]$是指一个耦合器指定输入端的光功率 P_1 与一个指定输出端的光功率 P_3（或 P_4）比值的 10 倍常用对数，用 dB 单位表示为

$$[L_i](\mathrm{dB})=10\lg\frac{P_1(\mathrm{mW})}{P_3(\text{或}P_4)(\mathrm{mW})}$$

（2）附加损耗

附加损耗$[L]$是全部输入端的光功率总和 P_1（或 P_1+P_2）与全部输出端的光功率总和（P_3+P_4）比值的 10 倍常用对数，用 dB 单位表示为

$$[L](\mathrm{dB})=10\lg\frac{P_1(\text{或}P_1+P_2)(\mathrm{mW})}{P_3+P_4(\mathrm{mW})}$$

一般情况下，要求$[L]\leqslant0.5$ dB。

（3）分光比 CR

分光比 CR 是指某一输出端口的光功率 P_4（或 P_3）与所有输出端口的光功率（P_3+P_4）比值的百分比，即

$$CR=\frac{P_3(\text{或}P_4)}{P_3+P_4}\times100\%$$

一般情况下，光分路耦合器的分光比为 20%~50%，由需要来决定。

（4）隔离度

隔离度[DIR]反映光分路耦合器反向散射信号损耗大小，是指一个输入端光功率 P_1 与由耦合器反射到其他输入端的光功率 P_2（或 P_r）比值的 10 倍常用对数，用 dB 单位表示为

$$[DIR](\mathrm{dB})=10\lg\frac{P_1(\mathrm{mW})}{P_2(\text{或}P_r)(\mathrm{mW})}$$

实际上端口 2 还有少量光功率 P_2 输出，其大小表示 1、2 端口的隔离程度。一般要求[DIR]>20 dB。

3.5.2　波分复用器

波分复用器是一种与波长有关的耦合器，是构成多波长在同一光纤传输的关键器件。波分复用器（WDM，也叫合波器）用于发射端，其将多个波长的光信号合并在一起并送入一根光纤中传输；解波分复用器（又叫分波器）用于接收端，其将一根光纤传输来的多个波长的光信号按不同光波长分开。从原理上讲，该器件是互易的，既可以作为合波器也可以作为分波器。在 WDM 系统中使用的波分复用器主要有光栅型、多层介质膜型和熔融拉锥全光纤型等。

1. 光栅型波分复用器

所谓"光栅"是指在一块能够透射或反射的平面上刻划平行且等距的槽痕，形成许多具有相同间隔的狭缝。当含有多波长的光信号在通过光栅时产生衍射，不同波长成分的光信号将以不同的角度出射，因此，该器件与棱镜的作用一样，均属角色散型器件，其原理如图 3-46 所示。

图 3-46　光栅型波分复用器原理

在 WDM 系统中，光栅主要用在解波分复用器中，以分离出各个波长。图 3-47 是光栅型波分复用器应用的两个例子。

图 3-47　光栅型波分复用器的应用实例

下面以透射光栅为例来说明光栅的分光原理。如图 3-47（a）所示，设两个相邻缝隙间的距离即栅距为 d，光源离光栅平面足够远（相对于 d 而言），θ_i 和 θ_{dm} 分别是入射光束与衍射光束和光栅平面法线的夹角，光栅方程为：

$$d(\sin\theta_{dm} \pm \sin\theta_i) = \pm m\lambda_m \quad (m=1,2,3,\cdots)$$

$$\sin\theta_{dm} = \pm\frac{m\lambda_m}{d} \mp \sin\theta_i$$

式中，m 为对应的某一波长光线衍射后出现的一种方向，称为光谱级。当 d 和 θ_i 一定时，光谱级确定后则 m 不变，则此时衍射角 θ_{dm} 随 λ_m 的改变而改变，即不同波长的光衍射后方向不同。例如，光栅栅距为 $d=5$ μm，$m=1$，即一级衍射，$\theta_i=0$，需要分开的是 1 540.56 nm 和 1 542.16 nm 的波长，其衍射角是 $\theta_{d1}=\arcsin(1.540\ 56/5)=17.945°$ 和 $\theta_{d2}=\arcsin(1.542\ 16/5)=17.955°$，反射光栅的分光原理与透射光栅类似。

2. 多层介质膜型（MDTFF）波分复用器

多层介质膜型波分复用器的基本结构如图 3-48 所示，它由滤光片和自聚焦透镜组成。

滤光片由多层介质膜构成，它可以通过介质膜系的不同选择构成长波通、短波通和带通滤波器。自聚焦透镜可由自聚焦棒 1/4 节距长度构成，自聚焦透镜对光束起准直或汇聚作用。当自聚焦透镜准直后的平行光入射到滤光片上时，滤光片将某一（或某些）波长的光信号能量几乎全透射过去，而将某一（或某些）波长的光信号能量几乎全反射回去，透射光和反射光再经过自聚焦透镜汇聚，分别耦合进入光纤，这样通过两个自聚焦透镜和中间的滤光片就可以实现多个波长的分波和合波。

（a）四波分复用器结构　　　　　　（b）八波分复用器结构

图 3-48　多层介质膜型波分复用器的基本结构

3. 熔融拉锥全光纤型波分复用器

熔融拉锥全光纤型波分复用器是将两根靠贴在一起适度熔融而成的一种表面交互式器件，可以通过控制融合段的长度和不同光纤之间的互相靠近程度，实现不同波长的复用或解复用。熔融拉锥全光纤型波分复用器主要应用于 1 310 nm/1 550 nm 的 WDM 系统，配合掺铒光纤放大器应用的是 980 nm/1 550 nm 和 1 480 nm/1 550 nm 的 WDM 系统，光学监控系统应用的是 1 510 nm/1 550 nm 的 WDM 系统。两纤的熔融拉锥全光纤型波分复用器的插入损耗小（单级最大插入损耗小于 0.5 dB，典型值为 0.2 dB），工艺简单，适合于批量生产，但相邻信道的隔离度较差（30 dB 左右），且外形尺寸稍大。两纤的 X 型熔融拉锥全光纤型波分复用器原理如图 3-49 所示。

图 3-49　熔融拉锥全光纤型波分复用器原理

4. 集成光波导型波分复用器

集成光波导型波分复用器是以光集成技术为基础的平面波导型器件，典型制造过程是在硅晶片上沉积一层薄薄的二氧化硅玻璃，并利用光刻技术形成所需要的图案，腐蚀成形。该器件可以集成生产，在今后的接入网中有很大的潜在应用，而且，除波分复用器外，还可以制成矩阵结构，对光信道进行上下分插复用，是今后光传送网络中实现光交换的优选方案。

集成光波导型波分复用器较有代表性的是日本 NTT 公司制作的阵列波导光栅（Arrayed Weaveguide Grating，AWG）波分复用器，它具有波长间隔小、信道数多、通带平坦等优点，非常适合于超高速、大容量 WDM 系统使用，其结构示意图如图 3-50 所示。这种器件由 N 个输入波导、N 个输出波导、两个 N×N 星型耦合器及一个平板阵列波导光栅组成，这种光栅相邻波导间具有恒定的路径长度差ΔL，通常为几十微米，设信道波道的有效折射率为n_{eff}。输入光从第一个星型耦合器输入，该耦合器把光功率几乎平均地分配到波导阵列中的每一个，由于阵列波导中的波导长度不等，相位延迟也不等，其相邻波导的相位差为：

$$\Delta \varphi = k \times \Delta L = \frac{2\pi n_{\text{eff}}}{\lambda} \Delta L$$

式中，λ是信号波长；k 为介质相位常数。由上式可以看出输出端口与波长有一一对应的关系，也就是说，由不同波长的入射光束经阵列波导光栅传输后，根据波长的不同出现在不同的波导出口上。

图 3-50　AWG 波分复用器的结构示意图

AWG 波分复用器的性能如表 3.7 所示，波长间隔从 15 nm 到 0.2 nm，信道数从 8 扩大到 128。表 3.8 所示是各种 WDM 器件主要性能的比较。

表 3.7　AWG 波分复用器的性能

信道波长间隔$\Delta\lambda$/nm（信道频率间隔Δf）	15	1.6（200GHz）	0.8（100GHz）	0.8（100GHz）	0.2（25GHz）	不等间隔0.8 或 0.48
信道数 N	8	8	32	64	128	16
插入损耗/dB	24	6.1	2.1	2.8	3.5	2.8
3dB 带宽	6.3nm	124GHz	40 GHz	44 GHz	11 GHz	30.2 GHz
串扰/dB	<−28	<−27	<−28	<−29	<−16	<−25

表 3.8　各种 WDM 器件主要性能的比较

器件类型	机　理	批量生产	信道波长间隔/nm	信道数	串扰/dB	插入损耗/dB	主要缺点
光栅型	角色散	一般	0.5～10	4～131	≤−30	3～6	温度敏感
多层介质膜型	干涉/吸引	一般	1～100	2～32	≤−25	2～6	信道数较少
熔融拉锥全光纤型	波长依赖型	较容易	10～100	2～6	−45～−10	0.2～1.5	信道数少
集成光波导型	平面波导	容易	1～5	4～32	≤−25	6～11	插入损耗大

在实用 DWDM 系统中，当波分复用的光信道数小于 16 时，几乎所有的公司都采用无源的 3 dB 耦合器组成波分复用器，如图 3-51 所示。

5. 波分复用器的性能指标

波分复用器的基本要求是插入损耗小，隔离度大，带内平坦，带外插入损耗变化陡峭，温度稳定性好，复用通路数多，尺寸小等。以图 3-52 所示为例，其性能指标如下。

图 3-51　3 dB 耦合器组成波分复用器　　　图 3-52　两波分复用器示意图

（1）插入损耗

插入损耗$[L_1]$是指由于增加光波分复用器而产生的附加损耗，插入损耗定义为该无源器件的输入和输出端口之间的光功率之比，即：

$$[L_1](\mathrm{dB}) = 10\lg\frac{P_1(\mathrm{mW})}{P_{11}(\mathrm{mW})}$$

式中，P_1 为波长为 λ_1 的光信号对应的输入光功率；P_{11} 为波长为 λ_1 的光信号对应的输出光功率。

（2）串扰（或隔离度）

串扰$[C]_{ij}$ 是指其他信道的光信号耦合进某一信道，并使该信道传输质量下降的影响程度，解复用器的串扰为：

$$[C]_{ij}(\mathrm{dB}) = 10\lg\frac{P_{ij}(\mathrm{mW})}{P_i(\mathrm{mW})}$$

式中，P_i 是波长为 λ_i 的光信号的输入光功率，P_{ij} 是波长为 λ_i 的光信号串入到输出波长为 λ_j 信道的光功率，串扰大小用一个信道耦合到另一个信道中的信号大小表示。

（3）回波损耗

回波损耗$[R_L]$是指从无源器件的输入端口光功率与输入端口返回的光功率之比，即：

$$[R_L](\mathrm{dB}) = 10\lg\frac{P_i(\mathrm{mW})}{P_r(\mathrm{mW})}$$

式中，P_i 为输入端口光功率，P_r 为从同一个输入端口接收到的返回光功率。

（4）工作波长范围

工作波长范围是指 WDM 器件能够按规定的性能要求工作的波长范围（$\lambda_{\min} \sim \lambda_{\max}$）。

（5）信道宽度/信道带宽

信道宽度是指各光源之间为避免串扰应具有的波长间隔。信道带宽是分配给某一特定光源波长的范围，即 $\lambda_1 + \Delta\lambda$，若 $\Delta\lambda$ 足够宽可使相邻光源 λ_1、λ_2 之间的隔离效果好，避免不同光源之间的串扰。

3.6　光隔离器与光环行器

3.6.1　光隔离器

光隔离器是一种只允许光波单方向传输的器件。对于光隔离器的要求是正向入射光的插入损耗约为 1 dB，反向光的隔离度为 40～50 dB。

光隔离器的工作原理如图 3-53 所示，它由两个偏振器中间加一个法拉第旋转器制成。法拉第旋转器利用法拉第磁光效应原理使通过它的偏振光的方向发生偏转。当在偏振光的传播方向外加磁场时，其偏振方向旋转一个角度 θ，θ 可用下式求得：

$$\theta = \rho H L$$

式中，ρ 是材料的 Verdet 常数；H 是外加磁场的感应强度；L 是材料厚度。

偏振器有一透光轴，对理想的偏振器，沿透光轴平行方向偏振光能完全通过；而与之垂直的偏振光完全被阻止；中间状态就部分通过。

下面说明光隔离器的工作原理。图 3-53 中的偏振器 A 的透光轴为 x 轴，偏振器 B 的透光轴与 x 方向夹角呈 45°。法拉第旋转器的旋转角 $\theta=45°$。对正向传输光，入射光经偏振器 A，偏振方向沿 x 轴，经法拉第旋转器顺时针旋转过 45°角，与偏振器 B 的透光轴方向一致，因而能顺利通过。对反向传输光，由偏振器 B 出来的偏振光再经法拉第旋转器，再次沿顺时针方向旋转 45°角，恰与偏振器 A 的透光轴垂直，因而完全被阻止。

图 3-53　光隔离器的工作原理

光隔离器的性能指标是插入损耗[L]和隔离度[DIR]。设 P_{i1}、P_{o1} 分别为正向传输时的输入和输出功率，而 P_{i2}、P_{o2} 分别为反向传输时的输入和输出功率，则插入损耗（指正向插入损耗）为：

$$[L](\text{dB}) = 10\lg \frac{P_{i1}(\text{mW})}{P_{o1}(\text{mW})}$$

反向插入损耗为[L^*]：

$$[L^*](\text{dB})=10\lg\frac{P_{i2}(\text{mW})}{P_{o2}(\text{mW})}$$

隔离度[DIR]为：

$$[\text{DIR}](\text{dB})=10\lg\frac{P_{i1}(\text{mW})}{P_{o2}(\text{mW})}$$

3.6.2　光环行器

光环行器除有多个端口外，其工作原理与光隔离器类似。如图 3-54 所示，典型的光环行器一般有三端口或四端口。在三端口环行器中，端口 1 输入的光信号只在端口 2 输出，端口 2 输入的光信号只在端口 3 输出，端口 3 输入的光信号只在端口 1 输出。

（a）三端口　　　　　　　　（b）四端口

图 3-54　光环行器功能示意图

光环行器用于双向传输系统，如图 3-55 所示。光环行器性能指标的定义与光隔离器的相似，这里不再多述。光环行器的插入损耗一般为 0.5～1.5 dB，反向插入损耗和隔离度均大于 50 dB。

图 3-55　光环行器用于双向传输系统

3.7　光衰减器与光开关

3.7.1　光衰减器

光衰减器在光纤通信、光信息处理、光学测量和光计算机中都是不可缺少的一种光无源器件。其功能是在光信息传输过程中对光功率进行预定量的光衰减。光衰减器根据衰减光功率的工作原理主要分为三种：一是位移型光衰减器，主要利用两纤对接发生一定的横向或轴向位移，使光能量损失；二是反射型光衰减器，主要利用调整平面镜角度，使两纤对接的光信号发生反射溢出损失光能量；三是衰减片型光衰减器，主要利用具有吸收特性的衰减片制作成固定衰减器或可变衰减器。三类光衰减器的图示及说明如表 3.9 所示。

表 3.9　三类光衰减器的图示及说明

种　类	图　示	说　明
位移型 光衰减器		L_1、L_2 为微透镜，其轴线位移为 d，通过改变 d 的大小来控制衰减值大小
反射型 光衰减器		RL 为 $\lambda/4$ 自聚焦透镜，它可以把处于输入端面的点光源发出的光线在输出端面变换成平行光，反之把平行光线变换成点光源。M 为镀了部分透射膜的平面镜
衰减片型 光衰减器		A 为可连续吸收片，B 为阶跃吸收片，其不同位置上的衰减量不等。旋转 A 可以连续衰减入射光，旋转 B 则阶跃衰减入射光

对光衰减器的主要要求有：精度高、衰减量的重复性好、可靠性高、衰减量随波长的变化小、体积小、质量轻等。光衰减器还可分为固定衰减器和可变衰减器两类，固定衰减器的衰减量是一定的，具体规格有 3 dB、6 dB、10 dB、20 dB、30 dB、40 dB 的衰减量，典型的反射型光衰减器就属于固定衰减器。可变衰减器，其衰减范围可达 60 dB，典型的衰减片型光衰减器就属于可变衰减器。

3.7.2　光开关

光开关是一种具有"单刀双掷"或"单刀多掷"可选通断的光学器件。它是可用于光传输线路监测、光纤传感系统或复杂网络两点间的光信号物理连接或光交换操作的重要器件。光开关可分为两大类：一类是机械式光开关，另一类是非机械式光开关。

1．机械式光开关

机械式光开关有移动光纤式和移动光学元件式两种。机械式光开关是目前常用的一种光开关器件，根据工作原理的区别，机械式光开关可以分为移动光纤式、移动棱镜式、转动反射镜式、移动准直器式、移动套管式等多种类型。其原理主要是利用电磁铁或步进电动机移动光纤或棱镜、反射镜等中间物体实现光路转换。图 3-56 所示是移动光纤式、移动棱镜式和转动反射镜式机械式光开关。典型的 1×2 移动光纤式光开关，其输出一端的光纤固定，而另一端的光纤是活动的，通过移动活动光纤，使之与固定光纤中不同端口相耦合，从而实现光路的切换。典型的 1×N 移动光纤式机械光开关，它用电磁铁驱动活动臂移动，切换到不同的固定臂光纤。

机械式光开关的优点是插入损耗低（典型值为 0.5～1.2 dB），隔离度高（可达 80 dB 以上）。它的最大缺点是开关时间长（毫秒级，约为 15 ms），体积较大。

（a）1×2移动光纤式　　　　　　（b）1×N移动光纤式

（c）移动棱镜式　　　　　　（d）转动反射镜式

图 3-56　3 种机械式光开关的结构

2. 非机械式光开关（或电子式光开关）

非机械式光开关，利用磁光、电光或声光及热光效应来改变波导折射率，实现光路转换。从广义上讲，全光网络中有些重要的网络节点设备，如路由器、全光交叉连接器、光分插复用器及波长转换器等，也可划入光开关之列。

图 3-57　M-Z 干涉型电子式光开关结构

下面举一个马赫–曾德尔（M-Z）干涉型电子式光开关结构，如图 3-57 所示，来说明其工作原理。这种光开关一般采用铌酸锂（LiNbO$_3$）或 GaAs 等半导体材料为衬底，上面两条光波导形成定向耦合器，并且在这两条光波导上面分布着表面电极，通过电极上的调制电压 V 来控制光信号的通断，从而实现对光的开关或调制。

非机械式光开关是近年来非常热门的研究课题，其优点是开关时间短，达到纳秒量级，结构小型化和操作方便，缺点是插入损耗大（可达几分贝）等。

3.8　偏振控制器

通过偏振控制器控制光的偏振态，可将任意偏振态的输入偏振光转变为输出端指定的偏振状态。光纤型偏振控制器便于与光纤系统连接做成"在线"元件，损耗小，因而受到重视，图 3-58 所示为光纤型偏振控制器装置图。偏振控制器有广泛的应用，例如，在单模光纤与光波导的耦合中，通过偏振控制使光纤与光波导中的偏振态匹配以提高耦合效率。又如在相干光纤通信系统中，使本振光与信号光的偏振态匹配，以提高系统的接收灵敏度。

　　已提出的偏振控制器的方案很多，但基本上都是由光纤延迟器（或称波片）通过改变延迟量或主轴方向来实现偏振控制的。以改变延迟量偏振控制器为例（如图 3-59 所示），对其工作原理加以说明。对单模光纤偏振控制器，它由两个相位波片 FC_1 和 FC_2 串接构成。两个波片皆用光纤线圈做成。FC_1 相当于 π/2 的相位延迟器，FC_2 相当于 π 的相位延迟器。它们可以绕轴转动。

图 3-58　光纤型偏振控制器装置图　　　图 3-59　光纤型偏振控制器

　　光纤延迟器的作用是把线偏振光原方向通过相位延迟量变为指定方向的线偏振光，假设线偏振光原方向为 y，现要变为指定的 x 方向。

　　光纤延迟器是应用弯曲光纤形成的弹光效应所产生的线双折射构成的。光纤外半径为 A 的单模光纤绕成曲率半径为 R 的光纤线圈，其双折射率 $\Delta\beta_L$ 的计算公式为：

$$\Delta\beta_L = -0.25k_0 n^3 (p_{11} - p_{12})\left(\frac{A}{R}\right)^2 (1+\mu) = \frac{0.273 n^3 A^2}{R^2 \lambda_0}$$

式中，$k_0 = 2\pi/\lambda_0$；λ_0 为光波长；n 为未受应力时光纤材料的折射率；$p_{11}=0.12$，$p_{12}=0.27$ 为光纤材料的弹光系数；$\mu=0.16$ 为光纤材料的泊松比。若光纤绕 N 圈，则其延迟量为：

$$\phi = \Delta\beta_L 2\pi RN = 0.273 n^3 A^2 \frac{2\pi N}{\lambda_0 R}$$

从而有：

$$\frac{R}{N} = \frac{0.546\pi n^3 A^2}{\lambda_0 \phi}$$

若延迟器的延迟量 ϕ 给定，则可求出光纤线圈的曲率半径 R 与圈数 N 的比值。应该指出，R，N 的解不止一组，应考虑对损耗的影响而取合适的值。

习题 3

1. 写出费米分布函数表示式，并说明式中各符号的含义。
2. 简述光与物质相互作用的三种基本过程的特点。
3. 简述 LD 和 LED 的工作原理、$P\text{-}I$ 特性曲线的差异。
4. 简述 APD 和 PIN 的工作原理及性能上的主要区别。

5．简述 EDFA 的工作原理及主要特性。

6．简述光衰减器和光开关的种类及用途。

7．根据光隔离器的工作原理，设计一个三端口光环行器，并说明各元件的作用。

8．简述各种波分复用器的工作原理，并比较其性能和特点。

9．F-P 腔激光器与动态单纵模半导体激光器在特性上有什么异同?

10．λ=0.632 8 μm 氦氖激光器，设气体的折射率 n=1，在腔长 L=10 cm，100 cm 两种情况下，计算其纵模的 q 值及纵模谐振频率间隔 Δf_{0q} 和波长间隔 $\Delta\lambda_{0q}$。

11．计算一个波长为 λ=1 μm 的光子的能量。同时计算频率为 f=1 MHz 和 f= 1 000 MHz 无线电波的能量。

12．半导体激光器发射光子的能量近似等于材料的禁带宽度，已知 GaAs 材料的 E_g=1.43 eV，某一 InGaAsP 材料的 E_g=0.96 eV，求它们的发射波长。

13．一个 Si-PIN 光电二极管在 0.85 μm 波长上的量子效率为 0.7，计算它的响应度。

14．某 PIN 光电二极管，在 λ=1.55 μm 时，平均每 3 个入射光子要产生一电子-空穴对，如果产生的所有电子均被收集起来，试计算:

（1）器件的量子效率 η。

（2）其带隙能量的最大可能值。

（3）当接收光功率为 10 mW 时，其平均输出光电流 I_P。

注：1eV=1.6×10^{-19} J，h=6.625×10^{-34} J·s，c=3×10^8 m/s。

第 4 章　光纤通信系统及设计

光纤和光器件在前 3 章已经讨论了。本章将从构成一个实际系统的角度讨论光接收机、光发射机的组成（光模块）、工作原理、系统指标及系统设计等。

光纤通信系统按传输信号种类来分，有模拟光纤通信系统和数字光纤通信系统，本章重点讨论数字光纤通信系统。按光调制方式来分，有直接（强度）调制-直接检波（Intensity Modulation-Direct Detection，IM-DD）系统和间接（外）调制-检波系统。直接调制适用于 LD、LED 器件，它将所要传输的信号转换为电信号，并将其直接注入光源，使其输出光信号随调制信号而变化。间接调制除适用于 LD 和 LED 外，还适用于气体、液体、晶体激光器等其他类型的激光器，间接调制是利用调制元件的电光效应、磁光效应、声光效应来实现激光辐射调制的。本章重点讨论 IM-DD 系统。

4.1　两种数字传输体制及系统模型

数字光纤通信是数字通信（数字信号复用与解复用处理）与光纤通信系统的优化组合。数字光纤通信系统中的数字通信目前大都采用同步（或准同步）时分复用（TDM）技术，复用又分为若干等级，而且先后有两种传输体制，即准同步数字传输体制（PDH）和同步数字传输体制（SDH）。PDH 早在 1976 年就实现了标准化，目前还在部分使用。在技术迅速发展的推动下，1988 年 ITU-T 参照 SONET（同步光纤网）的概念，提出同步数字体制 SDH 的规范建议。SDH 体制不仅适用于光信道，也适用于微波和卫星干线传输。这两种制式的数字光纤通信系统的原理图如图 1-7 所示。

4.1.1　准同步数字传输体制（PDH）

在数字传输系统中，由模拟话音信号变换为数字信号进行传输时，每一路话音占用的速率一般为 64 kbit/s，通常称为零次群。如果在同一信道中增加容量，必须采用多路复用的方法，提高其传输速率。

根据不同需要和不同传输介质的传输能力，可将不同的速率复用形成一个系列，即数字复用系列。这样的复用称为异步复用，其中若各被复用支路信号的准同步速率标准相同，就称为准同步数字传输体制（PDH）。

对于 PDH，国际上有两大系列，即 PCM 基群 24 路系列和 PCM 基群 30/32 路系列。按 ITU-T 相关建议，两类复用系列的速率等级如表 4.1 所示。

表4.1　PDH 速率等级系列

国家或地区	基群（Mbit/s）/话路（ch）	二次群（Mbit/s）/话路（ch）	三次群（Mbit/s）/话路（ch）	四次群（Mbit/s）/话路（ch）	五次群（Mbit/s）/话路（ch）	六次群（Gbit/s）/话路（ch）
中国和西欧	$\dfrac{2.048}{30}$	$\dfrac{8.448}{120}$	$\dfrac{34.368}{480}$	$\dfrac{139.264}{1\,920}$	$\dfrac{564.992}{7\,680}$	$\dfrac{2.4}{30720}$
日本	$\dfrac{1.544}{24}$	$\dfrac{6.312}{96\text{ch}}$	$\dfrac{32.064}{480}$	$\dfrac{97.728}{1\,440}$	$\dfrac{397.20}{5\,760}$	$\dfrac{1.588\,8}{23\,040}$
北美	$\dfrac{1.544}{24}$	$\dfrac{6.312}{96}$	$\dfrac{44.736}{672}$	—	$\dfrac{274.176}{4032}$	$\dfrac{2.4}{32256}$

注：ch 表示话路数。

4.1.2　同步数字传输体制（SDH）

　　SDH 是一种全新的体制，它是一套可进行同步信息传输、复用、分插和交叉连接的标准化数字信号的结构等级，而 SDH 网络则是由一些基本网络单元组成的，在传输介质（如光纤、微波等）上具有全世界统一的网络节点接口。SDH 复用方式由 4 个相同等级速率的支路信号，在同一个高稳定的时钟控制下进行复用，称为同步复用。1988 年，ITU-T 经充分讨论与协商，在 G.707 建议中对 SDH 速率等级作出明确规定，如表 4.2 所示。

表4.2　SDH 速率等级系列

SDH 等级	标准速率/（Mbit/s）	2 Mbit/s 速率数量/个	话路数/ch
STM-1	155.520	63（常用）	1 890
STM-4	622.080	252	7 560
STM-16	2 488.320	1 008	30 240
STM-64	9 753.280	4 032	120 960

4.1.3　光纤通信系统模型

　　一个实用的完整点到点光纤通信系统主要由光发射机、光接收机、光中继器、光纤、光器件及光纤线路设施等组成，如图 4-1 所示。

图 4-1　光纤通信系统模型

光纤通信系统的工作过程大致可分为两步：第一步是光发射机将来自信源的电信号调

制成光信号送至光纤传输，若传输距离较长，则需要加光中继器或光放大器，其作用是补偿光信号长距离传输损耗和畸变或者直接放大微弱光信号；第二步是光接收机将来自光纤的光信号经解调和一系列处理还原成电信号输出。

4.2　光发射机

4.2.1　光调制

要实现光纤通信，首先要解决如何将一个携带信息的信号叠加到光源光载波上，即光调制。经调制后的光波通过光纤送至接收机，进行光解调，还原出原来的信号。

光调制就是用电信号（调制信号）叠加到光载波上，改变光载波的某一特征参量，如光载波的幅度或强度、相位、频率，使其输出的特征参量随电信号而变化。

光调制可分为直接调制（IM）和间接调制两大类，下面分别介绍。

直接调制方式只适用于电流注入型的半导体光源器件（LD 和 LED），通过把要传输的信号转变为注入电流控制光源发光过程，从而获得输出光功率的变换以实现调制响应，如图 4-2（a）所示。

间接调制是利用晶体的电光、声光、磁光等外调制器的性质来实现对激光辐射的调制，如图 4-2（b）所示。间接调制与直接调制的本质区别在于光源的发光和外调制器的调制功能是分开进行的，即在激光形成后才加载调制信号，二者只有光路的连接而没有电路之间的相互影响，因此不会因为调制而影响到激光器的工作。

从调制信号的类型划分，直接调制又可分为模拟调制和数字调制。间接调制又可分为电光、声光、磁光效应调制。

（a）直接调制　　　　　　　　　　（b）间接调制

图 4-2　光源的两种调制方式

1.　光源的直接模拟和数字调制

（1）光源的直接模拟调制

IM 方式只适用于半导体光源 LED 和 LD，其特性主要由光源 LED 和 LD 的 *P-I* 特性曲线决定，如图 4-3 所示。因 LED 和 LD 的输出功率基本上与注入电流成正比，所以通过注入信号电流变化来实现输出光功率的线性变化，完成光源的直接调制。在模拟光纤通信系统中，模拟信号的调制直接用连续的模拟信号（如话音、电视信号）对光源进行调制。

图 4-3 是 LED 和 LD 模拟信号的调制原理，连续的模拟信号电流叠加在 LED 或 LD 直流偏置电流 I_b 上，使其直流偏置电流（I_b）工作点处于 LED 或 LD 的 $P\text{-}I$ 特性曲线线性段的中点，从而减小光信号的非线性失真。

（a）LED模拟调制原理   （b）LD模拟调制原理

I_b—直流偏置电流；I_{th}—阈值电流；$\triangle I$—峰值电流

图 4-3   直接模拟调制原理

图 4-4 给出了一个用于 LED 或 LD 的模拟调制典型电路。调整晶体 VT 的基极电压使其工作在线性区。而 LED 或 LD 也工作在 $P\text{-}I$ 特性曲线线性段的中点。当输入端电信号 u_{in} 增加时，VT 的基极电压增加，随之基极电流增加，LED 或 LD 驱动电流（集电极电流）也增加，根据调制特性输出光功率也就增加，反之减少。

图 4-4   LED 或 LD 模拟调制典型电路

（2）光源的直接数字调制

数字信号的调制是将数字信号脉冲注入电流 I_{in} 直接叠加在直流偏置电流 I_b 上，光源输出有光就代表"1"码，无光就代表"0"码，如图 4-5 所示。当 LD 直流偏置电流大于阈值电流 I_{th} 时，输出光功率 P 和驱动电流之间基本上是线性关系，输出光功率和输入电流成正比，所以输出光信号反映输入电信号。

2．光源的间接调制

间接调制也称外调制，其调制原理是在 LD 光波形成后的光路上放置一个电光效应、磁光效应或声光效应的调制器，而电信号的电压直接加在调制器的电极上，使调制器的某些物理特性发生相应变化。当激光器光源的光波通过调制器时，激光器光波就转换成一个随电信号变化的已调光波输出。这种方法应用在超高速率传输系统和相干光通信中。

（a）LED数字调制原理　　　　　　　　　（b）LD数字调制原理

图 4-5　直接数字调制原理

　　间接（外）调制把激光的产生和调制分开，因而不会影响激光器工作的稳定性，传输质量较高。

　　（1）电光调制器的调制原理

　　马赫-曾德尔（M-Z）干涉型调制器是利用具有强电光效应的铌酸锂（LiNbO$_3$）晶体制成的，这种晶体的折射率 n 与外加电场强度 E 的幅度成正比变化，称为线性电光效应，可用 E 的泰勒级数表示：

$$n=n_0+\alpha E+\beta E^2\cdots \qquad (4.1)$$

式中，n_0 为 $E=0$ 时晶体的折射率；α 和 β 为电光效应系数；因为折射率 n 随外加电场 E（电压 U）而变化，改变了入射光的相位和输出的光功率。图 4-6 是 M-Z 干涉型调制器的基本原理图，在 LiNbO$_3$ 晶体衬底上，制作两条光程相同的单模光波导，在其中一条光波导的两列施加可变电压 U_s。

图 4-6　M-Z 干涉型调制器的基本原理图

　　设输入的调制电信号按余弦变化，则输出光信号的光功率为：

$$P = 1 + \cos\left(\pi\frac{U_s + U_b}{U_\pi}\right) \qquad (4.2)$$

式中，U_s 和 U_b 分别为调制信号的电压和偏置电压；U_π 为光功率变化半个周期（相位为 0～π）的外加电压，并称为半波电压。由式（4.2）可以看出，当 $U_s+U_b=0$ 时，$P=2$ 为最大；当 $U_s+U_b=U_\pi$ 时，$P=0$，从而获得通断已调信号。

　　（2）声光调制器的调制原理

　　声光调制器是利用介质的声光效应而制成的。它的工作原理是，当调制（电）信号变化时，由于压电效应，使压电晶体产生机械振动形成超声波，并引起声光介质的密度发生变化，即介质折射率跟着变化，从而形成一个变化的光栅，当光通过变化的光栅时，光强随之发生变化，结果光波受到了调制。

（3）磁光调制器的调制原理

磁光调制器是利用法拉第磁光效应而制成的。当入射光信号经过起偏器时，使入射光变为偏振光，该偏振光通过 YIG 磁棒时，其偏振方向随绕在上面线圈的调制信号而变化，当偏振方向与后面检偏器方向相同时，输出光强最大；当偏振方向与后面检偏器方向垂直时，输出光强最小，从而使输出光强随调制信号变化。该原理与光隔离器原理相似。

4.2.2 光发射机的结构及原理

直接调制的数字光发射机的基本组成如图 4-7 所示，主要有光源和相关电路两部分。以 LD 为光源的光发射机通常有线路编码、调制电路、控制电路等部分；以 LED 为光源的光发射机则将复杂的控制电路改为补偿电路。

图 4-7　直接调制的数字光发射机的基本组成

光发射机各部分的作用是：光源作为电导光器件，实现电光变换；线路编码对输入信号码流结构进行某种变换，以适应光纤线路传输和不中断业务检测误码的要求；调制电路与光源一起把电信号调制成光信号；控制电路对 LD/LED 光源实施自动温度控制（ATC）、自动功率控制（APC）等，使输出光功率恒定。

间接调制的数字光发射机的基本组成如图 4-8 所示。它利用光调制器对 LD/LED 所发出的光载波进行调制，即 LD 发出光后再经过光调制器，使经过光调制器的光载波得到调制。下面重点介绍直接调制的数字光发射机原理。

图 4-8　间接调制的数字光发射机的基本组成

1. 线路编码

在数字系统中，从电端机输出的是适合于电缆传输的双极性 HDB$_3$ 码。由于光源不可能发射负光脉冲，因此必须进行码型变换，以适应数字光纤通信系统传输的要求。数字光纤通信系统普遍采用二电平码，即"有光脉冲"表示"1"码，"无光脉冲"表示"0"码。适合于光纤通信的线路码型很多，根据不同情况对线路码型的要求有所侧重，最基本的要求如下。

（1）码型中应包含足够的定时信息，即要求"1"码和"0"码等概率出现。

（2）能实现在线（不中断业务）的误码检测，有利于长途通信系统的维护。

（3）码型的功率谱高低频分量较小，有利于减小码间干扰，提高光接收机的灵敏度。

（4）能提供一定的冗余码，用于误码检测和公务通信。

数字光纤通信系统常用的线路码型有扰码、mBnB 码和插入码等。

（1）扰码

为了保证传输的透明性，在线路编码前端，附加一个扰码器，将原始的二进制码序列变换为接近于随机码序列（也称伪随机码）。相应地，在光接收机的判决器之后，附加一个解扰器，以恢复原始序列。扰码与解扰可由反馈移位寄存器实现。

因为扰码不能完全满足光纤通信对线路码型的要求，所以许多光纤通信设备除采用扰码外还采用其他类型的线路编码。

（2）mBnB 码

mBnB 码把输入的二进制原码流进行分组，每组有 m 个二进制码，记为 mB，称为一个码字，然后把一个码字变换为 n 个二进制码，记为 nB，并在同一个时隙内输出。这种码型是把 mB 变换为 nB，所以称为 mBnB 码，其中 m 和 n 都是正整数，$n>m$，一般取 $n=m+1$。mBnB 码有 1B2B、3B4B、5B6B、8B10B、17B18B 等。

由 mBnB 码编码原理可知，最简单的 mBnB 码是 1B2B 码，即曼彻斯特码，就是把原码的"0"变换为"01"，把"1"变换为"10"。因此最大的连"0"和连"1"的数目不会超过两个，如 1001 和 0110。但是在相同时隙内，传输 1 比特变为传输 2 比特，码速率提高了 1 倍。

mBnB 码是一种分组码，设计者可以根据传输特性的要求确定某种码表。mBnB 码的特点是：

① 码流中"0"和"1"码的概率相等，连"0"和连"1"的数目较少，定时信息丰富。

② 高低频分量较小，信号频谱特性较好，基线漂移小。

③ 在码流中引入一定的冗余码，便于在线误码检测。

（3）插入码

插入码是把输入二进制原始码流分成每 m 比特一组，然后在每组 mB 码末尾按一定规律插入一个码，组成 $m+1$ 个码为一组的线路码流。根据插入码的规律，可以分为 mB1C 码、mB1H 码和 mB1P 码。

mB1C 码的编码原理是：把原码流分成每 m 比特一组，然后在每组 mB 码的末尾插入 1 比特补码，这个补码为 mB 码组中第 i 位的反码，称为 C 码，所以称为 mB1C 码。补码插在 mB 码的末尾，连"0"码和连"1"码的数目最少。例如，设 C 码为 mB 码组中末尾位的反码，则有：

mB 码为	100	110	001	101
mB1C 码为	1001	1101	0010	1010

C 码的作用是引入冗余码，可以进行在线误码率监测，同时改善了"0"码和"1"码的分布，有利于定时提取。

mB1H 码由 mB1C 码演变而成，在插入比特的位置，不是完全插入 C 码，而是交替插入 F 帧码，SC 公务码，M 检测码，D 数据码，I 区间通信码等形成混合插入（Hybrid）码的形式，因此变为 mB1H 码。

mB1H 码特点是利用冗余信息实现辅助信息的传送，可在不中断业务时误码检测，缺点是码流的频谱特性不如 mBnB 码。但在扰码后再进行 mB1H 变换，可以满足通信系统的要求。常用的 mB1H 码有 1B1H 码、4B1H 码和 8B1H 码。

在 mB1P 码中，P 码称为奇偶校验码，其作用和 C 码相似，但 P 码有以下两种情况。

（1）P 码为奇校验码时，其插入规律是使 $m+1$ 个码内 "1" 码的个数为奇数，例如：

mB 码为　　　　　100　　　000　　　001　　　110
mB1P 码为　　　　1000　　0001　　0010　　1101

当检测得 $m+1$ 个码内 "1" 码为奇数时，则认为无误码。

（2）P 码为偶校验码时，其插入规律是使 $m+1$ 个码内 "1" 码的个数为偶数，例如：

mB 码为　　　　　100　　　000　　　001　　　110
mB1P 码为　　　　1001　　0000　　0011　　1100

当检测得 $m+1$ 个码内 "1" 码为偶数时，则认为无误码。

编码后码速率提高 $M=(m+1)/m$ 倍，若编码前的码速率为 f_1，则编码后的码速率 $f_2=(m+1)f_1/m$，即 $f_2 > f_1$；冗余度 $C=(f_2-f_1)/f_1$；最大同码数为 $B=(2m-j)+1$，$1 \leqslant j \leqslant m$，即 B 的范围为 $m+1 \sim 2m$。

2．IM 调制电路

图 4-9　LED 的数字调制电路

LED 的数字调制电路如图 4-9 所示，当输入信号 U_{in} 为低电平 "0" 及高电平 "1" 时，晶体管 VT 分别处于截止和饱和导通状态，只有在饱和导通状态时，才能提供 LED 所需驱动电流，所以 LED 发光。R_2 为限流电阻，调整 R_2 可以使 LED 工作于设计电流下。C_1 为加速电容，用以提高电路的工作速度。R_3 提供发光二极管小量的正向直流偏置电流，有利于 LED 高速应用。

由于 LD 和 LED 的 P-I 特性不同，因此调制方式也不同。LD 的高速光发射机要比 LED 的光发射机电路复杂得多，调制电流选择、激光器控制等都对调制性能至关重要。

LD 调制电路和直流偏置电流的选择应考虑：

（1）加大直流偏置电流 I_b 使其逼近阈值电流 I_{th}，即 $I_b \leqslant I_{th}=0.9I_{th}$。这样可以大大减小电光延迟时间，同时使张弛振荡得到一定程度的抑制，减小码型效应和结发热效应的影响。LD 总的最大注入（驱动）电流应为 $I_{LD}=(1.2 \sim 1.5)I_{th}$。

（2）加大直流偏置电流 I_b 会使激光器的消光比恶化。所谓消光比，是指激光器在全 "0" 码时发射的功率与全 "1" 码时发射的功率之比，通常要求消光比<10%，以免接收机的灵敏度受到影响。

调制电路的作用就是提供恒定的 LD 直流偏置电流 I_b 和脉冲注入电流 I_{in} 及完成光调制，同时采用自动功率和温度控制电路使平均光功率保持恒定。图 4-10 所示为实际的 LD 调制电路，其中，R_b，L 构成 LD 的直流偏置电路，为 LD 提供 I_b；VT_1，VT_2 组成非饱和式电流开关，工作在放大区；VT_3，VD_1 和 VT_4，VD_2 组成电平移动电路，各移动 1.4V；而与非门

输出为 "1" 时，对应 U_H =-0.8 V，输出为 "0" 时，对应 U_L=-1.8 V；U_{BB} 为参考电压，U_{BB} 的值应根据输入脉冲电平值来确定，即 $U_{BB}=(U_H+U_L)/2=(-0.8-0.18)/2=-1.3$（V）。

图 4-10 LD 调制电路

U_{B1} 表示 VT_1 的基极电压，U_{B2} 表示 VT_2 的基极电压，当输入信号 U_{in} 为 "1" 时，$U_A=$ -1.8 V，U_{B1}=-1.8-1.4=-3.2 V，U_{B2}= -1.3 -1.4=-2.7 V，则 $U_{B2}>U_{B1}$，VT_2 抢先导通，使 U_E=-3.4 V，则 VT_1 截止，此时由 VT_2 和电流源提供 LD 的电流为 $I_{LD}=I_b+I_{in}$，使 LD 发光；当输入信号 U_{in} 为 "0" 时，U_A=-0.8 V，U_{B1}=-2.2 V，U_{B2}=-1.3-1.4=-2.7 V，则 $U_{B1}>U_{B2}$，VT_1 抢先导通，使 U_E= -3.4 V，则 VT_2 截止，这时，由电流经 VT_1 和电流源而不经 VT_2，故 LD 不发光。

3．IM 控制电路

在实用光发射机中，为了保证有稳定可靠的输出光功率，以及使用、维护方便等，往往要求对 LD 加各种控制电路，如 APC 电路、ATC 电路和保护电路等。

（1）自动温度控制（ATC）

LD 是理想的高速调制光源，但其温度变化和器件老化给激光器带来不稳定性，主要表现为 LD 的阈值电流 I_{th} 随温度呈指数规律变化，从而使输出光功率发生很大的变化，如图 4-11 所示。尤其是长波长 LD，不设置稳定输出光功率，就难以实用化。

（a）温度变化引起的LD光输出变化　　　　（b）器件老化引起的LD光输出变化

图 4-11　温度变化和器件老化引起的 LD 光输出变化

研究表明，随着温度的升高（$T_2>T_1$），阈值电流变大，器件老化（$h_2>h_1$），激光器的外微分量子效率降低，从而使输出光信号变弱。控制电路的作用就是消除温度变化和器件老化的影响，稳定输出光信号。目前国内外主要采用的稳定方法是 ATC 和 APC 电路。

图 4-12　LD 温度控制原理

温度控制由微型半导体制冷器、热敏电阻及控制电路组成，其原理如图 4-12 所示，热敏电阻监测激光器的结温，与设定的基准温度比较、放大后，驱动控制电路工作，使微型半导体制冷器产生制冷效果，从而保持激光器在恒定的温度下工作。

微型半导体制冷器是基于半导体材料的帕尔帖效应制成的。所谓帕尔帖效应是指当直流电流通过两种半导体（P 型和 N 型）组成的电偶时，其一端吸热而另一端放热的效应。为提高制冷效率和控制精度，常将微型半导体制冷器和热敏电阻封装在激光器管壳内部，让微型半导体制冷器直接与激光器的热沉接触，通过控制微型半导体制冷器的电流就可以控制光源的工作温度，从而使激光器有较恒定的输出光功率和发射波长。

图 4-13 所示为一种 LD 温度控制电路。LD 的热沉、热敏电阻 R_T 与制冷器（TEC）冷面靠在一起，热敏电阻 R_T 接在电桥的一个臂上。在设定的温度下，电桥的状态应使制冷器电流为某一恒定值。设热敏电阻 R_T 具有负温度系数，则当光源温度升高时，R_T 变小，比较放大器 A 的输出电压升高，使驱动制冷器的电流增大，于是制冷器冷面温度降低，使光源温度同时下降。

图 4-13　LD 温度控制电路

（2）自动功率控制（APC）

为了进一步稳定输出光功率，除采取温度控制措施外，还采取通过光反馈来自动调整偏置电流 I_b 的自动功率控制（APC），如图 4-14 所示。其过程是从 LD 背向输出的光功率，经 PIN 管检测出的光电流由放大器 A_1 放大，送至比较放大器 A_3 的反向输入端；另一方面，输入的数字信号与直流稳压电源中取出的直流参考信号经比较放大器 A_2，送往 A_3 的同相输入端；$-U$，VT_3 和 R_5 组成直流电路向 LD 提供 I_b，调节 $-U$ 可以实现人工调节 I_b，其中引入输入信号的反作为信号参考电压是防止 APC 电路在无输入信号或长连"0"码流时，偏流自动上升。当输入信号为长连"0"时，LD 发出功率最小。因为有了信号参考，在长连"0"时，A_1，A_2 输出电压同时降低，但其差值不变，这样 APC 电路就不会加大 I_b，保证了驱动电路的正常工作。只有当 LD 由于温度变化或器件老化而引起输出光功率的降低时，A_1 输出电压降低，I_b 自动上升，使 LD 的输出光功率自动升高，起到自动功率控制作用。在一般情况下，反馈光为 LD 的背向光，其光功率大小与正向光有所不同，但它们的温度和老化特性却是相同的。因而，这种自动 I_b 控制的方法是稳定 LD 输出的一种有效方法。

图 4-14　自动功率控制电路

（3）LD 过流保护

为了避免光源因接通电源瞬间冲击电流过大而被损坏，一般需要对 LD 偏置电流实现缓启动和过流保护。图 4-15 所示是 LD 缓启动和过流保护电路，图中 VT_1 为 LD 提供偏置电流 I_b，过流保护电路由 VT_2 和 R_1 组成，R_2C_1 组成时延低通滤波器。

正常情况下，电阻 R_1 上的电压小于 VT_2 的导通压降，因此 VT_2 截止，过流保护电路不工作。当 I_b 过大，致使 R_1 上电压剧增并超过 VT_2 导通压降时，VT_2 饱和导通，使 $U_{ce2}\approx0$，从而导致 VT_1 截止，保护了 LD 不会因 I_b 过大而被损坏。

图 4-15　LD 缓启动和过流保护电路

R_2C_1 组成（1～10 ms）时延低通滤波器（LPF），在接通电源后起缓启动作用，其目的是保护 LD 免受冲击。电路充电时间 $\tau=1/(R_2C_1)$，在接通电源瞬间，U_{C1} 不能突变，即 $U_{C1}=0$，相当于接地，此时，通过 LD 的电流 $I_b\approx0$，随着对 C_1 充电，$U_{C1}=-U+I_{e1}\times R_2$，$U_{C1}$ 点电位逐渐降低，I_b 逐渐增加直至 VT_2 截止。LD 工作之前，使 I_b 缓慢启动，避免了电流瞬态过冲。

4.2.3　光发射机的主要技术指标

1. 平均发射光功率 P_s

平均发射光功率是光发射机最重要的技术指标，它实际上是指在 "0" "1" 码等概率调制的情况下，光发射机输出的光功率值，单位为 W 或 mW 或 dBm，即：

$$P_s(\text{dBm})=10\lg\frac{p_s(\text{mW})}{1(\text{mW})}$$

光发射机输出的平均发射光功率的大小，直接影响系统传输的中继距离，是进行光纤通信系统设计时不可缺少的一个重要参数。P_s 一般取值为 0 dBm。

2．消光比 EXT

消光比是指激光器发全"0"码时的输出功率 P_0 与发全"1"码时输出功率 P_1 之比，即：

$$EXT = \frac{P_0}{P_1}$$

消光比有两种意义：一是反映光发射机的调制状态，消光比值太大，表明光发射机调制不完善，电光转换效率低；二是影响接收机灵敏度，消光比的指标值为 EXT≤10%。

4.3　光接收机

光发射机完成电光调制及发射光信号，光信号在光纤中传输时，不仅幅度被衰减，而且脉冲的波形被展宽。光接收机的作用就是把电信号从微弱的光信号中检测出来，并放大、均衡再生后还原成原电信号，即对光进行解调。

4.3.1　光接收机的结构及原理

在 IM-DD 数字光纤通信系统中，光接收机的结构框图如图 4-16 所示。

图 4-16　光接收机的结构框图

光接收机首先由光检测器（PIN 或 APD）把光信号转换成电流信号，偏压控制电路向光电检测器提供反向偏压。APD 的偏压为-50～-200 V，需用变换器将低压变成高压。若用 PIN，因偏压为-10～-20 V，可只用偏压电路。前置放大器主要完成低噪声放大功能。主放大器除提供足够的增益外，还受自动增益控制（AGC）电路控制，使其输出信号的幅度在一定的范围内不受输入信号幅度的影响。均衡器将信号均衡成升余弦波，消除码间干扰并减小噪声影响以利判决。定时判决电路在定时提取电路提供的与发射端同步的时钟控制下，把经均衡后的波形判决再生为原来的波形。如果在发射端进行了线路编码（或扰码），那么在接收端需要有相应的解码（解扰）电路。

（a）光检测器一端接地　（b）光检测器不接地

图 4-17　光检测器的偏压电路

1．光检测器的偏压电路

光检测器是实现光电转换的关键器件。光检测器的偏压电路一般有图 4-17 所示两种。图 4-17（a）所示电路的优点是，光检测器一端接地，如果光检测器的外壳和这一端子是连通的，则光检测器有接地外壳屏蔽，不易受到干扰。而图 4-17（b）所示光检测器是通过电阻接地的，因此将光检测器的外壳单独引线接地。图 4-17（a）所示为 APD 作为光检测器的情况，若要求耦合电容 C 具有极其良好的绝缘性，因为 APD 两端有-50～-200 V 的电压，如有少量漏电会使前置放大器工作点漂移，严重时会损坏输入级。而图 4-17（b）所示电路就没有这种缺点。

2. 前置放大器

前置放大器将光检测器转换的微弱光信号放大到一定程度，以便获得最高信噪比。前置放大器直接影响接收机灵敏度，对整个放大器的输出噪声影响甚大，因此，前置放大器着重于低噪声和高信噪比，输出电压为 mV 量级。前置放大器通常有三种类型。

（1）低阻型前置放大器

用普通晶体管作为前置放大器，如图 4-18（a）所示。其特点是电路简单，输入阻抗低，电路的噪声较大，输入电路的时间常数 RC 小于信号脉冲宽度τ，易防止产生码间干扰。因此，这种接收机不需要或只需很少的均衡，前置级的动态范围也较大，前置放大器的频带宽，适用于高速率传输系统。

（2）高阻型前置放大器

用场效应管（FET）作为前置放大器，如图 4-18（b）所示。其设计应尽量加大偏置电阻，把噪声减到尽可能小，因此，其特点是噪声小。高阻型前置放大器不仅动态范围小，而且当比特速率高时，由于输入电路的时间常数太大，即 $RC>\tau$，脉冲沿很长，码间干扰严重，因而对均衡电路要求较高，一般只在码速率较低的系统中使用。

（3）互（跨）阻型前置放大器

互阻型（也称跨阻型）前置放大器实际上是电压并联负反馈放大器，如图 4-18（c）所示。由于负反馈改善了前置放大器的带宽和非线性，因此是一个性能优良的电流—电压转换器，具有频带宽、噪声低等优点，而且它的动态范围也比高阻型前置放大器有很大改善，在光纤通信中得到广泛应用。

（a）低阻型　　　　　　（b）高阻型　　　　　　（c）互阻型

图 4-18　光接收机的前置放大器

3. 主放大器与自动增益控制（AGC）电路

主放大器通常由运算放大器、负反馈放大器、温度补偿电路，以及射极输出器构成。其功能着重高增益，并将前置放大器输出信号放大到适合判决电路所需要的信号电平。

AGC 电路控制主放大器的增益，让接收机有一定的动态范围，使输出的信号幅度在一定范围内不受输入信号幅度的影响，输出电压为 1～3 V。

图 4-19 给出了包括自动增益控制和 APD 的雪崩增益的自动控制主放大器。主放大器的

输出信号，经过峰值检波和 AGC 放大后，得到一个与主放大器输出信号的幅度成比例的直流信号，然后用此信号控制主放大器的增益和 APD 的偏置电压。

图 4-19　光接收机主放大器及 AGC 电路实例

4．均衡与定时判决

　　光信号脉冲通过光纤传输后，由于光纤线路色散和光接收机的带宽影响，接收机输出的信号波形将产生展宽失真，使前后码元在波形上互相重叠而产生码间干扰，造成误码，影响接收机灵敏度。因此，必须对放大后的脉冲进行均衡，对失真的波形进行补偿，以便于后续的判决，减少码间干扰的影响。

　　均衡电路不可能将波形全部恢复成原样，而是进行适当的修正，形成判决电路容易识别的波形。均衡电路可把接收信号变换成升余弦滚降波形，尽管还有拖尾，但在所有判决时刻，拖尾都为零点，因此，任一码元不会影响它前后码元取样点的值，不会产生码间干扰。图 4-20（a）所示为滚降滤波器形成的波形 $h(T)$，它具有的特性为：

$$h(0)=1，\quad h(nT)=0 \quad (n=\pm 1, \pm 2, \pm 3, \cdots)$$

　　图 4-20（b）和图 4-20（c）为两种均衡电路实例，根据码速选择好元件值后，还要进行微调，使码间干扰最小。

（a）滚降滤波器形成的波形　　　（b）均衡电路实例1　　　（c）均衡电路实例2

图 4-20　均衡电路及特性

定时判决（再生）电路包括判决电路和时钟提取电路。定时判决电路为了判定每一比特是"0"还是"1"，首先要确定判决的时刻，这就需要从升余弦波形中提取准确的时钟信号。时钟信号经过适当的移相后，在最佳的取样时间对升余弦波形进行取样，然后将取样幅度与判决阈值进行比较，确定码元是"0"还是"1"，从而把升余弦波形恢复再生成原传输的数字信号。

4.3.2 光接收机的噪声分析

光接收机中存在各种噪声，根据噪声产生的不同机理，噪声可分为散粒噪声、暗电流噪声和热噪声等。接收机噪声及其分布如图 4-21 所示，其中散粒噪声包括光检测器的量子噪声、漏电流噪声等；热噪声主要指负载电阻和导线产生的热噪声，而在放大器噪声（主要是前置放大器噪声）中，既有热噪声，又有散粒噪声。

图 4-21　接收机噪声及其分布

1. 光检测器噪声定量分析

（1）散粒噪声

设入射到光检测器（如 PIN）的光敏面上恒定的光功率为 P。不论光功率如何恒定，由于光量子在 PIN 内激励出的电子数是随机的，所以输出电流仍带有随机的散粒噪声。

可以证明，光检测器散粒噪声的统计特性服从泊松分布。PIN 输出的散粒噪声近似白噪声，其双边功率谱密度为：

$$n_s = e_0 I_p$$

式中，I_p 为光电流；e_0 为电子电荷。对于带宽为 B 的系统，PIN 的散粒噪声功率为：

$$N_s = \int_{-B}^{B} e_0 I_p \mathrm{d}f = 2e_0 I_p B$$

（2）APD 的倍增噪声

设恒定的光功率照射在 APD 的光敏面上，除光量子激励的一次电子有随机性外，由于一次电子碰撞电离产生的二次倍增电子也是随机的，即倍增因子 G 也是随机的。因此，APD 输出的光电流带有噪声，称为倍增噪声。

倍增噪声的统计特性非常复杂，不是泊松或高斯分布，其噪声功率谱密度可表示为：

$$n_g = e_0 I_p <G^2>$$

式中，$<G^2>$ 是 G 的二阶矩（G^2 的统计平均）。

为了分析方便，可以采用近似式：

$$<G^2> \approx <G>^2 F(G) \approx <G>^{2+x}$$

式中，<G>为平均倍增因子；x 为过剩噪声指数，Si 的 x=0.3～0.5，Ge 的 x=0.6～1.0；$F(G) \approx G^x$ 为过剩噪声系数。于是 APD 的倍增噪声功率谱密度为：

$$n_g = e_0 I_p <G>^{2+x}$$

对带宽为 B 的系统，APD 输出的倍增噪声功率为：

$$N_g = \int_{-B}^{B} e_0 I_p <G>^{2+x} df = 2e_0 I_p <G>^{2+x} B$$

（3）光检测器的暗电流噪声

光检测器加上偏压后，或多或少要产生一些暗电流，暗电流也会引起散粒噪声。在无倍增情况下，对带宽为 B 的系统，暗电流 I_d 引起的检测器输出散粒噪声功率为：

$$N_d = 2e_0 I_d B$$

对带宽为 B 的系统，在 APD 内暗电流也会引起倍增噪声，其噪声功率为：

$$N_d = 2e_0 I_d <G>^{2+x} B$$

2. 放大器噪声定量分析

为了计算光接收机的噪声，考虑图 4-22（a）所示的光接收机电路，其等效噪声模型如图 4-22（b）所示。图中，$i_s(t)$ 是检测器等效电流源，$i_n(t)$ 表示它的散粒噪声，C_d 是它的结电容，R_b 是偏置电阻（无噪声电阻），i_b 是偏置电阻等效噪声电流源，C_s 是偏置电路杂散电容，R_a 和 C_a 分别是放大器输入电阻和输入电容，i_a 是放大器输入端的并联等效噪声电流源，e_a 是放大器输入端的串联等效噪声电压源，其余部分均为无噪声网络。放大器被分解为理想的放大器和等效噪声电压源<U^2>和电流源<I^2>，其相应的功率谱密度分别表示为 S_E 和 S_I。

（a）光接收机电路原理图　　　　　（b）输入端等效噪声模型

图 4-22　光接收机的等效模型

求噪声功率的步骤如下所述：

（1）求单位频谱上的噪声功率（在 1 Ω 电阻条件下）：$S_E = dU^2(t)/df$；或 $S_I = dI^2(t)/df$。

（2）求噪声功率：$N_A = \int_{f_1}^{f_2} S_E df$；$f_2 - f_1$ 为系统的通频带。

放大器的噪声特性取决于所采用的前置放大器类型，根据放大器噪声等效电路和晶体管理论可以计算。常用的三种类型前置放大器（见图 4-18）输出的等效噪声功率 N_A 分别计算如下。

（1）低阻型前置放大器的输出端总噪声功率近似为：

$$S_I = e_0 I_b = \frac{e_0 I_c}{\beta}，\quad S_E = \frac{(kT)^2}{e_0 I_c}$$

则
$$N_A = 2\left[\frac{2kT}{R_b} + \frac{e_0 I_c}{\beta} + \frac{(kT)^2}{R_t I_c}\right]A^2 B + \frac{2}{3}\frac{(kT)^2(2\pi C_t)^2}{e_0 I_c}A^2 B^2 \qquad (4.3)$$

（2）高阻型前置放大器的输出端总噪声功率近似为：

$$S_I \approx 0,\quad R_a \rightarrow \infty,\quad S_E = 4kT/3g_m \approx 1.4kT/g_m$$

则
$$N_A = \left[\frac{4kT}{R_b} + \frac{2.8kT}{g_m R_b^2}\right]A^2 B + \frac{2.8kT(2\pi C_t)^2}{3g_m}A^2 B^3 \qquad (4.4)$$

（3）互（跨）阻型前置放大器的输出端总噪声功率近似为：

$$N_A = \left[\frac{4kT}{R_f} + \frac{2.8kT}{g_m R_f^2}\right]A^2 B + \frac{2.8kT(2\pi C_t)^2}{3g_m}A^2 B^3 \qquad (4.5)$$

式中，A 为接收机的放大倍数；B 为放大器带宽；g_m 为 FET 跨导；I_c 为 BJT 集电极电流；β 为晶体管电流放大系数；e_0 为电子电荷；k 为玻耳兹曼常数；T 为热力学温度；R_b 是偏置电阻；R_f 是负反馈电阻；R_t 是 R_b 与放大器输入电阻的并联；$R_t = R_b // R_a$，$C_t = C_d // C_a // C_s$。

4.3.3　光接收机的主要技术指标

1. 光接收机灵敏度 P_r

数字光接收机灵敏度的定义为，在保证给定的误码率 BER（如 10^{-9}）或信噪比的条件下，光接收机所需要的最小平均光功率值 P_r，单位为 W 或 mW 或 dBm。

P_r 值越小就称为灵敏度越高，就意味着数字光接收机接收微弱信号的能力越强。当光发射机输出功率一定时，灵敏度越高，光纤通信系统传输距离就越长。

光接收机灵敏度是以一定误码率为条件的，根据误码率的定义，即把"0"码误判为"1"码的概率或把"1"码误判为"0"码的概率，称为误码率（BER）。

一般"0"码和"1"码的误码率是不相等的，但对于"0"码和"1"码是等概率出现的码流，可认为是相等的，此时误码率近似为：

$$\begin{aligned}
\text{BER} &= \frac{1}{\sqrt{\pi}}\int_{Q/\sqrt{2}}^{\infty} e^{-x^2}\, dx \\
&= \frac{1}{2}\left[1 - \mathrm{erf}\left(\frac{Q}{\sqrt{2}}\right)\right] \approx \frac{1}{\sqrt{2\pi}}\frac{e^{-Q^2/2}}{Q}
\end{aligned} \qquad (4.6)$$

式中，Q 为信噪比参数，BER 与 Q 的关系曲线如图 4-23 所示。由此可见，只要知道 Q 值，就可由式（4.6）计算出或由图 4-23 查出误码率，例如：$Q=6$，BER$=10^{-9}$，$Q=7$，BER$=10^{-12}$。

图 4-23　BER 与 Q 的关系曲线

数字光接收机的灵敏度可用以下三个物理量来表征：

（1）最低接收的平均光功率 P_r；

（2）每个光脉冲的平均光子数 n_0；

（3）每个光脉冲最小平均光能量为 E_d。

以上三种表示形式虽有不同，但本质上是一致的。对于"1""0"码等概率出现的 NRZ 码，三者之间的关系为：

$$P_r = \frac{E_d}{2T_b} = \frac{n_0 hf}{2T_b} \tag{4.7}$$

$$E_d = \frac{2Qhf\sqrt{N}}{\eta} \tag{4.8}$$

$$P_r = \frac{E_d}{2T_b} = \frac{Qhf\sqrt{N}}{\eta T_b} \tag{4.9}$$

式中，T_b 为码元周期宽度，$T_b=1/f_b$，f_b 为传输速率；n_0 为一个码元平均光子数，hf 为一个光子能量；N 为折合到输入端的放大器噪声电流平方 $[i^2(t)]$，单位 A^2；P_r 的单位为 W 或 mW。

光接收机灵敏度的计算方法很多，其中美国学者 S.D Personick 提出的计算方法最适合工程应用。ITU-T 以 Personick 方法为基础略加改进，推荐采用。

（1）PIN 光接收机灵敏度 P_r

$$P_r = \frac{E_d}{2T_b} = \frac{Q\sqrt{N}}{R_0 T_b} = \frac{Q\sqrt{N}hcf_b}{e_0 \eta \lambda} \tag{4.10}$$

式中，R_0 是 PIN 的响应度，且 $R_0=e_0\eta/(hf)\approx \eta\lambda/1.24$，$\eta$ 为 PIN 量子效率；Q 为信噪比参数，与误码率 BER 有关，反映接收机信噪比；N 是光接收机各种前置放大器输出的噪声功率。

由式（4.10）得知，PIN 光接收机灵敏度受入射光波长、接收机信噪比、噪声、传输速率、检测器的量子效率影响。

实际光接收机灵敏度的影响因素多，且计算十分复杂。工程上若不考虑传输速率 f_b 的影响，式（4.10）可简化为式（4.11）：

$$P_r = \frac{Q\sqrt{N}}{R_0} \tag{4.11}$$

【例题 4-1】 已知 PIN 光接收机的工作参数如下：光波长 $\lambda=0.85\ \mu m$，传输速率 $f_b=8.448\ Mbit/s$，PIN 的响应度 $R_0=0.4\ A/W$，互阻型前置放大器（FET）的噪声 $N=10^{-18}A^2$，要求误码率 $P_e=10^{-9}$，即 $Q=6$，求 P_r 为多少 dBm？

解： 由式（4.11）可得

$$P_r = \frac{Q\sqrt{N}}{R_0} = \frac{6\times\sqrt{10^{-18}}}{0.4} = 1.5\times10^{-8}\ (W)$$

$$[P_r] = 10\lg\frac{1.5\times10^{-8}\times10^3\ (mW)}{1\ (mW)} = -48.2\ (dBm)$$

（2）APD 光接收机灵敏度 P_r

APD 光接收机灵敏度 P_r 的计算比 PIN 的复杂得多。主要是由于它的倍增噪声取决于光信号的强弱及倍增因子 G。这意味着"0"码和"1"码倍增噪声的大小不一样，有码间干扰和无码间干扰不一样。若选用小的倍增因子，增益太小；选用大的倍增因子，倍增噪声太大，即存在一个最佳倍增因子 G_{opt}，使信噪比最佳，接收机灵敏度最优。经推导可得：

$$G_{opt} = \left[\frac{2\sqrt{N}}{e_0 Q x f_b}\right]^{1/(1+x)}$$

$$P_r = \frac{E_d}{2T_b} = \frac{Q\sqrt{N}}{R_0 G_{opt}} + \frac{e_0 f_b Q^2 G_{opt}^{x+1}}{2R_0} \tag{4.12}$$

式（4.12）为有名的 Goell 公式。式中，x 为过剩噪声指数，估算时可取 $x=0.5$。

2．动态范围 D_{max}

在实际的系统中，由于中继距离、光纤损耗、连接器及熔接头损耗的不同，发射功率随温度变化及器件老化等因素而变化，接收光功率有一定的范围。光接收机的动态范围定义为在保证给定的误码率 BER（如 10^{-9}）或信噪比的条件下，允许的最高接收的平均光功率（单位为 dBm）和所需的最低接收的平均光功率（单位为 dBm）之差，其单位为 dB，即：

$$D_{max}(\text{dB})=[P_{max}]-[P_r]$$

宽的动态范围对系统结构来说更方便灵活，实际设备的动态范围在 20 dB 以上。

4.4　光纤线路及设施

光纤线路及设施主要包括光纤、光缆和光器件及光纤线路设施等。光纤、光缆和光器件的结构、分类、参数等可参见第 2、3 章，在光纤通信系统中，光纤线路是光的传输通道，而光纤线路设施是配合光纤线路和光传输设备的。其主要功能是把来自光发射机的光信号，以尽可能小的畸变（失真）和衰减传输到光接收机。因此为了适用于不同要求的光纤通信系统，光纤光缆的选型及光纤线路设施的恰当使用是非常重要的。

4.4.1　光纤、光缆的选型

实用光纤产品根据 ITU-T 已给建议有单模光纤 G.652～G.657 及多模光纤 G.651，至今已有 G.651～G.657 等系列光纤产品种类，在应用上各有所长，下面分别对这些光纤、光缆的应用选型（选择）加以介绍。

光纤、光缆的选型参见第 2 章 2.1 节的相关内容。结合应用场合及光缆的敷设方式，做出对光纤、光缆进行选型。有关光缆的敷设方式参看第 1 章图 1-6。

根据光纤通信系统和网络的实际情况，选择与之相适应的光纤、光缆。首先依据光纤种类、参数及适用范围对光纤进行选择，然后再考虑光缆的敷设方式对光缆结构进行选择。

光纤的选型主要考虑以下几种情况。

（1）骨干网建设时可选择 G.655 和 G.656 光纤。因为 G.655 和 G.656 光纤的截止波长已降到 1 450 nm，并且在 1 530～1 565 nm 波长段的色散指标为 0.1～10 ps/(nm·km) 和 1～14 ps(nm·km)的正色散，非常适合在更宽的波长范围内波分复用，并获得更多的 DWDM 的光通道。

（2）本地网建设时可选择 G.652 和 G.656 光纤。因为 G.652 光纤对于 10 Gbit/s 和 40 Gbit/s 传输速率的信号允许具有更长的传输距离。G.656 光纤可适用于大容量粗波分复用（CWDM）和 DWDM 传输网络。

（3）接入网建设时可选择 G.652 和 G.657 光纤。光纤系统传输窗口的工作波长为 1 310nm 和 1 550nm。可适用于光纤在楼内、室内对弯曲损耗不敏感的情形。

光缆的选型主要考虑以下因素。

（1）一般而言，光缆使用寿命通常按 20 年考虑，由此来考虑光缆纤芯数的选择。

具体应考虑网络安全可靠性的要求、工程中远期扩容所需、向其他公司提供租纤业务所需、通信技术的飞速发展所需、光缆施工维护、故障抢修等。

（2）常用的光缆缆芯结构有层绞式、骨架式、中心束管式三种。在工程设计中，应该根据光缆的敷设方式、环境、工程的需要和光缆的价格等因素来确定缆芯结构。

① 直埋光缆：通常要求光缆有 PE 内护层+防潮铠装层+PE 外护层或防潮层+PE 内护层+铠装层+PE 外护层，宜选用 GYTA53、GYTA33、GYTS 和 GYTY53 等结构。

② 管道或采用塑料管道保护的光缆：应有防潮层+PE 外护层，宜选用 GYTA、GYTS、GYTY53 和 GYFTY 等结构。

③ 架空光缆：需有防潮层+PE 外护层，宜选用 GYTA、GYTS、GYTY53、GYFTY、ADSS 和 OPGW 等结构。

④ 水底光缆：需有防潮层+PE 内护层+钢丝铠装层+PE 外护层，宜选用 GYTA33、GYTS333 和 GYTS43 等结构。

⑤ 室内光缆：应具有阻燃材料外护层。

⑥ 防蚁光缆：应具有直埋光缆结构+防蚁外护层（聚酰胺或聚烯烃共聚物）。

4.4.2　光纤线路设施

构成光纤线路的还有大量无源器件设施，如光纤接头盒、光纤配线架、光缆交接箱和光缆分纤盒等。

1. 光纤接头盒

光纤接头盒是将两根或多根光缆连接在一起，具有保护光缆接头功能的部件，是光纤线路工程建设中必须采用的，光纤接头盒的质量直接影响光缆线路的质量和使用寿命。光纤接头盒的基本结构如图 4-24 所示。从图 4-24 中可以看出，这是一种由金属构件、热缩管及防火带、黏附聚乙烯带等构成的连接护套式光纤接头盒。

图 4-24　光纤接头盒的基本结构

光纤接头盒的主要种类有单端进/出结构和多端进/出结构，如图 4-25 所示。光纤接头盒也可以按光缆使用场合分为架空、管道和直埋；按光缆连接方式分为直通接续和分歧接续；按密封方式可分为机械密封和热收缩密封。

（a）单端进/出结构　　　　　　（b）多端进/出结构

图 4-25　光纤接头盒的结构实物图

2. 光纤配线架

光纤配线架（ODF）是光缆和光纤通信设备之间的配线连接设备，应符合 YD/T 778—2006《光纤配线架》的有关规定。光纤配线架的结构和实物图如图 4-26 所示。

（a）竖立封闭式　　　　　　　（b）竖立散开式

（c）散开式　　　　　　　　　（d）半封闭式

图 4-26　光纤配线架的结构和实物图

3. 光缆交接箱和光缆分纤盒

光缆交接箱主要是用于光缆接入网中主干光缆与配线光缆交接处的接口设备，应符合 YD/T 988—2007《通信光缆交接箱》的有关规定。

光缆交接箱的结构主要由箱体、内部金属工件、光纤活动连接器及备用附件组成。按照使用场合不同，光缆交接箱可分为室内型和室外型两种，并可以落地、架空、壁挂安装。

光缆交接箱的实物图如图 4-27 所示，实用种类很多，在此仅供参考。

（a）实物结构　　　　　　　　　　　（b）光纤测试

图 4-27　光缆交接箱的实物图

　　光缆分纤盒是用于配线光缆与用户引入光缆交接处的接口设备。光缆分纤盒实物图如图 4-28 所示。

图 4-28　光缆分纤盒实物图

4.5　光中继器

　　光发射机输出的光脉冲信号，经过光纤传输后，因光纤损耗和色散的影响，导致光脉冲信号幅度衰减、波形失真，限制了光脉冲在光纤中的长距离传输，为此必须在传输线路中每隔一定距离设置一个光中继器，以补偿衰减的信号，恢复失真的波形，使光脉冲得到再生。若只考虑光纤对信号的损耗，可采用 EDFA 光纤放大器，以放大衰减的光信号。这里只介绍光一电一光转换方式的光中继器，EDFA 光纤放大器的放大原理见第 3.3 节。

　　数字光中继器的组成如图 4-29 所示，包括光接收（检测）、再生判决和光发送部分。首先由光检测器将衰减和失真的光脉冲信号转换成电信号，通过放大、再生判决恢复出原来的数字信号，再对光源进行驱动调制，使已调光信号送入光纤以延长传输距离。

图 4-29　数字光中继器的组成

在数字光纤通信系统中，一般根据光纤损耗和带宽的限制来估算中继距离，每隔 50～80 km 就要设置一个光中继器，设置的光中继器有无人站和有人站之分，它们的主要区别是有人站一般具有监测、公务、远供及区间通信等功能，而无人站一般只有供电功能。

4.6　光模块

4.6.1　常用光模块

光模块（Optical Module）是光收发设备等的一种高度集成块，常用的种类包括光发射模块、光接收模块、光收发（一体）模块和光转发模块等。工程中实际使用的光模块是光收发模块。光收发模块由光电子器件、功能电路和光接口等组成。光电子器件包括光发射和光接收两部分，功能电路包括调制电路和解调电路等，光接口包括光纤连接器及耦合器等。

4.6.2　光模块的功能结构及原理

光发射模块的主要功能是实现电/光转换。其原理是将输入一定码率的电信号经内部的驱动芯片处理后，驱动半导体激光器（LD）或发光二极管（LED）发射出相应速率的调制光信号，其内部带有光功率自动控制电路，使输出的光信号功率保持稳定，如图 4-30 所示。

光接收模块的主要功能是实现光/电转换。其原理是将一定码率的光信号输入模块后由光电二极管（PIN 或 APD）转换为电信号，经前置放大器、主放、判决再生后输出相应码率的电信号，如图 4-31 所示。

图 4-30　光发射模块的原理图　　　　　　图 4-31　光接收模块的原理图

光收发模块的主要功能是实现光/电和电/光转换，由光发射和光接收两部分组成。它包括光功率控制、调制/解调发送，信号探测、转换及限幅放大判决再生等功能。

光转发模块除具有光电转换功能外，还集成了很多的信号处理功能，如光复用/光解复用、功能控制、能量采集及监控等。

4.6.3　光收发模块的型号及参数

常用的光模块或光纤模块都是指光收发模块。常见的光模块型号有 SFP、SFP+、QSFP+、

QSFP28 及 XFP 或 X2 或 XENPAK 等。SFP、SFP+、QSFP+和 QSFP28 光模块外部结构，如图 4-32 所示。

   （a）SFP 光模块   （b）SFP+光模块   （c）QSFP+光模块   （d）QSFP28 光模块

图 4-32 光模块外部结构

部分光模块的参数如表 4.3 所示。

表 4.3 光模块（光收发模块）的参数

封 装 类 型	可 选 波 长	速率/（Gbit/s）	距 离
SFP	850 nm，1 310 nm，1 490 nm，1 550 nm，CWDM，DWDM	1.25～10	80 m～40 km
SFP+	850 nm，1 310 nm，1 270 nm，1 330 nm，CWDM，DWDM	10～40	0.5 m～20 km
QSFP+	1330 nm	40～100	10 m～20 km
QSFP28	850 nm，1 310 nm	100	100m～10 km
XFP 或 X2 或 XENPAK	850 nm，1 310 nm，1 270 nm，1 330 nm，CWDM，DWDM	10	100 m～20 km

光模块属于光设备配件，类似于电子元器件，插在设备里，一般只有在交换机和带光模块插槽的设备里使用。光模块在数据传输局域网中，交换机与交换机设备之间作为光信号传输系统使用，相比光收发机更具有效率性、安全性。

SFP 的数据传输速率从 100 Mbit/s 到 10 Gbit/s 不等。SFP+是 SFP 的加强版，支持 8 Gbit/s、10 Gbit/s 光纤通道传输。QSFP+是 QSFP 的升级版本。QSFP+能同时支持 4 个 10 Gbit/s 光纤通道传输，可实现 40 Gbit/s 传输速率。与 SFP+相比，QSFP+光模块的传输速率可达 SFP+光模块的四倍，在部署 40 Gbit/s 网络时可直接使用 QSFP+光模块，从而在有效节省成本的同时提高端口密度。QSFP28 是为满足 100 Gbit/s 应用需求而生的，共有 4 个高速差分信号通道，每路通道的传输速率从 25 Gbit/s 到可能的 40 Gbit/s 不等，可满足 100 Gbit/s 以太网（4×25 Gbit/s）的应用需求。QSFP28 产品类型众多，实现 100 Gbit/s 传输的方式各有不同，如 100 Gbit/s 直连、100 Gbit/s 转 4 路 25 Gbit/s 分支链路或 100 Gbit/s 转 2 路 50 Gbit/s 分支链路。

XFP 或 X2 或 XENPAK 出现在 SFP+之前，成本比 SFP+产品高，它也是串行 10 Gbit/s 光收发器的标准化外形。XFP 收发器用于数据通信和电信光链路，与其他 10 Gbit/s 收发器相比，占地面积更小，功耗更低。

4.7 系统的性能指标

通常，依据通信系统或网络的性能指标来做通信系统或网络的规划设计。系统的性能指标以向用户提供满意的服务为目标，它是一种目标性指标。

数字光纤通信系统最重要的性能指标有误码性能、抖动性能和可靠性。

为了有机地分析整个通信网性能，ITU-T 在 G.801 建议中提出了"系统参考模型"的概念，并规定了系统参考模型的性能参数及指标。

数字系统参考模型有三种假设形式。假设参考数字连接（HRX）的长度为 27 500 km，假设参考数字链路（HRDL）的长度为 2 500 km，假设参考数字段（HRDS）的长度为 420 km、280 km 或 50 km。对于 SDH 传输系统，只需把 HRX 改为假设参考数字通道（HRP）即可。

HRP 是两个用户间的国际最长参考通道，长度为 27 500 km，我国最长的 HRP 全长为 6 900 km。长途传输网络又可区分为长途网、中继网和用户网三部分，长途网中两个最远长途传输节点之间的距离为 6 500 km，在中继网、用户网间的距离分别为 100 km，而实际公用网都小于 HRP。

4.7.1　误码性能

误码性能是衡量数字通信系统质量优劣的重要指标，它反映了数字传输过程中信号受损害的程度。

1．64 kbit/s 数字连接的误码性能

在一般的数字通信中常用平均比特误码率（BER）来衡量系统误码性能，误码率大小直接影响系统传输的业务质量，例如，误码率对话音的影响程度如表 4.4 所示。

表 4.4　误码率对话音的影响程度

误　码　率	受话者的感觉
10^{-6}	感觉不到干扰
10^{-5}	在低话音电平范围内刚觉察到有干扰
10^{-4}	在低话音电平范围内有个别"喀喀"声干扰
10^{-3}	在各种话音电平范围内都感觉到有干扰
10^{-2}	强烈干扰，听懂程度明显下降
5×10^{-2}	几乎听不懂

所谓"平均误码率"就是在一定的时间内错误接收的码元数与传输的总码元数之比，其表示式为：

$$\mathrm{BER_{av}} = \frac{\text{错误接收的码元数} m}{\text{传输的总码元数} n} = \frac{m}{f_b \times t} \tag{4.13}$$

【例题 4-2】　某信息码速率为 8.448 Mbit/s 的光纤系统，若 $\mathrm{BER_{av}}=10^{-9}$，求 5 min 内允许的误码数是多少？

解： $m=10^{-9} \times 8.448 \times 10^{6} \times 5 \times 60 = 2.5$（码元）

在通信网中除了语音，还有其他业务，为了能综合衡量各业务的传输质量，根据 ITU-T G.821 建议，可将表明误码性能优劣的指标分为 3 类：①劣化分钟 DM；②严重误码秒 SES；③误码秒 ES。其定义和指标如表 4.5 所示。

表 4.5 误码性能指标分类、定义和总指标（64kbit/s）

分 类	定 义	全程全网指标
DM	在抽样观测时间 $T_0=1$ min 内，若 BER>10^{-6}，则这 1 min 为一个 DM	$\dfrac{劣化分钟}{可用分钟}$<10%
SES	在抽样观测时间 $T_0=1$ s 内，若 BER>10^{-3}，则这 1 s 为一个 SES	$\dfrac{严重误码秒}{可用秒}$< 0.2%
ES	在抽样观测时间 $T_0=1$ s 内，误码数至少为 1 个，则这 1 s 为一个 ES	$\dfrac{误码秒}{可用秒}$<8%

表 4.5 中的指标都涉及可用时间和不可用时间。可用时间（有可用分钟、可用秒）的含义是连续 10 s 内每秒系统处于正常工作状态，这 10 s 的第 1 s 起为可用时间；不可用时间的含义是连续 10 s 内每秒系统故障状态（如劣化分钟、严重误码秒、误码秒），这 10 s 的第 1 s 起为不可用时间。在实际的工程设计中，必须将 G.821 建议的总指标按照不同等级的网络进行分配，网络等级划分为高级、中级和本地级 3 种，如图 4-33 所示。

图 4-33 HRX 的网络等级划分与误码指标分配

3 种等级网络对误码性能总指标分配如表 4.6 所示。该表的依据为 G.821 建议，高级指标按长度分配，即 25 000 km 占总指标的 40%。中级和本地级则按切块分配，即每段各占总指标的 15%。表中对严重误码秒仅取总指标的一半（0.1%）参加分配，另一半留作高、中级网络全年最差月份用。

表 4.6 3 种等级网络对误码性能总指标分配

全网误码性能指标	高级网络一段	中级网络二段	本地级网络二段
DM<10%	1×4%	2×1.5%	2×1.5%
SES<0.1%	1×0.04%	2×0.015%	2×0.015%
ES<8%	1×3.2%	2×1.2%	2×1.2%

对我国电话通信网采用的三级汇接制，一般认为省中心以上的一级长途干线为高级；省中心至县市中心的二级长途干线为中级；县中心以下为本地级。

2. 高比特率数字通道的误码性能

根据 ITU-T G.826 和 G.828 建议，SDH 传输系统通道的误码性能是以"块"为单位描述的，其规范了误块秒比（ESR）、严重误块秒比（SESR）、背景误块比（BBER）和严重误块期强度（SEPI）4 个性能参数的目标要求。所谓"块"是指速率大于等于基群一系列与通道有关的连续比特。以"块"为基础进行度量便于在线误码性能监测。

当同一块内的任意比特发生差错时，就称该块为"误块"（EB）。

高比特率通道的误码性能参数如下。

（1）误块秒（ES）和误块秒比（ESR）。

当任意 1 s 内发现 1 个或多个误块时，则称该 1 s 为 1 个误块秒（ES）。在规定测量时间内出现的 ES 数与总的可用时间（s）之比，称为误块秒比（ESR）。

（2）严重误块秒（SES）和严重误块秒比（SESR）。

当任意 1 s 内出现不少于 30%的 EB 或者至少出现一种缺陷，称该秒为 1 个严重误块秒（SES）。

规定测量时间内的 SES 数与总的可用时间之比，称为严重误块秒比（SESR）。

$$SESR = \frac{规定测量时间内的SES数}{总的可用时间(s)}$$

SESR 主要反映系统的抗干扰能力，它与环境条件、自身抗干扰能力有关，与信息传输速率关系不大。

（3）背景误块（BBE）和背景误块比（BBER）。

扣除不可用时间和 SES 期间出现的 EB 以后所剩下的误块称为背景误块（BBE）。在规定测量时间内出现的 BBE 数与可用时间内的码块数之比称为 BBER。

（4）严重误块期强度（SEPI）

可用时间内严重误块期事件数与总的可用时间（s）之比，称为严重误块期强度，单位为 1/s。

3．误码性能指标分配

在 ITU-TG.826 和 G.828 中，对高比特率的假设参考通道（HRP）的 27 500 km 全程端到端通道的误码性能指标，如表 4.7 所示。

表 4.7　高比特率 27 500 km 国际数字 HRP 的端到端误码性能指标

速率/（Mbit/s）	1.5～5	>5～15	>15～55	>55～160	>160～3500
比特/块	800～5 000	2 000～8 000	4 000～20 000	6 000～20 000	15 000～30 000
ESR	0.04	0.05	0.075	0.16	不作规定
SESR	0.002	0.002	0.002	0.002	0.002
BBER	2×10^{-4}	2×10^{-4}	2×10^{-4}	2×10^{-4}	1×10^{-4}

4.7.2　抖动与滑动性能

抖动是数字信号传输过程中产生的一种瞬时不稳定现象。抖动的定义是数字信号的特定时刻（如最佳抽样时刻）相对标准时间位置的短时间偏差。这种偏差包括输入脉冲信号在某一平均位置左右变化和提取时钟信号在中心位置左右变化，如图 4-34 所示。偏差时间范围称为抖动幅度（J_{p-p}）。抖动单位为 UI，表示单位时隙。当脉冲信号为二电平 NRZ 时，1UI 等于 1 bit 信息所占时间，数值上等于传输速率 f_b 的倒数。

产生抖动的原因很多，主要与定时提取电路的质量、输入信号的状态和输入码流中的连"0"码数目有关。抖动严重时，使得信号失真、误码率增大及产生或丢失比特导致帧失步等。完全消除抖动是困难的，因此在实际工程中，需要提出容许最大抖动的指标。

滑动（或漂移）的定义是数字信号的特定时刻（如最佳抽样时刻）相对标准时间位置

的长时间偏差。滑动产生的常见原因是环境温度的变化。环境温度的变化，可能导致光纤传输性能、时钟及 LD 发射波长的偏移等，从而产生滑动。还有就是在 SDH 网络中，指针调整可能产生滑动。滑动会引起传输信号比特偏离时间上的理想位置，使接收机对信号脉冲不能正确判决再生，而产生误码。

ITU-T 建议对 PDH 和 SDH 各次群系统的抖动性能作出了明确的规定，抖动、滑动相关性能指标主要有输入抖动/滑动容限、最大允许输出抖动/滑动容限和抖动/滑动转移（抖动/滑动增益）特性。

1. 输入抖动/滑动容限

根据 ITU-T G.823 建议，输入抖动/滑动容限指在数字段内，满足误码特性要求时，允许的输入信号的最大抖动/滑动范围。显然，输入抖动/滑动容限值越大越好，说明数字设备在数字段适应抖动/滑动能力强。输入抖动/滑动容限应在图 4-35 所示曲线之上。

图 4-34 输入/输出信号/时钟抖动/滑动容限

图 4-35 输入/输出抖动/滑动容限

2. 最大允许输出抖动/滑动容限

根据 ITU-T G.921 建议，输出抖动/滑动容限指的是在系统没有输入抖动/滑动的情况下，系统输出端的抖动/滑动最大值。该值越小越好，说明设备在数字段产生抖动/滑动小。输出抖动/滑动容限应在图 4-35 所示的曲线之下。

3. 抖动/滑动转移（抖动/滑动增益）特性

根据 ITU-T G.921 建议，抖动/滑动转移特性是指在一定频率下，数字设备或数字段输出信号的残余抖动/滑动与输入口的抖动/滑动量的比值，即 $G=20 \lg$ [（输出抖动/滑动幅度）/（输入抖动/滑动幅度）]，为了保证数字网的抖动/滑动指标，对每一个数字段，抖动/滑动转移增益不应该超过 1 dB，数字设备的抖动/滑动转移增益不应该超过 0.5 dB。

（1）PDH 系统抖动/滑动性能规范

PDH 系统各次群输入口对抖动/滑动容限的规范，如表 4.8 所示。

表 4.8 PDH 各次群输入抖动/滑动容限

速率/（Mbit/s）	J_{P-P}/UI		测试滤波器参数			
	A_1	A_2	f_1/ Hz	f_2/kHz	f_3/kHz	f_4/kHz
2.048	1.5	0.2	20	2.4	18	100
8.448	1.5	0.2	20	0.4	3	400
34.368	1.5	0.15	100	1	10	800
139.264	1.5	0.075	200	0.5	10	3 500

（2）SDH 系统抖动/滑动性能规范

为了实现 SDH 系统不同 STM 等级终端互连而不影响系统传输质量，必须对 SDH 系统接口的最大允许抖动/滑动作出明确规范，如表 4.9 所示。

表 4.9　SDH 各 STM 等级输入抖动/滑动容限

速率/（Mbit/s）	$J_{\text{P-P}}$/UI		测试滤波器参数		
	A_1	A_2	f_1/Hz	f_2/kHz	f_3/MHz
155.520	1.5	0.15	500	65	1.3
622.080	1.5	0.15	1 000	250	5
2 488.320	1.5	0.15	5 000	1 000	20

4.7.3　可靠性

除上述性能指标外，可靠性也是衡量通信系统质量优劣的一个重要指标，它直接影响通信系统的使用、维护和经济效益。对光纤通信系统而言，可靠性包括光端机、中继器、光缆线路、辅助设备和备用系统的可靠性。

确定可靠性一般采用故障统计分析法，即根据现场实际调查结果，统计足够长时间内的故障次数，确定每两次故障的时间间隔和每次故障的修复时间。

（1）不可用时间 MTTR

当传输系统任一传输方向的数字信号连续 10 s 期间内每秒的误码率均大于 1×10^{-3} 时，从这 10 s 的第一秒起就认为进入了不可用时间。

（2）可用时间 MTBF

当数字信号连续 10 s 期间内每秒的误码率均小于 1×10^{-3} 时，从这 10 s 的第一秒起就认为进入了可用时间。

（3）可用性及可用性目标

可用性＝（可用时间/总工作时间）×100%＝MTBF/（MTBF+MTTR）×100%

不可用性＝（不可用时间/总工作时间）×100%＝MTTR/（MTBF+MTTR）×100%

各类假设参考数字段的可用性目标，如表 4.10 所示。

表 4.10　假设参考数字段的可用性目标

长度/km	可用性	不可用性	不可用时间/年
420	99.977%	2.3×10^{-4}	120 min/年
280	99.985%	1.5×10^{-4}	78 min/年
50	99.99%	1×10^{-4}	52 min/年

根据国家标准的规定，具有主备用系统自动倒换功能的数字光纤通信系统，容许 5 000 km 双向全程每年 4 次全阻故障，对应于 420 km 和 280 km 数字段双向全程分别为每 3 年 1 次和每 5 年 1 次全阻故障。市内数字光纤通信系统的假设参考数字链路长为 100 km，容许双向全程每年 4 次全阻故障，对应于 50 km 数字段双向全程每半年 1 次全阻故障。此外，要求 LD 光源寿命大于 10×10^{4} h，PIN-FET 寿命大于 50×10^{4} h，APD 寿命大于 50×10^{4} h。

4.8　光纤通信系统设计

一般而言，光缆通信线路工程设计包括两部分，一是光纤通信系统设计，二是光缆线路工程设计。光纤通信系统设计主要是对光纤通信系统构成、传输体制、速率等级、光纤光缆型号做出选择的设计，对点到点传输的中继段距离做估算设计。光缆线路工程设计主要利用光纤光缆线路去完成电信传输系统或传输网的实现，主要包括规划、决策、施工图设计、工程概预算、施工与验收测试等。

最简单的光纤通信系统结构是点到点的连接系统或称中继系统，如图1-5所示，它可以实现距离为几十米的室内传输，也可以实现成百上千千米的省市之间或跨洋传输。光纤通信系统设计可根据不同使用范围分为核心网（骨干网和本地网）和接入网的光纤通信系统。系统设计的任务是遵循规范建议，采用先进、成熟技术，综合考虑地区发展规划、人口因素、现有资源、系统经济成本，合理地选用系统使用的光缆、光器件和设备等，明确系统的全部技术参数，完成实用系统的集成。

对于核心网（骨干网和本地网）的高速率光纤通信系统设计，重点核算光纤损耗及带宽能力对中继段长度的决定作用和选择传输系统的制式及容量等级，如PDH、SDH、PTN、SPN、DWDM等技术及容量等级，以解决设计系统的传输容量大、传输距离远、业务种类多及流量大等问题为宗旨。

对于接入网的宽带光纤接入系统，主要针对光纤接入网（OAN）进行设计并选择传输系统的适用技术如EPON、GPON、APON等。

光纤接入网的特点是网络覆盖半径一般较小，可不需要中继器，但是由于众多用户共享光纤，导致光功率的分配或波长分配有可能需要采用光纤放大器进行功率补偿；要求满足各种宽带业务的传输，而且传输质量好、可靠性高；光纤接入网的应用范围广阔，投资成本大，网络管理复杂，远端供电较难等。本节只介绍核心网的高速率光纤通信系统设计。

4.8.1　系统总体设计

在系统设计时采用的产品必须符合相关的国家标准、行业标准、技术规范的要求，还应接受ITU-T的有关建议。此外还应考虑下述有关问题：

（1）综合考虑最佳路由和局站设置、系统的容量（传输速率等级）、传输距离、业务流量、投资额度和发展的可能性等相关因素。

（2）合理选择系统的制式，如PDH、SDH和速率等级（见表4.1和表4.2），工作波长、光纤光缆型号和光电设备型号等，以满足对系统性能的总体要求。

（3）具有保证系统正常工作的其他配套设施。

目前可选用的光纤类型有G.651、G.652、G.653、G.654、G.655、G.656、G.657等。各光纤特性及适用范围如表2.2所示，选用G.652和G.655这两种光纤最为普遍，因为G.652光纤是在1 310 nm波长性能最佳的单模光纤，适应开通长距离10 Gbit/s及其以下系统；G.655光纤是在1 550 nm波长区开通10 Gbit/s和$N\times10$ Gbit/s的DWDM系统最适合的光纤。

在系统组网设计时，根据需求首先确定系统的传输制式和传输速率等级。在工程中，常用的数字光纤传输体制主要有 PDH 和 SDH 两种。20 世纪 90 年代末期，SDH 和 DWDM 系统设备已日趋成熟，已在核心网中大量使用，所以，新建设的长途中继干线和城市的中继通信线路一般都选用 SDH 和 DWDM 设备等。

一般而言，大中等城市的市内本地网系统选用 STM-64，小城市及农话中继系统选用 STM-4/STM-16；骨干网长途干线光纤通信系统选用 DWDM 的 40 波、80 波的波分复用，即 $n\times2.5$ Gbit/s 和 $n\times10$ Gbit/s。比如，图 4-36 是某城市两地（南坪–沙坪坝）间的本地网系统的构成图，根据所需容量要求，此系统选用 SDH 制式、STM-64 速率等级传输设备和 G.652A 光纤光缆。

图 4-36　南坪—沙坪坝 SDH 光纤通信系统配置图

基于 ITU-T 对光纤的规范建议，系统设计者应根据系统性能指标需要，选择合适的光纤类型及工作波长。目前可选用的光纤类型有 G.652～G.657，工作波长窗口分别为 1 310 nm 和 1 550 nm，各光纤特性及适用范围参看第 2 章 2.1.2 节相关内容，在系统集成时，比如，图 4-36 所示的市内两地中继系统，其系统容量要求在 10 Gbit/s 内，故选用 G.652A 光纤即可。

通常用 DWDM 技术设计光纤通信系统，光纤类型应关注 G.655 和 G.656。

4.8.2　系统中继段距离设计估算

中继段距离（光收、发之间的距离）是光纤通信系统设计的一项主要任务，中继段距离越长，则系统的成本越低，获得的经济效益越高。当前在设计系统中继段距离长度时，广泛采用 ITU-T G.956 所建议的三种方法。一是"最坏值设计法"，该方法将与中继段距离有关的系统参数均采用最坏的可能值，即光信道所有参数都是按系统寿命终结、富余度用完，且处于极端温度条件（如高、低温度）下仍能 100%地保证系统性能要求，从而得到中继段长度的最大值，它能保证在 100%的条件下，在全部适用时间内发收 S 点和 R 点间的衰减和色散低于规定的系统指标。二是"统计法"，该方法通常给出已知参数的统计平均值和方差，并确定置信度（如 99%），由此算出在置信度内 S 点和 R 点间的损耗和色散低于规定的系统指标的中继段长度。三是"半统计法"，该方法是对部分已知参数，如光纤损耗系数、接续损耗等按统计分布并设置信度，而对其他参数如灵敏度等给出确定值，由此计算出在置信度内 S 点和 R 点间的损耗和色散低于规定的系统指标的中继段长度。

我国通常采用"最坏值设计法"，用这种方法得到的结果，设计的可靠性为 100%。其缺点是各项最坏值条件同时出现的概率极小，使系统有相当大的富余度，系统总成本偏高。

光纤通信系统的最长中继段距离是由光纤损耗和色散等因素决定的。在实际的工程应用中，设计方式分为两部分进行：第一部分是损耗受限系统，即中继段距离长度根据 S 点和 R 点之间的光通道损耗决定。第二部分是色散受限系统，即中继段距离长度根据 S 点和 R 点之间的光纤色散决定。光纤通信系统的中继段距离组成示意图如图 4-37 所示。

图 4-37　中继段距离组成示意图

1. SDH 系统中继段距离的设计估算

（1）损耗受限系统

损耗受限系统中继段距离可用式（4.14）估算：

$$L = \frac{P_s - P_r - P_p - M_e - \sum A_c}{A_f + A_s + M_c} \tag{4.14}$$

式中，L 为损耗受限中继段长度（km）；P_s 为 S 点发送光功率（dBm）；P_r 为 R 点接收灵敏度（dBm）；P_p 为光通道功率代价（dB），因反射、码间干扰、模分配噪声和激光器啁啾而产生的总退化，光通道功率代价不超过 1 dB，对于 STM-16 的 SDH 长距离系统，则不超过 2 dB；M_c 为光缆富余度（dB/km），是指光缆线路运行中的变动（如维护时附加接头或增加光缆长度的）。由于外界环境因素会引起光缆性能劣化，及 S 点和 R 点间其他连接器性能劣化，因此在设计中应保留必要的富余量。在一个中继段内，光缆总的富余度不应超过 5 dB，设计中按 3～5 dB 取值；M_e 为设备富余度（dB），通常取 3 dB；$\sum A_c$ 表示 S 点和 R 点之间所有光纤活动连接器损耗（dB）之和，如 ODF 架上的短接光纤连接器损耗，FC/APC 型连接器平均 0.8 dB/个，SC/PC 型平均 0.5 dB/个；A_c 为每个活动连接器损耗（dB/个）；A_f 为光纤损耗系数（dB/km）；A_s 为每千米光纤固定接头平均损耗（dB/km），与光纤质量、熔接机性能、操作水平有关。设计中 A_s 按平均值 0.05～0.08 dB/km 取值。

（2）色散受限系统

根据 ITU-T 建议，色散受限系统中继段距离可用式（4.15）估算：

$$L = \frac{\varepsilon \times 10^6}{D \times \Delta\lambda \times B} \tag{4.15}$$

式中，L 为色散受限中继段长度（km）；ε 为激光器光谱参数，当光源为多纵模激光器时取 0.115，为单纵模激光器时取 0.306；B 是线路信号比特率（Mbit/s）；$\Delta\lambda$ 为光源的谱宽（nm）；D 为光纤色散系数 [ps/（nm·km）]。这里需要说明的是若为低速率线路信号，在单模光纤传输时，一般可不考虑色散限制中继段距离。

【例题 4-3】　设计一个 STM-4 长途光纤通信系统，使用 G.652 光纤，工作波长选定 1310 nm，相关系统参数为：平均发射光功率 P_s=-3 dBm，光接收机灵敏度 P_r=-28 dBm，活动连接器总损耗 $\sum A_c$= 2×0.8 dB，光通道功率代价 P_p= 0.5 dB，光纤损耗系数 A_f=0.4 dB/km，光纤固定接头平均损耗 A_s= 0.06 dB/km，光缆富余度 M_c= 0.04 dB/km，设备富余度 M_e=2 dB，系统采用单纵模激光器，其谱宽 $\Delta\lambda$=4 nm。试估计出该系统的最长中继段距离的值。

解：按式（4.14）计算估计出该系统的中继段长度为：

$$L = \frac{P_{\mathrm{s}} - P_{\mathrm{r}} - P_{\mathrm{p}} - M_{\mathrm{e}} - \sum A_{\mathrm{c}}}{A_{\mathrm{f}} + A_{\mathrm{s}} + M_{\mathrm{c}}}$$

$$= \frac{-3 - (-28) - 0.5 - 2 - 2 \times 0.8}{0.4 + 0.06 + 0.04} = 41.8\ \mathrm{km}$$

按式（4.15）计算估计出该系统的中继段长度为：

$$L = \frac{\varepsilon \times 10^6}{D \times \Delta\lambda \times B} = \frac{0.306 \times 10^6}{3.5 \times 4 \times 622.080} \approx 35.1\ \mathrm{km}$$

即实际最大中继段距离为 35.1 km。

2. DWDM 系统中继段距离的设计估算

DWDM 系统最大中继距离也是按照损耗受限和色散受限两个条件来估算的。在 DWDM 系统的传输线路中继段距离的设计时主要估算的有：光线路放大设备（简称光放大器，OLA）和光放大器之间对应的光放段（L_{A}）、中继段（S 至 R），如图 4-38 所示。DWDM 系统中继距离的设计，主要根据光放大器的增益、色散和信噪比的计算结果来确定光放大器的增益类型和中继段内允许的光放段数量。

图 4-38　DWDM 系统示意图

（1）损耗受限系统

首先讨论 DWDM 系统的光放段长度 L_{A} 的估算。L_{A} 通常按等增益传输进行设计，即以中继段为单元，假设段内各光放大器均设计为等增益工作状态，各放大器的输出光功率均相同，其接收灵敏度也相同，如光放段的光缆损耗小于放大器的增益，则应用光衰减器进行调节。

光线路放大设备的增益类型一般有 22 dB、30 dB、33 dB 3 种类型，根据光放大器的增益类型，通过光放段的光功率计算，按一个中继段内最大可设置的光放段个数来选择。

光放段的长度一般按式（4.16）计算：

$$L_{\mathrm{A}} = \frac{G - \sum A_{\mathrm{c}}}{A_{\mathrm{f}} + M_{\mathrm{c}} + A_{\mathrm{s}}} \tag{4.16}$$

式中，L_{A} 为光放段的长度（km）；G 为光放大器增益（dB）；$\sum A_{\mathrm{c}}$ 为光放段间光纤活动连接器损耗之和（dB）；A_{f} 为光纤损耗系数（dB/km）；M_{c} 为光缆富余度（dB/km）；A_{s} 为每千米光纤固定接头平均损耗（dB/km）。

【例题 4-4】　若要将某 G.652 单模光纤系统扩容改造为 DWDM 系统工程，工作波长采用 1 550 nm，实测光纤双向平均损耗系数 $A_{\mathrm{s}}+A_{\mathrm{f}}=0.25$ dB/km（含光纤固定接头损耗），光缆富余度 $M_{\mathrm{c}}=0.04$ dB/km，光纤活动连接器总损耗 $\sum A_{\mathrm{c}}=2 \times 0.5$ dB。试计算出光放大器的增益与所对应光放段的长度。

解：当光放大器增益 G 分别为 22 dB、30 dB 和 33 dB 时，将题设已知参数代入式（4.16）可计算得到相应光放段估值如表 4.11 所示。

表 4.11   不同光放大器的增益与所对应的光放段长度估算

光放大器增益 G/dB	22	30	33
光放段长度估算 L_A/km	72	100	110

光放段的设置个数需按系统发（S）、收（R）间中继段距离进行权衡，总的来说，如果减少光放大器的增益，那么在光纤通信系统 S、R 间的传输中继段距离间增加光放段的个数是可行的。一般每个系统 S、R 之间可达 3 个 120 km 的光放段或 8 个 80 km 光放段的级联，通常以每个光放段的外部设备估算损耗值（dB）来对传输系统进行规范，如 3 级联系统可表示为 3×33 dB 系统，8 级联系统可表示为 8×22 dB 系统。由此，DWDM 系统损耗受限中继段长度 L 由各光放段长度相加求得：

$$L = \sum_{i=1}^{n} L_{Ai} = \sum_{i=1}^{n} \frac{G_i - \sum A_{ci}}{A_{fi} + M_{ci} + A_{si}} \tag{4.17}$$

式中，n 为 DWDM 系统光放段数量。第 i 光放段的相关参数：光放段长度 L_{Ai}（km）；光放大器增益 G_i（dB）；光纤活动连接器损耗之和 $\sum A_{ci}$（dB）；光纤损耗系数 A_{fi}（dB/km）；光缆富余度 M_{ci}（dB/km）；每千米光纤固定接头平均损耗 A_{si}（dB/km）。

（2）色散受限系统

中继段的长度与允许的光放段数量需符合光通道色散和信噪比的要求。一个中继段光通道允许的色散即一个中继段总的最大色散，多数厂商的 DWDM 系统总的允许最大色散值为 6 400 ps/nm 和 12 800 ps/nm 两档。如果已知光纤的色散系数，允许的中继段长度 L 可按式（4.18）计算。对 G.652 和 G.655 光纤，计算出允许的中继段长度如表 4.12 所示。

$$L = \frac{D_{max}}{D} \tag{4.18}$$

式中，L 为色散受限系统中继段长度（km）；D_{max} 为 S 点和 R 点之间允许的最大色散值（ps/nm）；D 为光纤的色散系数 [ps/（nm·km）]。

表 4.12   色散系数与对应的中继段长度估算值（设工作波长在 1550 nm 窗口）

光纤类型	G.652		G.655	
光纤的色散系数 D/ [ps/（nm·km）]	20		6	
光通道允许的最大色散值 D_{max}/（ps/nm）	6 400	12 800	6 400	12 800
中继段长度 L/km	320	640	1 060	2 133

配置 DWDM 系统中继段长度时，必须考虑同时满足光功率、光放大器的增益、光通道色散、光信号的信噪比的要求。

在 DWDM 系统中，光放段数量 N 可用式（4.19）计算：

$$N = 10^{\frac{58 + P_o - N_f - G - OSNR}{10}} \tag{4.19}$$

式中，P_o 为单波道输出光功率（dBm）；N_f 为光放大器的噪声系数（dB）；G 为光放大器增益（dB）；OSNR 为单波道信噪比（dB）；58 为综合系数。

中继段信噪比的计算比较复杂，单波道的信噪比一般要求大于或等于 20 dB（或 22 dB）。假如单波道输出光功率 P_o=7 dBm，光放大器的噪声系数 N_f=8 dB，光放大器增益 G 分别为 22 dB、30 dB、33 dB，代入式（4.19）的计算结果如表 4.13 所示。

表 4.13　光放段数量与对应的光放大器增益估算值

单波道信噪比/dB	20			22		
光放大器增益/dB	22	30	33	22	30	33
光放段数量/个	≥8	5	2	≥8	3	1

3. 高速率光纤系统 PMD 限制中继段距离的设计估算

当设计高速率光纤系统（如 DWDM 系统，10 Gbit/s 以上）时，光纤链路偏振模色散 PMD 将直接限制系统传输速率，或者限制系统传输中继段距离（参见第 2.4.2 节）。由式（2.36）、式（2.39）可分析讨论在高速光纤传输系统中，PMD 对光纤传输距离或传输速率的影响：

$$L = \left[\frac{1}{10\mathrm{PMD}_c \times B_L} \right]^2 \quad 或 \quad B_L = \frac{1}{10\mathrm{PMD}_c \sqrt{L}}$$

式中，PMD_c 为偏振模色散系数（$\mathrm{ps}/\sqrt{\mathrm{km}}$）；$B_L$ 为传输速率（bit/s）；L 为光纤中继段距离（km）。表 4.14 列出了 PMD_c 与传输速率和光纤中继段距离的关系实例。

表 4.14　PMD_C 与传输速率和中继段距离的关系

$\mathrm{PMD}_C/(\mathrm{ps}/\sqrt{\mathrm{km}})$	2.5 Gbit/s 的传输距离	10 Gbit/s 的传输距离	40 Gbit/s 的传输距离
3.0	178 km	11 km	<1 km
1.0	1 600 km	100 km	6 km
0.5	6 400 km	400 km	25 km
0.2	400 00 km	2 500 km	156 km
0.1	160 000 km	10 000 km	625 km

习题 4

1. 画出 LD 和 LED 直接调制原理图。
2. 简述 LD 光发射机中 APC、ATC 的目的，需要控制哪些量才能达到目的。
3. 简述 LD 光发射机中偏置电流 I_b 和驱动电流 I_p 的取值依据。
4. 简述光接收机灵敏度高、动态范围大的物理意义。
5. 简述导致灵敏度恶化的因素。

6．简述劣化分钟、严重误码秒、误码秒、严重误块秒和误块秒在定义上的差异。

7．简述 HRX、HRP、HRDS 的定义及之间的关系。

8．简述数字信号的抖动和滑动的概念，以及它们之间的区别。

9．抖动单位 UI 的含义是什么？

10．简述线路编码的目的，$mBnB$ 码和 $mB1P$ 的码结构。码速提高率是多少？

11．简述光中继器与光放大器在传输系统应用中的区别。

12．已知二次群 8.448 Mbit/s 光纤通信系统全长 280 km。当采用在二次群接口上对端环回、本端测量的方法监测 24 h 误码时，误码仪每秒记录一次误码，其结果如表 4.15 所示。

表 4.15　误码仪测试记录

时　　间	误码个数	时　　间	误码个数
00：00：00	0	⋮	⋮
12：10：00	700	21：30：29	8 600
⋮	⋮	21：30：31	900
13：10：41	500	⋮	⋮
13：10：42	8 500	21：31：32	520
⋮	⋮	⋮	⋮
14：15：00	600	23：59：59	540

注：表中未标出的时间内误码个数为 0。

试求：

（1）系统的平均误码率 BER_{av}；

（2）系统的误码性能参数劣化分钟 DM、严重误码秒 SES 和误码秒 ES，并考查是否满足指标等级分配。

13．已知 STM-1 光纤通信系统的光纤损耗系数为 0.6 dB/km，光纤接续损耗平均每千米 0.2 dB，光纤活动接头损耗 0.5 dB/个，光源的入纤功率可调范围为 0.4～0.6 mW，接收的灵敏度可调范围为 -42～-36 dBm，LD 的谱线宽度 $\Delta\lambda=1$ nm，发光波长 1 550 nm，设计时已给设备和光纤的富余度共为 6 dB。求系统可以达到的最长无中继传输距离。

14．设计高速率 DWDM 系统传输速率为 20 Gbit/s、40 Gbit/s 时，已知偏振模色散系数 PMD_c 分别为 $0.2\,ps/\sqrt{km}$、$0.3\,ps/\sqrt{km}$、$0.15\,ps/\sqrt{km}$，分别估算最长中继段距离。

15．完成核心网某中继段光纤通信系统设计。例如，对南山公园交换中心到南坪交换中心光纤中继段光纤通信系统设计。要求线路至少达到 15 km 以上，两地人口 10 万人以上。在系统设计时，不但要符合国标、行业标准、技术规范的要求，还应尽量满足 ITU-T 的相关建议。系统设计步骤如下。

① 需求分析一。调研光纤通信系统中继段两地间人口近五年的可能情况。建议先从百度、Google Earth 等软件找两地间近五年的人口情况和人群结构比例情况，推算业务流量，即数据流量、通话、视频等需求量，推算用户运用信息流时间段。

② 需求分析二。综合考虑两地间最佳路由和局站设置位置，确定传输路径和距离。

③ 将需求分析和现代技术相结合，考虑地区经济发展状态，确定用户带宽分配量，确定系统的容量，合理选择系统的传输体制（技术）和速率等级、设备型号、光纤类型等，以满足对系统性能的总体要求。

④ 根据设备型号、光纤类型等，得到系统设计的基本参数，完成光纤通信系统设计的一项主要任务，即中继段距离估算。

第5章 SDH/MSTP 光同步网络

进入 21 世纪以来，人们对信息的需求与日俱增，光纤通信在电信网、计算机网、专用网中获得了大规模应用。

图 5-1 所示是人们对光网络发展的总结和预测。点到点的 WDM 链路在 1995 年开始商用，并很快在全球的骨干网上占据重要角色。在 20 世纪末，ITU-T 提出了光传送网（OTN）的概念，提出以波长作为交换粒度，通过光交叉连接设备（OXC）和光分插复用设备（OADM）实现组网，形成具有高度灵活性、透明性和生存性的光网络。智能光网络（ASON）顺应这一历史发展将网络的控制功能和管理功能分离，通过控制平面的路由和信令机制实现邻居和业务的自动发现，实现连接的自动建立和删除，成为光网络发展的新方向。随着 IP 流量的迅猛发展，光突发交换（OBS）、光分组交换（OPS）、多协议标签交换（MPLS）、分组传送网（PTN）和切片分组网（SPN）技术应运而生，成为光网络的进一步发展方向。

如前所述，数字光纤通信是数字通信与光纤传输系统的优化组合，数字通信目前大多采用时分复用（TDM）技术，TDM 技术先后有"套娃式"与"列车式"两种规格的复用形式，常称为两种数字传输体制，即准同步数字传输体制（PDH）和同步数字传输体制（SDH）。PDH 和 SDH 不仅适用于光纤传输，也适用于微波和卫星传输，并形成了一套高度标准化的技术规范。

早在 1976 年，PDH 就实现了标准化，在国际上有两大系列，即 PCM 基群 24 路 T 系列和 PCM 基群 30/32 路 E 系列。ITU-T 在 G.703 相关建议中，做出了两类复接系列的接口速率等级，如表 4.1 所示。在 1990 年以前，光纤通信一直沿用 PDH。随着电信发展和用户需求的不断提高，PDH 在运用中暴露出一些明显的弱点，SDH 解决了 PDH 存在的问题。SDH 于 1988 年问世，ITU-T 已通过有关 SDH 标准 15 个，形成了一套高度标准化的技术规范。

SDH 很快进入实用化阶段，并得到广泛的应用。多业务传送平台（MSTP）是 SDH 的升级版，在 SDH 原数据输入口增加了不同等级的数据输入接口，应用范围更大。

图 5-1 光网络发展的总结和预测

5.1　SDH 概述

5.1.1　基本概念与帧结构

SDH 全称为同步数字传输体制，是一种传输体制协议。

1．SDH 的基本概念

SDH 的基本概念源于 20 世纪 80 年代美国 AT&T（贝尔实验室）的 SONET（同步光网络）。1988 年，ITU-T 以 SONET 为基础制定了 SDH 标准。SDH 是一套国际标准，又是一个组网原则，也是一种复用方法。SDH 网络节点（网元）有一套标准化的信息结构速率等级，称为"同步传输模块"（STM-N，N 为 1, 4, 16, 64, …）。如果 SDH 信号是 STM-1，其网络节点接口的速率为 155.520 Mbit/s，更高等级的 STM-N 速率是 155.520 Mbit/s 的 N 倍。目前 SDH 能支持的世界统一等级为 1、4、16、64 和 256。

2．SDH 的帧结构

SDH 采用以字节为基础的块状帧结构，STM-N 的帧结构如图 5-2（a）所示，其帧周期为 125 μs，帧频为 8 000 帧/秒，合计 9×270×N 字节，每帧分为 9 行，270N 列字节。帧结构中字节的传输是从左到右、由上而下的，在 125 μs 时间内按顺序一字节一字节地传完一帧的全部字节。

例如 STM-1 的帧结构：一帧的字节数为 9×270=2 430Bytes，一帧的比特数为 2 430×8= 19 440 bit，速率为 $f_b = \dfrac{\text{一帧比特数}}{\text{传一帧的时间}} = \dfrac{9 \times 270 \times 8}{125 \times 10^{-6}} = 155.520\,(\text{Mbit/s})$

STM-N 帧结构分为 3 个区域：净负荷、段开销和管理单元指针，如图 5-2（a）所示。

净负荷是结构中存放各种信息容量的地方，其中含有少量用于通道监测、管理和控制的通道开销字节（Path Overhead，POH），POH 包含低阶 LPOH（VC-11/VC-12 的 POH）和高阶 HPOH（VC-3/VC-4 的 POH）；段开销（Section Overhead，SOH）是为了保证信息净负荷正常、灵活地传送所必需的附加字节，主要供网络运行、管理和维护使用。SOH 分为两部分，第 1～3 行为再生段开销（RSOH），其作用是监控 STM-N 信号在再生段的传输状态，第 5～9 行为复用段开销（MSOH），其作用是监控 STM-N 信号在复用段的传输状态；管理单元指针（Administration Unit Pointer，AU-PTR）如图 5-2（a）所示，它是一种指示符，主要用来指示信息净负荷的第一字节在 STM-N 帧内的准确位置，以便在接收端根据这个指示符的值（指针值）正确分离信号净负荷。

3．SDH 的段开销字节

段开销字节传送的不是用户的业务信息，而是 SDH 网络中的控制与维护信息。对于 STM-N（N=1, 4, 16, …）的帧结构和段开销，由 STM-1 的帧结构和段开销按一定规律经字节间插同步复用而成，因而分析清楚 STM-1 的帧结构，STM-N 的帧结构就不难分析了。

图 5-2　STM-N 的帧结构及 STM-1 SOH 字节安排

STM-1 段开销中各字节安排如图 5-2（b）所示，它们的功能如表 5.1 所示。

表 5.1　SOH 各字节的功能

类　　别	缩写字符	功　　能
帧定位字节	A1, A1, A1, A2, A2, A2	识别帧的起始位置 A1=11110110，A2=00101000
再生段踪迹字节	J0	重复发送"段接入点识别符"
比特间插奇偶校验码（BIP-8）	B1	再生段误码监测
公务字节	E1, E2	E1 和 E2 分别用于 RSOH 和 MSOH 的公务通信通路
使用者通路	F1	为使用者（通常指网络提供者）特定维护目的而提供的临时通路连接
数据通信通路（DCC）	D1～D12	SOH 中用来构成 SDH 管理网（SMN）的传送链路
误码监测（BIP-24）	B2	复用段误码监测
自动保护倒换（APS）通路	K1, K2	用作 APS 信令
同步状态字节	S1（b5～b8）	S1 的后 4 bit 表示同步质量等级
空闲字节	M1	未正式定义

5.1.2　SDH 的复用映射结构

复用映射结构是 SDH 的特色之一，它使数字信号的复用由 PDH 大量僵硬的硬件配置转变为灵活的软件配置。SDH 的复用分为两步：一是将不同制式的 PDH 低速信号和异步转移模式（ATM）信元通过映射、定位复用成 STM-1；二是把 N 个 STM-1 通过字节间插复用成 STM-N。

ITU-T G.707 建议了 SDH 的基本复用映射结构，如图 5-3 所示。图中 SDH 的基本复用单元包括标准容器（C-n）、虚容器（VC-n）、支路单元（TU-n）、支路单元群（TUG-n）、管理单元（AU-n）和管理单元群（AUG），其中 n 为单元等级。

复用映射结构中各单元功能与作用简介如下。

1. 标准容器 C-n

标准容器是一种用来装载各种速率等级的数字业务信号的信息结构，对应的 PDH 速率体系有 C-11、C-12、C-2、C-3 和 C-4，例如将 2.048 Mbit/s 的 PDH 码流装进 C-12 容器里，这些容器主要完成码速调整等适配功能。

2. 虚容器 VC-n

虚容器是由标准容器输出的数字流加上通道开销（POH）后构成的，这个过程称为映射。虚容器 VC-n 根据承载净负荷容量可分为高阶虚容器和低阶虚容器，VC-11、VC-12 和 VC-2 为低阶虚容器，VC-3 和 VC-4 为高阶虚容器。

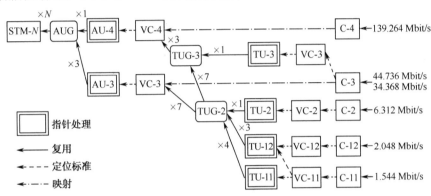

图 5-3　G.707 建议的 SDH 复用映射结构

3. 支路单元 TU-n 和支路单元群 TUG

TU-n 由一个相应的低阶 VC-n 和一个相应的支路单元指针 TU-n PTR 组成，即：

$$TU\text{-}n = VC\text{-}n + TU\text{-}n\ PTR$$

TU-n PTR 又称为一级定位指针，它指示低阶 VC-n 净负荷起点相对于高阶 VC 帧起点间的偏移。

TUG 把一些不同规模的 TU-n 复用成一个 TUG 的信息净负荷，可增加传送网络的灵活性。例如 1 个 TUG-2 由 1 个 TU-2 或 3 个 TU-12 或 4 个 TU-11 按字节间插复用而成。

4. 管理单元 AU-n 和管理单元群 AUG

AU-n 由一个相应的高阶 VC-n 和一个相应的管理单元指针 AU-n PTR 组成：

$$AU\text{-}n = 高阶\ VC\text{-}n + AU\text{-}n\ PTR$$

AU-n PTR 又称为二级定位指针，它指示的是高阶 VC-n 净负荷的起点，相当于 STM-N 帧内的起点准确位置。AU 指针相对于 STM-N 帧的起点位置总是固定的。

AUG 由在 STM-N 的净负荷中固定占有的 1 个 AU 或多个 AU 复用构成。例如 1 个 AUG 由 1 个 AU-4 或 3 个 AU-3 按字节间插复用而成，在 AUG 中加入段开销后便可进入 STM-N。

5. 指针

指针除了用来指定信息净负荷的起点位置，在 SDH 中还利用指针来调整频率或相位，以便实现码流同步。

5.1.3　2.048Mbit/s 到 STM-1 的复用映射过程

SDH 的复用映射过程就是各种业务信号复用进入 STM-N 帧的过程，包括映射、定位和复用三个步骤。

图 5-4 中的复用映射过程为：先将标称速率为 2.048 Mbit/s 的 PDH 信号适配进入 C-12，C-12 加上 POH 映射到 VC-12，其速率为 2.240 Mbit/s。将 VC-12 加上 TU-12-PTR 定位到 TU-12，经速率调准和相位对准后的 TU-12 速率变为 2.304 Mbit/s。经同步复接，即间插复用将 3 个 TU-12（3×2.304 Mbit/s）装入 TUG-2，又经 7 个 TUG-2 逐字节间插复用成 TUG-3（加上塞入字节使速率达到 49.536 Mbit/s），再由 3 个 TUG-3 经字节间插加上高阶 POH 和塞入字节后构成 VC-4 净负荷，速率为 150.336 Mbit/s。最后加上 AU-4PTR 的 576 kbit/s 的指针信号组成了 AU-4，速率为 150.912 Mbit/s。单个 AUG 直接接入加上 4.608 Mbit/s 的段开销组成 STM-1（标称速率为 155.520 Mbit/s）的帧结构。

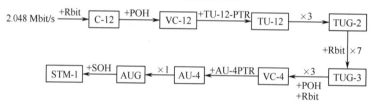

图 5-4　2.048 Mbit/s 复用映射形成 STM-1 的过程

5.2　SDH 传送网

传送网与传输网是电信网中两个常用的概念，传送网是一个强调逻辑功能的网络概念，定义为在不同地点之间传递用户信息的全部功能的集合，它与传输网的概念存在着一定的区别。传输网是一个强调物理实体的网络，它是由具体设备的集合组成的。在某种意义下，传输网或传送网都可泛指全部实体网络和逻辑网，本节将从逻辑的角度简单描述有关传送网的定义和规范。

5.2.1　传送网分层与分割

传送网是一个复杂、庞大的网络，为了设计和管理方便，传送网也采用垂直分层（Layering）和水平分割（partitioning）的概念。

1. 传送网分层

传送网在 ISO（国际标准化组织）/OSI（开放系统互连协议）网络体系结构分层模型中，应该算是下三层，即物理层、链路层和网络层。因此传送网从垂直方向可以分解为若干独立的层网络，如 SDH 传送网可分为电路层（对应 OSI 的链路层和网络层）、通道层和传输介质层（这两层对应 OSI 的物理层），如图 5-5 所示，该三层之间彼此都是相互独立的，符合客户与服务者的关系,即下层为上层提供透明服务,上层为下层提供服务内容。SDH 传送网分层如图 5-5 所示,其中,电路层是面向业务的,严格意义上不属于传送网,故传送网可分为两层,即通道层和传输介质层。

2．传送网分割

分割概念常常是从地理区域上进行的,比如将网络细分为骨干网、本地网和接入网等。通常在分层结构的基础上,再从水平方向上将每一层网络按照其内部结构分为若干部分(子网),如图 5-5 所示,这就是分割。网络分割的好处在于把每一层网络可覆盖的范围,通过分割使范围缩小便于管理。当发生故障时,可以把故障的影响限制在最小的范围内,同时也便于故障的及时排除。分层与分割关系是相互正交的。根据 ITU-T 的 G.805 建议,传送网的每层网络可以进一步分割成子网和子网间链路,以反映该层网络的内部结构。

图 5-5　传送网分层与分割的概念及关系

5.2.2　传送网分层模型

首先介绍 SDH 传送网垂直方向分层模型,然后对分层模型进行再分析(解剖),SDH 传送网分层模型如图 5-6 所示。

1．电路层

电路层主要为用户提供各种交换业务信号,包括为电路交换网提供的语音信号,为分组交换网提供的数据信号,以及宽带交换信号(如异步转移模式 ATM 信号)等。

2．通道层

通道层主要实现使不同类型电路层信号通过接口进入 SDH 终端的功能。其步骤是首先通过适配进入虚容器(如 VC-11/VC-12 或 VC-3/VC-4),处理后在高阶复用汇合,并提供通道连接和通道监视等功能。

图 5-6　SDH 传送网分层模型

3．传输介质层

传输介质层又分为段层和物理介质层，段层及通道的含义如图 5-7 所示。

图 5-7　段层及通道的含义

段层可分为复用段层和再生段层。复用段层为通道层提供同步和复用功能，完成复用段开销 MSOH 的处理和传递；再生段层为完成再生段开销 RSOH 的处理、监视和传递等功能。

物理介质层可分为光纤、电缆、微波和卫星等传输介质。

光纤是最适合于传输 SDH 信号的传输介质，因此称用光纤线路传输 SDH 信号的传送网为"光同步传送网"。ITU-T 对 SDH 光接口有较全面的要求。

5.3　SDH 的基本网元及组网保护

从 5.1.1 节介绍的 SDH 基本概念与帧结构可知，SDH 制式本身只对信息的电域处理，对于 SDH 网络的网络节点（网元）设备，在电域信息处理的基础上加光收发模块，可实现信息在光域介质中的传输。因此，SDH 设备是根据 SDH 帧结构、复接方式和光收发模块来设计的。SDH 基本网元有终端复用设备（TM）、分插复用设备（ADM）、再生中继设备（REG）和数字交叉连接设备（DXC）等，下面进行简单介绍。

5.3.1　SDH 的基本网元设备

1. 终端复用设备（TM）和分插复用设备（ADM）

SDH 网的基本网元中最重要的两个网元是 TM 和 ADM。以 STM-1 等级为例，其各自的功能如图 5-8 和图 5-9 所示。

图 5-8　STM-1 终端复用设备（TM）　　　　图 5-9　STM-1 分插复用设备（ADM）

终端复用设备的主要任务是将 PDH 各低速支路信号纳入 STM-1 帧结构，并经电/光转换为 STM-1 光线路信号，其逆过程正好相反。

分插复用设备是将同步复用和数字交叉连接功能综合于一体，具有灵活地分插任意支路信号能力的网络设备，在组网上有很大灵活性。支路盘接口信号速率是 2 Mbit/s、34 Mbit/s和 140 Mbit/s。另外，ADM 也具有电/光转换、光/电转换功能。

ADM 可以替代 TM 作为终端复用设备，其内部结构如图 5-10 所示。它可以在系统中间站方便地将支路信号从主信号码流中提取出来，也可将支路信号方便地插入主信号码流中，还可以将西向线路的 STM-1 光信号穿到东向线路上，从而方便地实现网络中信号码流的分配、交叉与组合。

图 5-10　ADM 内部结构

2. 再生中继设备（REG）

再生中继设备如图 5-11 所示。其作用是将光纤长距离传输后受到较大衰减及色散畸变的光脉冲信号转换成电信号进行放大、整形、再生为原电脉冲信号，再调制光源变换为光脉冲信号送入光纤继续传输，以延长通信距离。

3. 数字交叉连接设备（DXC）

数字交叉连接设备是 SDH 网络的重要网元，其交叉结构如图 5-12 所示。在 SDH 中 DXC 交叉连接支路或线路信号，可以是各同步传输模块 STM-N（N=1, 4, 16, 64）的线路信号，也可以是更低等级的支路信号。通常用 DXCm/n 表示一个 DXC 类型，其中 $m≥n$，m 表示接入速率最高等级，n 表示参与交叉连接的最低速率等级。

DXC 的作用与交换机不同，交换机实现的是用户之间的动态连接，用户有权改变这个连接；而 DXC 实现的是支路或线路之间的交叉连接，是半永久性的，用户无权改变这个连接，这个连接的改变由网管中心控制。

图 5-11　再生中继设备　　　　　　图 5-12　DXC 的交叉结构

5.3.2　SDH 网络结构

SDH 网络结构的选择应综合考虑网络的生存性、网络配置的难易及网络结构是否适合新业务的引入等多种因素。SDH 网络由 SDH 网元设备通过光缆互连而成，其基本网络的物理形状即拓扑结构有如图 5-13 所示的 5 种类型

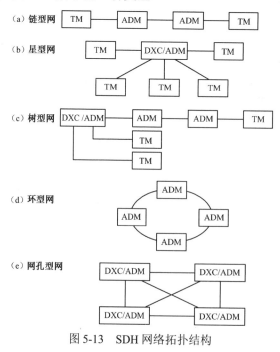

图 5-13　SDH 网络拓扑结构

1．链型网

将通信网中的所有网元串联起来，首末两端开放配置 TM，中间各网元配置 ADM 或 REG，构成比较经济的链型（线型）网。

2．星型网和树型网

网中有一个特殊点以辐射的形式与其余所有点直接相连，而其余点之间互相不能直接相连，便构成了星型网。当末端点连接到几个特殊点时就形成了树型网。星型网和树型网都适合广播式业务，这两种网络拓扑不适合提供双向通信业务。

3．环型网

将链型网首末两开放点相连便形成了环型网。环型网的最大优点是具有很高的网络生存性，因而在 SDH 网络中受到特殊的重视，在中继网和接入网中得到广泛的应用。

4．网孔型网

当涉及通信的许多点直接相连时就形成了网孔型网，网孔型网不受节点瓶颈问题的影响，两点间有多种路由可选，网络可靠性高，适合于业务量很大的干线网。

我国的 SDH 网络结构，一般都采用有自愈功能的环型网结构及少部分的点对点链型网结构（一级干线）。

5.3.3　SDH 自愈环网原理

SDH 传送网中所采用的网络结构有多种，其中环型网结构才具有真正意义上自愈功能，故称为自愈环，即网络在无须人为干预情况下，就能在极短时间内（ITU-T 建议小于 50 ms）从失效状态自动恢复所携带的业务，使用户感觉不到网络已出现了故障。

SDH 环型网保护原理有 1+1 保护方式和 1:1 或 1:n 保护方式。1+1 保护方式是指发射端（简称发端）在工作/保护两根光纤上发送同样的信息（并发），收端在正常情况下选收工作光纤上的业务，在工作光纤损坏时，选收保护光纤的备用业务，即双发选收，也称为热备份。1:1 保护方式是将每一根光纤在逻辑信道上一分为二，一半为工作信道，一半为保护信道。在正常时，发端在工作信道上发主用业务，在保护信道上发额外业务（低级别业务），接收端（简称收端）从工作信道收主用业务，从保护信道收额外业务。当工作信道损坏时，发端将主用业务转发到另一根光纤的保护信道上，收端将切换到保护信道"选收"主用业务，此时额外业务被终结，也称为冷备份。1:n 保护方式是指一条保护信道保护 n 条工作信道，这时信道利用率更高，但一条保护信道只能同时保护一条工作信道，所以系统可靠性降低了。

1．二纤单向通道保护环

二纤单向通道保护环的结构如图 5-14（a）所示，它采用 1+1 保护方式。若环型网中网元 A 与 C 互通业务，网元 A 和 C 都将业务"并发"到工作光纤 S1 和保护光纤 P1 上，S1

和 P1 上所传业务相同且流向相反。在网络正常时，信息由网元 A 插入，一路由 S1 携带，经网元 B 到达网元 C，另一路由 P1 携带，经网元 D 到达网元 C，在网元 C 自动"选收"工作光纤 S1 上的 A 到 C 的业务，完成网元 A 到网元 C 的业务传输。同理，C→A 方向传送业务的过程与 A→C 类似，不再赘述。

当网元 B、C 间出现断纤故障时，如图 5-14（b）所示，这时网元 A 与网元 C 之间的业务是如何被保护的呢？由于网元 A、C 在环上业务的"并发"功能没有改变，而 B 与 C 间光纤断了，所以 S1 环上的业务无法传到网元 C，此时网元 C 立即切换选收保护光纤 P1 环上的 A 经 D 到 C 的业务。于是 A 到 C 的业务得以恢复，完成环上业务通道保护功能。

同样网元 C 到网元 A 的业务，由于 B 与 C 间光纤断了，P1 环上的 C 到 A 业务无法传到网元 A，而 S1 环上的 C 到 A 业务经网元 D 传到 A 并未中断，再加上网元 A 本身设置为默认选收 S1 上的业务，这时网元 C 到 A 的业务并未中断，网元 A 不做保护倒换。

（a）正常通信状态　　　　　　　　　　　　　　（b）断纤通信状态

图 5-14　二纤单向通道保护环

2. 二纤双向复用段保护环

二纤双向复用段保护环结构如图 5-15（a）所示，它采用 1:1 保护方式。从图 5-15（a）可见，S1 和 P2，S2 和 P1 的传输方向相同，由此人们设想采用时隙分割技术，将每一根光纤上的总时隙数信道一分为二，如 STM-1～STM-N/2 和 STM-（N/2）+1～STM-N，前半时隙组 STM-1～STM-N/2 分为工作信道 S1，用于传送主用业务，后半时隙组 STM-（N/2）+1～STM-N 分为保护信道 P2，用于传送额外业务，这样可将 S1 和 P2 的信号置于同一根光纤（即 S1/P2 光纤）中，同样 S2 和 P1 信号也可同时置于另一根光纤（即 S2/P1 光纤）中。下面以网元 A、C 间的信息传送为例，说明其工作原理。

在网络正常时，信息由网元 A 插入，首先由 S1/P2 光纤的前半时隙组（例如 STM-16 系统中前 1～8 个 STM-1）所携带，经网元 B 到网元 C，完成由网元 A 到网元 C 间的信息传送，而当信息由网元 C 插入时，则由 S2/P1 光纤的前半时隙组来携带，经网元 B 到达网元 A，从而完成网元 C 到网元 A 的信息传送。

当网元 B、C 间出现断纤故障时，如图 5-15（b）所示，信息由网元 A 插入时，信息首先由 S1/P2 光纤的前半时隙组携带，到达网元 B，通过环回功能，将 S1/P2 光纤前半时隙组所携带的信息桥接装入 S2/P1 光纤的后半时隙组信道，此时 S2/P1 光纤 P1 时隙组信道上的额外信息被冲掉了，然后，经网元 A、D 传送到达 C，在 C 处利用其环回功能，又将 S2/P1 光纤中后半时隙组所携带的信息置于 S1/P2 光纤的前半时隙组中，从而实现网元 A 到网元 C 的信息传送。而由 C 插入的信息则首先被送到 S2/P1 光纤的前半时隙组中，经网元 C 的环回功能转入 S1/P2 光纤的后半时隙组信道，沿线经 D、A 到达 B，又由网元 B 的环回功能处理，将 S1/P2 光纤后半时隙组中携带的信息转入 S2/P1 光纤的前半时隙组信道传输，最后到达网元 A，以此完成由 C 到 A 的信息传送。

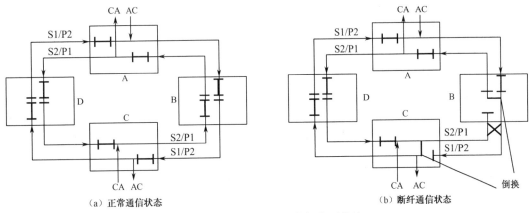

（a）正常通信状态　　　　　　　　　　（b）断纤通信状态

图 5-15　二纤双向复用段保护环结构

5.3.4　SDH 网络管理

1．SDH 网络管理系统的组成

最常用的 SDH 网络管理系统由网管计算机（包括软、硬件）与 SDH 网络中网元（NE）连接构成，如图 5-16 所示。图 5-16（a）是用直连网线连接传输网络的一个网关网元的以太网接口，图 5-16（b）是用 Modem 通过公用交换电话网连接传输网络中的多个网关网元的 X.25 接口，SDH 网元之间通过光纤保持连通。

（a）直连方式

（b）公用交换电话网拨号连接

图 5-16　SDH 网络管理系统示意图

2．SDH 网络管理基本功能

网络管理的基本功能是嵌入控制通路的管理。为了 SDH NE 间能进行通信，必须对构成其逻辑通信链路的 ECC 进行有效的管理。其他功能包括安全、软件下载、远端注册等。

（1）系统与配置管理：创建 SDH 网关/网元、数据库转储管理、日志管理等。按 TMN 原理，主要实施对网络单元的控制、识别和数据交换。

（2）告警与性能管理：有告警的查询、监视、自动上报、告警声响等故障诊断测试。按协议 G82X 规定的误码性能有关事件进行数据采集，这些事件是利用 SDH 帧结构中有关性能开销字节采集的。

（3）安全管理：安全管理涉及注册、口令和安全等级等。

（4）账目（计费）管理：账目管理涉及计费功能和资费功能。

3．SDH 设备网管接口

SDH 网络管理主要有 Q 接口、F 接口、X.25、RS232 和以太口等。

5.3.5　SDH 光网络在长途干线网中的应用

某市 SDH 在长途传输干线网中的应用，如图 5-17 所示。

图 5-17　某市 SDH 在长途传输干线网中的应用

5.4　基于 SDH 的 MSTP

由于传统的 SDH 技术主要为语音业务传送设计，虽然也可以传输几乎所有的数据格式（IP、ATM 等），但由于传送突发数据业务效率低下、保护带宽至少占用 50% 的资源、传输通道不能共享，导致资源利用率低。对于 SDH 技术的未来走向，业界有两种声音：一是 SDH 技术需要不断增强和完善；二是 IP 网络架构才是通信的未来，应简化或放弃 SDH 网络构架。

多业务传送平台（MSTP）是为下一代 SDH 技术而生的。MSTP 技术依托 SDH 技术平台，进行数据和其他新型业务的功能扩展，并对网络业务支撑层加以改造，以适应多业务应用，实现对二层、三层的数据智能支持。MSTP 构建了统一的城域多业务传送网，将传统话音、专线、视频、数据、VOIP 和 IPTV 等业务在接入层分类收敛，并统一送到骨干层对应的业务网络中集中处理，从而实现所有业务的统一接入、统一管理、统一维护，提高了端到端电路的质量。

中国通信标准协会于 2002 年发布了 MSTP 的行业标准《基于 SDH 的多业务传送节点技术要求》（YD/T 1238—2002）。同时该标准协会还制定了《基于 SDH 的多业务传送平台的测试方法》，以便在对厂家设备的入网验证，为多厂家互通性测试方面提供一个行业标准。

5.4.1　MSTP 的概念

MSTP 是基于 SDH 发展演变而来的。MSTP 采用 SDH 平台，实现 TDM、ATM、以太网等业务的接入、处理和传送，提供统一网管的多业务节点接口。

MSTP 可以将传统的 SDH 的 TM、DXC、网络二层交换机和 IP 边缘路由器等多个独立的设备集成一个传输或网络设备的处理单元，优化了数据业务对 SDH 虚容器的映射，从而提高了带宽利用率，降低了组网成本。

MSTP 除了具有标准 SDH 网元所具有的功能外，还在原 SDH 上增加了多业务处理能力，其具有以下主要功能特征。

（1）支持多种业务接口：MSTP 支持话音、数据、视频等多种业务，提供丰富的业务（TDM、ATM 和以太网业务等）接入接口，将业务映射到 SDH 虚容器的指配功能，并能通过更换接口模块，灵活适应业务的发展变化。

（2）带宽利用率高：具有以太网和 ATM 业务的点到点透明传输和二层交换能力，支持带宽统计复用，传输链路的带宽可配，带宽利用率高。

（3）组网能力强：MSTP 支持链、环（相交环、相切环），甚至无线网络的组网方式，具有极强的组网能力。

5.4.2　MSTP 的功能块模型及实现

1．MSTP 的功能块模型

基于 SDH 的 MSTP 设备，应具有 SDH 处理功能、ATM 业务处理功能和以太网/IP 业务处理功能，关于 MSTP 设备的功能块模型在《基于 SDH 的多业务传送节点技术要求》中进行了规定，其功能块模型如图 5-18 所示。

从图 5-18 中可见，MSTP 设备是由多业务处理模块（含 ATM 处理模块、以太网处理模块等）和 SDH 设备构成的。多业务处理模块端口分为用户端口和系统端口。用户端口与 PDH 和 SDH 接口、ATM 接口、以太网接口连接，系统端口与 SDH 设备的内部电接口连接。

2．各业务在 MSTP 上传送实现

（1）PDH/SDH 业务在 MSTP 上传送实现

MSTP 的用户端口提供了标准的 PDH 和 SDH 接口，支持 VC12/3/4 级别的连续级联与虚级联。对从 PDH 接口输入到用户端口的 PDH 各等级信号可通过系统端口直接进行映射

复用定位和加开销处理，最终形成 STM-*N* 帧结构，以线路信号发送出去。对从 SDH 接口输入到用户端口的 SDH 各等级信号，进行去复用段开销和再生段开销处理后，通过系统端口映射至 VC 虚容器中，再经过 VC-*n* 交叉连接，加入复用段开销和再生段开销，最终形成 STM-*N* 的帧结构以线路信号发送出去。

图 5-18　MSTP 的功能块模型

（2）以太业务在 MSTP 上传送实现

以太网处于 OSI 模型的物理层和数据链路层，遵从网络底层协议。以太网业务是指在 OSI 第二层采用以太网技术来实现数据传送的各种业务。

从图 5-18 中可见，MSTP 对 SDH 设备的改造主要体现在对以太网业务的支持上。就以太网业务在 MSTP 上的传送实现过程来看，以太网处理模块能提供以太网点到点透传功能并支持以太网二层交换功能，且可实现多个用户端口业务占用一个系统端口带宽的共享和多个系统端口业务占用一个用户端口带宽的汇聚功能，如图 5-19 所示。新一代 MSTP 设备将采用以太网处理模块，不仅融合了弹性分组环（RPR）技术，还在以太网和 SDH 间引入智能的中间适配层内嵌 RPR 和多协议标签交换（MPLS）技术来处理以太网业务的按需带宽（BoD）和服务质量（QoS）要求。

图 5-19　以太网多业务处理模块的端口

以太网的透传方式是指以太网接口的信号不经过二层交换，直接通过 GFP/PPP/LAPS 协议封装，映射进 SDH 的 VC 虚容器中；以太网的二层交换方式则是指在用户侧的以太网数据通过以太网端口进入，经过业务处理，选择进入二层交换，再通过 GFP/PPP/LAPS 协议封装、映射至 SDH 的 VC 中；随后这两种方式都要经过 VC-n 交叉连接，再加入复用段开销和再生段开销，最终形成 STM-N 的帧结构以线路信号发送出去实现点对点传输。

以太网的二层交换方式中的映射进入 SDH 的 VC 虚容器过程中，有两个关键技术，即级联方式（连续级联与虚级联）和链路容量调整机制（LCAS）。

实际应用时，数据包所需要的带宽和 SDH 的 VC 带宽并不都匹配。例如 IP 包可能需要高于 VC-12 的带宽，但又低于 VC-3 的带宽，可行的办法是用级联的办法将 X 个 VC-12 捆绑在一起组成 VC-12-X，在它所支持的净荷区 C-12-X 中建立链路。这种方式容易配置，不要求负载平衡，没有时延差的问题，便于管理，适于支持高速 IP 包传送。

级联方式分为连续级联与虚级联两种：

（1）连续级联是把被级联的各个 VC-n 连续排列，在传送时它们被捆绑成一个整体来考虑。级联后的 VC 记为 VC-n-Xc，其中 X 表示有 X 个 VC-n 级联在一起，通常以 VC-n-Xc 中第一个 VC-n 的通道开销 POH 作为级联后的 VC-n-Xc 的 POH。

（2）虚级联是指被级联的各个 VC-n 并不连续排列，级联后的 VC 记为 VC-n-Xv，其中 X 也表示被级联 VC-n 的数目。组成虚级联的各个 VC-n 可能独立传送，因此各 VC-n 都需要使用各自的 POH 来实现通道监视与管理等功能，接收端对组成 VC-n-Xv 的各 VC-n 在传送中引入的时延差必须给予补偿，使各 VC-n 在接收侧相位对齐。连续级联和虚级联示意图如图 5-20 所示。

图 5-20　连续级联与虚级联示意图

要使以太网信号在进入 SDH 的虚容器 VC 的映射过程中实现带宽利用率的最优化，就应采用级联方式或链路容量调整机制等技术，以实现带宽的动态调整。以太网映射到 SDH 虚容器 VC 的对应关系如表 5.2 所示。

表 5.2　以太网映射到 SDH 虚容器 VC 的对应关系

以太网接口业务速率	未采用级联方式		采用级联方式	
	虚容器	映射效率	虚级联（或连续级联）	映射效率
10 Mbit/s	VC-3（48.384 Mbit/s）	20%	VC-12-5v/c	92%
100 Mbit/s	VC-4（149.760 Mbit/s）	67%	VC-3-2v/c，VC-12-46v/c	100%
200 Mbit/s	VC-4-2v/c	67%	VC-3-4v/c	100%
1000 Mbit/s	VC-4-8 v/c	83%	VC-3-22 v/c	94%

在映射过程中还有一个关键技术就是链路容量调整机制（LCAS），如果虚级联中的一个 VC-n 出了故障，整个虚级联组将失效，但数据传输具有可变带宽的要求，可通过虚级联和 LCAS 协议相结合解决此状况。例如，在表 5.2 中，MSTP 现行分配 46 个 VC-12 的虚级联来承载一个 100 Mbit/s 的 FE 业务，如果其中的 6 个 VC-12 出现故障，剩余的 40 个 VC-12 能无损伤地（比如不丢包和无较大延时）将此 FE 业务传送过去；如果故障恢复，FE 业务也相应恢复到原来的配置。

（3）ATM 业务在 MSTP 上传送实现

对于 ATM 接口，在映射入 VC 之前，MSTP 系统还能提供统计 ATM 复用功能和 VP、VC 交换功能，可对多个 ATM 业务流中的非空闲信元进行抽取，复用进一个 ATM 业务流，从而节约了 ATM 交换机的端口数，提高了 SDH 通道的利用率。

3. MSTP 的优势

MSTP 有以下主要优势。

（1）业务的带宽配置灵活，MSTP 提供 10/100/1 000 Mbit/s 系列接口，通过 VC 的捆绑可以满足各种用户的需求。现阶段大量用户的需求还是固定带宽专线，主要有 2 Mbit/s、10/100 Mbit/s、34 Mbit/s、155 Mbit/s。对于这些专线业务，大致可以划分为固定带宽业务和可变带宽业务。对于固定带宽业务，MSTP 设备从 SDH 那里集成了优秀的承载、调度能力，对于可变带宽业务，可以直接在 MSTP 设备上提供端到端透明传输通道，充分保证服务质量，可以充分利用 MSTP 的二层交换和统计复用功能共享带宽，以节约成本，同时使用其中的 VLAN 划分功能隔离数据，用不同的服务质量（QoS）等级来保障重点用户的服务质量。

（2）可以根据业务的需要，工作在端口组方式或 VLAN 方式，其中 VLAN 方式可以分为接入模式和干线模式；对于端口组方式，单板上全部的系统和用户端口均在一个端口组内。这种方式只能应用于点对点对开的业务。换句话说，任何一个用户端口和任何一个系统端口被启用了，网线插在哪个启用的用户端口上，哪个用户端口就享有了所有带宽，业务就可以开通了。

（3）可以工作在全双工、半双工和自适应模式下，具备 MAC 地址自学习功能。

（4）对每个客户独立运行生成树协议。

（5）在城域汇聚层，实现了企业网络边缘节点到中心节点的业务汇聚，具有节点多、端口种类多、用户连接分散和较多端口数量等特点。采用 MSTP 组网，可以实现 IP 路由设备 10 Mbit/s/100 Mbit/s/1 000 Mbit/s POS（Packet Over SDH）和 2 Mbit/s 业务的汇聚或直接接入，支持业务汇聚调度，综合承载，具有良好的生存性。根据不同的网络容量需求，可以选择不同速率等级的 MSTP 设备。

5.4.3　MSTP 网络的典型应用

MSTP 业务适用于政府部门、金融行业、企业、学校等对稳定性、安全性和带宽要求较高的客户组建城市范围的光域网。MSTP 网络适用于以太网专线业务，可用于企业组建长途以太网专线业务和点到点或端到端等以太网专线业务。

1. MSTP 网络的长途以太网专线应用

基于 SDH 的 MSTP 网络的典型业务应用是提供以太网专线业务，即以 MSTP 技术可以构建高可靠性的网络架构，可通过将网络分成多个实例，将不同的业务流量隔离开来，从而达到网络的可靠性和安全性。除此之外，MSTP 技术还可以快速收敛，从而减少网络故障的影响。以太网专线网络是通过以太网接口为客户提供 2 Mbit/s～1 Gbit/s 之间速率的数据专线业务。采用 MSTP 技术组建企业长途以太网专线网络是最适用的，如图 5-21 所示，图中的以太网专线有两条。第一条从合肥集团公司出发，经用户路由器、MSTP 接入设备进入合肥 10 Gbit/s MSTP 环网，再通过 MSTP 接入设备、用户路由器到达合肥上市公司。第二条从合肥集团公司出发，经用户路由器、MSTP 接入设备、合肥 10 Gbit/s MSTP 环网的路由器，接入中国电信长途传输网，再由不同路由器分别到武汉、石家庄、唐山、太原、南京等 MSTP 环网，再由环网路由器到相应的用户路由器，最终到达目的地某集团公司。

图 5-21　企业组建 MSTP 长途以太网专线业务

2．MSTP 网络的跨域以太网专线业务应用

MSTP 可使传输网形成具有独立运营价值的带宽运营网络，利用自身成熟的技术优势提供质高价廉的带宽资源，满足城域带宽需求。跨域端到端以太网专线业务可根据用户的要求提供种类丰富的带宽服务内容。MSTP 网络的跨域端到端以太网专线业务应用如图 5-22 所示。

3．MSTP 网络点到点以太网专线业务应用

MSTP 网络的点到点以太网专线业务应用如图 5-23 所示。MSTP 提供的 10 Mbit/s/100 Mbit/s/1 000 Mbit/s 系列接口，解决了以太网承载的瓶颈问题，给网络建设带来了充分的选择空间。

4．MSTP 网络的以太网 ADSL 和 IP 上行汇聚业务应用

以太网 ADSL、IP 上行汇聚专线业务 MSTP 组网如图 5-24 所示。

图 5-22　MSTP 网络的跨域端到端以太网专线业务应用

图 5-23　MSTP 网络的点到点以太网专线业务应用

图 5-24　以太网 ADSL、IP 上行汇聚专线业务 MSTP 组网

习题 5

1．比较 PDH 与 SDH 在特点上的差异。

2．画出从 2 Mbit/s 速率到 SDH 的 STM-1 复用映射过程。

3．STM-N 中的 N 可取哪些数字？

4．解释 SDH 帧结构中，信息净负荷、段开销、管理单元指针的主要作用。

5．SDH 网络的基本网元有哪些？并解释其主要功能。

6．计算 STM-1 段开销 RSOH、MSOH 的比特率，信息净负荷的比特率。

7．已知二纤单向通道保护自愈环和二纤双向复用段保护自愈环，如图 5-25 所示。网元 A、B、C、D 均为 ADM，若 C、D 两点之间光纤断裂，试分别写出两种自愈环中 A 与 C 两点之间的业务流向并说明此自愈环的保护原理。

图 5-25　STM-4 二纤自愈环

8．简述 MSTP 基本概念，MSTP 最适合的应用范围。

9．解释 MSTP 多业务处理能力的主要功能特征。

第6章 DWDM/光传送网（OTN）

为了满足多种宽带业务（会议电视、高清晰度电视等）对传输容量和网络交互性、灵活性的要求，在光纤传输网上，产生了多种复用技术，如时分复用，在现有光纤线路基础上使用更高比特率的时分多路复用系统是扩大容量的方法之一，从 PDH 到 SDH 的发展就是例证，更高比特率（如 40 Gbit/s）的时分多路复用系统也在研究中，但是制造数十吉比特率的电子线路将会遇到很多困难。另一种扩容的重要方法是光波分复用（WDM），即将多个不同光波长的光纤通信系统合在一根光纤里传输，这些不同波长的光信号所承载的可以是不同速率、不同格式或不同种类的信号，从而大大提高了信息传输容量。本章首先介绍光波分复用和光传送网（OTN）的概念，然后着重对密集波分复用 DWDM 系统结构，基于DWDM 的 OTN 分层、帧结构、复用映射、新增基本网元和组网保护等进行讨论。

6.1 DWDM 的基本概念

DWDM 能在一根光纤上同时传送多个携带信息（模拟或数字）的光载波，可以承载 SDH 业务、IP 业务、ATM 业务，是一种只需通过增加波长（信道）个数来实现系统在光域介质复用扩容与传输的光纤通信技术。目前在光纤传输网中商用的大多为 DWDM 系统，其最大容量已达 82×10 Gbit/s。在实验室容量已达到 82×40 Gbit/s。

6.1.1 波分复用的概念及在传输网中的位置

1. 波分复用的概念

把不同波长的光信号复用到一根光纤中进行传输（每个光波长承载一个 TDM 电信号或模拟电信号等）的方式统称为波分复用。波分复用可细分为不同低损耗窗口的波分复用（WDM）、粗波分复用（CWDM）和密集波分复用（DWDM）。WDM 是指光纤不同低损耗窗口的光波即 1 310 nm 和 1 550 nm 波长复用，波长间隔为 240 nm。CWDM 常用相邻波长间隔为 20 nm 的波长复用，其通带宽度为 13 nm，G.694.2 标准规定的全光谱 CWDM 共有18 个波长数目。DWDM 是指光纤在波长 1550 nm 这一低损耗窗口，其相邻波长间隔为 0.8～10 nm 量级的多个波长复用，如图 6-1 所示。

WDM、CWDM 和 DWDM 的主要区别在于复用与解复用的波长间隔$\Delta\lambda$不同。WDM 系统在 1 310 nm 和 1 550 nm 两个窗口上实现复用，其波长间隔$\Delta\lambda$在 200～250 nm 之间；DWDM复用的波长间隔$\Delta\lambda$=1.6 nm（频率间隔约 200 GHz）或 0.8 nm（频率间隔约 100 GHz）或 0.4 nm（频率间隔约 50 GHz）或 0.2 nm（频率间隔约 25 GHz），16/32 个波长通道 DWDM 系统对应的中心波长和频率如表 6.1 所示。DWDM 因传输的波长数多，所以系统的传输容量更高。但由于复用的波长间隔减小，故 DWDM 系统要求光源有精确的波长、更窄的谱宽及高度的波长稳定性，这样导致激光器价格昂贵、控制技术复杂，系统的造价高。由于高性能和高价格，DWDM 比较适用于长途干线传输系统。

图 6-1　DWDM 的示意图

表 6.1　16/32 波长 DWDM 系统对应的中心波长和频率

序　号	频率/THz	波长/nm	序　号	频率/THz	波长/nm
01	192.10	1 560.61	17	193.70	1 547.72
02	192.20	1 559.80	18	193.80	1 546.92
03	192.30	1 558.99	19	193.90	1 546.12
04	192.40	1 558.18	20	194.00	1 545.32
05	192.50	1 557.37	21	194.10	1 544.53
06	192.60	1 556.56	22	194.20	1 543.73
07	192.70	1 555.75	23	194.30	1 542.94
08	192.80	1 554.94	24	194.40	1 542.15
09	192.90	1 554.14	25	194.50	1 541.35
10	193.00	1 553.33	26	194.60	1 540.56
11	193.10	1 552.53	27	194.70	1 539.77
12	193.20	1 551.72	28	194.80	1 538.98
13	193.30	1 550.92	29	194.90	1 538.19
14	193.40	1 550.12	30	195.00	1 537.40
15	193.50	1 549.32	31	195.10	1 536.61
16	193.60	1 548.52	32	195.20	1 535.82

近年来，宽带城域网正成为电信和网络建设的热点。由于城域网传输距离短，业务接口复杂多样，如果照搬应用于长途传输的 DWDM 技术，会带来成本的大幅度提高。CWDM 技术在系统成本、性能及可维护性等方面与 DWDM 相比具有明显的优势，正逐渐成为日益增长的城域网市场的主流技术。CWDM 复用波长间隔$\Delta\lambda$在 10～20 nm 之间。ITU 针对 CWDM 的工作波长（频率）通过了 G.694.2 建议，如表 6.2 所示。从表中可见，其工作波长从 1 270 nm 开始到 1 610 nm 结束，共有 18 个通道，覆盖了 O、E、S、C、L 共 5 个波段。

2．DWDM 在传输网中的位置

DWDM 将几种不同波长的光信号组合（复用）起来传输，传输后将光纤中组合的光信号再分离开（解复用），送入不同的通信终端，即在一根物理光纤上提供多个虚拟的光纤通道，也可称之为虚拟光纤。DWDM 在传输网中的位置如图 6-2 所示。

表 6.2　　ITU-T G.694.2 CWDM 标准波长

波段	序号	波长/nm	波段	序号	波长/nm	波段	序号	波长/nm
O	1	1 270	E	7	1 390	S	13	1 510
	2	1 290		8	1 410	C	14	1 530
	3	1 310		9	1 430		15	1 550
	4	1 330		10	1 450		16	1 570
	5	1 350	S	11	1 470	L	17	1 590
E	6	1 370		12	1 490		18	1 610

图 6-2　DWDM 在传输网中的位置

6.1.2　DWDM 系统模型

1. 二纤单向 DWDM 系统组成

二纤单向 DWDM 传输是指所有波长的光通路同时在一根光纤上沿同一方向传输，二纤单向 DWDM 系统原理如图 6-3 所示。发射端将载有各种信息，具有不同波长的已调光信号 λ_1，λ_2，…，λ_n，通过复用器组合在一起，并在一根光纤中单向传输，由于各种信号是通过不同光波长携带的，因而彼此之间不会混淆。在接收端通过解复用器将不同波长的光信号分开，完成多路光信号传输的任务，反方向则通过另一根光纤传输，原理与此相同。

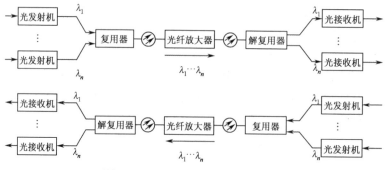

图 6-3　二纤单向 DWDM 系统原理

2．单纤双向 DWDM 系统组成

单纤双向 DWDM 传输是指光通路在一根光纤上同时向两个不同的方向传输，其系统原理如图 6-4 所示，所用波长相互分开，以实现双向全双工的通信。

图 6-4　单纤双向 DWDM 系统原理

单纤双向 DWDM 系统在设计和应用时要考虑几个关键的系统因素，如为了抑制多通道干扰（MPI），应该注意到光反射的影响、双向通路之间的隔离、串扰的类型和数值、两个方向传输的功率电平值和相互间的依赖性、光监控信道（Optical Supervisory Channel，OSC）传输和自动功率关断等问题，同时要使用双向光纤放大器。所以双向 DWDM 系统的开发和应用相对说来要求较高，但与单向 DWDM 系统相比，双向 DWDM 系统可以减少使用光纤和线路放大器的数量。

目前国际上已商用的系统有 4×2.5 Gbit/s，8×2.5 Gbit/s，16×2.5 Gbit/s，40×2.5 Gbit/s，32×10 Gbit/s，40×2.5 Gbit/s。在实验室已实现了 82×40 Gbit/s 的速率，传输距离达 300 km。据 OFC2000（Optical Fiber Communication Conference）提供的情况，主要的商用系统设备有以下 4 种。

（1）Bell Labs：82×40 Gbit/s 在 3×100 km=300 km 的 True Wave（商标）光纤（即 G.655 光纤）上，利用 C 和 L 两个波段联合传输。

（2）日本 NEC：160×20 Gbit/s，利用归零信号沿色散平坦光纤传输，经过增益宽度为 64 nm 的光纤放大器，传输距离达 1 500 km。

（3）日本富士通：128×10.66 Gbit/s，经过 C 和 L 波段（C 波段为 1 525～1 565 nm；L 波段为 1 570～1 620 nm），使用分布拉曼放大器（Distributed Raman Amplification，DRA），传输距离达 6×140 km=840 km。

（4）美国 Lucent Tech：100×10 Gbit/s，各路波长的频率间隔缩小到 25 GHz，用 L 波段，沿 G.655 光纤传输 400 km。

6.2　DWDM 的基本网元设备

DWDM 基本网元设备，一般按用途可分为光终端复用设备（OTM），光线路放大设备（OLA）、光分插复用设备（OADM）和光交叉连接设备（OXC）。本节分别简单介绍 DWDM 基本网元结构及功能。

图 6-5 所示是实用的 16 波 DWDM 系统，它由两个 OTM 组成，在两个 OTM 之间由一

对光纤和一个 OLA 相连，在距离较长的传输线路中，可以在线路中间增加多个 OLA。

6.2.1　光终端复用设备（OTM）

DWDM 网络中最重要的网元之一是 OTM，这里以图 6-5 所示的 16 波 DWDM 系统为例介绍其功能。

图 6-5　实用的 16 波 DWDM 系统组成

OTM 的主要任务是将来自各终端设备（如 SDH 的 TM）输出的光信号 λ_1, λ_2, …, λ_{16}，分别利用发射端波长转换器（TWC），把非特定波长的光信号转换成符合 ITU-T G.692 建议的特定波长的光信号，然后再把各个特定波长的光信号经合波器（M16）复用成多波长的光信号用光功率放大器（WBA）放大，并附上波长为 λ_s 的光监控信道，送入光纤传输。在接收端 OTM 的主要任务是从光纤中先把光监控信道 λ_s 取出，然后对多波复用的主信道用光前置放大器（WPA）放大，经分波器（D16）解复用成 16 个波长的各终端信号，再经接收端波长转换器（RWC），还原成原光信号送至各终端设备（如 SDH 的 TM）。OTM 的功能示意图如图 6-6 所示。

下面进一步介绍组成 OTM 的各部分功能原理，OTM 终端机框图如图 6-7 所示，其作用如表 6.3 所示。

图 6-6　OTM 的功能示意图

图 6-7　OTM 终端机框图

表 6.3　OTM 终端机组成及各部分作用

OTM 终端机组成	作　　　用
TWC	发射端波长转换器（OTU）把 G.957 信号变为 G.692 信号
RWC	接收端波长转换器（OTU）把 G.692 信号还原为 G.57 信号
SCC	主控板（人机对话的桥梁）
SC1/SC2	单向/双向光监控板
M16 /D16	16 合波器/16 分波器
WBA/ WPA	光功率放大器/光前置放大器
SCA（OSC）	光监控信道接入和合波/分波板
OHP	公务电话板

1．TWC 板的组成及功能

TWC 板采用的是 O/E/O 方式，其原理框图如图 6-8 所示。TWC 的光输入端口接收来自 SDH 设备符合 ITU-T G.957 建议的 STM-N 光信号，输出光波长完全符合 ITU-T G.692 建议的光信号，标称中心频率为 192.1～195.2 THz，中心频率偏移≤10 GHz（寿命期内）。发送光信号的最小消光比 EXT≥10 dB。

图 6-8　TWC板的原理框图

TWC 板还具有再生中继功能，可完全达到 ITU-T 规定的输入抖动容限和抖动转移特性等性能指标；TWC 提供再生段 B1 字节的监测（B1 误码上报），可以通过对 B1 字节的监测，定位线路的故障所在；光接收机 O/E 模块在比特误码率 BER=10^{-12} 条件下，最小接收灵敏度为-25 dBm（APD 接收模块）或-18 dBm（PIN 接收模块），光接收机过载光功率为-9 dBm（APD 接收模块）或 0 dBm（PIN 接收模块）；提供以下监测功能：激光器偏流监测、激光器制冷电流监测、发送光功率监测和接收光功率监测等。特别是接收光功率监测，使得定位故障更加方便；具有激光器自动关断功能，当接收无光时，自动关断光发送模块 E/O 模块。

2．RWC 板的组成及功能

RWC 板是 TWC 板的逆过程，在此不多讲述。

3．M16 板的组成及功能

M16 板完成 16 通道光复用，也称合波板，其原理框图如图 6-9 所示。按照功能模块划分，它主要由光路模块和电路模块构成。光路模块包括一个 16 光通道合波器和两个 10：90 光耦合器，完成 16 个波长通道的复用，90%P_i 进入主信道，10%P_i 中的 90%提供在线光监测口 MON。可以由该口接入光谱分析仪，在不中断业务的情况下，监测主信道的光谱，而 10%P_i 中的 10%进行输出光功率检测，通过 PIN 的 O/E 变换，再通过邮箱保持与主控板 SCC 及网管系统的通信，上报单板告警及性能事件。M16 板上使用的合波器为多层介质膜滤波器型或耦合器型。M16 板的 16 个通道对应的波长和频率见表 6.1，表中序号为 01～16。

图 6-9   M16 板的原理框图

4．D16 板的组成及功能

D16 板完成 16 通道分波，是 M16 的逆过程，其原理框图如图 6-10 所示。按照功能模块划分，它主要由光路模块和电路模块构成。光路模块包括一个 16 通道分波器和两个 10：90 光耦合器，完成 16 个波长通道的解复用并提供在线光监测口 MON，分波器为多层介质膜滤波器型。其他输出口作用与 M16 板相同。

图 6-10   D16 板的原理框图

D16 板的 16 个通道对应的波长和频率见表 6.1，表中序号为 01～16。

5．SCA 板的组成及功能

DWDM 系统的监控功能由 SCA 板和 SC1 板共同完成。目前，DWDM 系统主要承载 SDH 业务，SDH 本身具有强大的管理功能，所以对 SDH 的业务监控可直接利用 SDH 本身开销进行管理。DWDM 系统的主要监控内容是对波长转发器（WC 或 OTU），分波/合波器、EDFA，光纤线路运行情况，如运行质量、故障定位、告警等进行监控。

在 DWDM 系统中需要设置光监控信道，用于放置监视和控制系统内各信道传输情况的光监控信号，在发射端插入波长为 λ_s（1 550 nm）的光监控信号，与主信道的光信号合波输出，如图 6-11（a）所示。在接收端，从合波信道中分离出波长为 λ_s 的光监控信号，如图 6-11（b）所示。

SCA 板的核心部分是一个光波分复用的合波器和一个分波器，其原理如图 6-11 所示。

它的功能是将主信道和光监控信道合并或分开。单独设计 SCA 板的原因是 SCA 板使主信道和光监控信道相互独立，互不影响。当系统发生局部故障时，若光监控信道出现问题，可以直接更换光监控信道处理板 SC1 或 SC2，而不会影响主信道的业务。

（a）发射端的 SCA 板

（b）接收端的 SCA 板

图 6-11　SCA 板的原理框图

6．SC1 板的组成及功能

SC1 板用于实现对 λ_s 光监控信道信号的处理，完成终端站光监控信道光信号的收、发处理，SC1 板原理框图如图 6-12 所示。

图 6-12　SC1 板的原理框图

光接收模块完成光/电转换，以便监控板进行处理，并在无光时给出告警信号，通过 CPU 上报 SCC 板。

解帧电路首先将光接收模块送来的电信号进行 CMI 解码，再从解码数字流中搜索复帧结构的 E1 帧，提取 E1 帧中的 E1、E2、F1、D1～D12 等字节，提供给 SCC 板和开销处理板 OHP 处理，同时完成 E1 信号处理功能，包括误码计数、远端告警和帧失步告警等，CPU 收集这些信息上报给 SCC 板。

监控信道帧结构所采用的典型 E1 帧时隙分配图，如表 6.4 所示。

表 6.4　典型 E1 帧结构的时隙安排

0	1	2	3	…	14	15	16	…	31

E1 帧时隙安排：0 时隙为帧定位字节，1 时隙为 E1 字节（中继段公务），2 时隙为 F1 字节，3～14 时隙为 D1～D12 字节（数据通信通道），15 时隙为 E2 字节（复用段公务），

16～31 时隙为备用保留字节。

信息交换是指完成 SC1 板与 SCC、OHP 板的数据交换。SC1 板可提供 D1～D12 共 768 kbit/s 的数据通道，以串行方式与 SCC 板连接，并提供当 SCC 板不在位时，DCC 穿通保护功能，以及 OHP 板不在位时的 E1、F1、E2 字节的穿通保护功能。

成帧电路是指将信息交换后的监控信息变成 E1 数据流，再经 CMI 编码发往光发射模块进行传输。

光发射模块将 CMI 码流转换为光信号通过光口输出，同时接受 CPU 的控制，以便在需要时关断激光器。

CPU 收集 SC1 单板的一些状态、告警信息，通过邮箱与 SCC、OHP 通信，并完成 A/D 转换、环境温度检测、控制端口（如激光器关断、运行灯闪烁、告警灯闪烁等）及 Watchdog 防程序死循环等功能。

SC2 板可以实现对两路光监控信道的信号处理，适应光中继站对两个方向光监控信号的收、发处理的需要。SC2 板硬件原理、功能、应用及告警等与 SC1 板基本相同，只是在光口处理上增加了一路，这里不再赘述。

7．SCC 板的组成及功能

SCC 板承担的是对设备的管理及相互之间通信的功能，可以说 SCC 板是整个 DWDM 系统的控制中心，如图 6-13 所示。

图 6-13　SCC 板的原理框图

8．光功率放大器/光前置放大器（WBA/WPA）板

WBA 板一般安装在 OTM 的发射端，简称功放，用来提高光发射功率。WPA 板一般安装在 OTM 的接收端，简称前放，用来提高光接收机的接收灵敏度，补偿光无源器件的插入损耗。WBA/WPA 板的功能可同时放大 32 个信道（通道间隔为 0.8 nm）的光信号，工作波长范围为 1 535～1 561 nm；在工作波长范围内增益平坦，平坦度<2 dB，WBA/WPA 板的功能框图如图 6-14 所示，其各型号参数如表 6.5 所示。

图 6-14　WBA/WPA 板的功能框图

表 6.5　WBA/WPA 板各型号参数

单 板 名 称	最小输入光功率/dBm	最大输入光功率/dBm	增益/dB
16 通道系统 WBA01	−20	−6	23
16 通道系统 WPA01	−28	−13	23

6.2.2　光线路放大设备（OLA）

OLA 一般安装在收发 OTM 之间，补偿光纤线路的损耗。OLA 主要对多个光载波进行放大，通常用 EDFA 作为 OLA，其基本功能示意图如图 6-15 所示。

OLA 的组成框图，如图 6-16 所示，其作用如表 6.6 所示。OLA 中与 OTM 组成中相同的单板功能，在此不详细叙述。

图 6-15　OLA 的基本功能示意图

（a）OLA 机框图　　　（b）OLA 原理框图

图 6-16　OLA 的组成框图

表 6.6　OLA 组成及作用

OLA 组成	作　　用
SCC	主控板（人机对话的桥梁）
SC2	双向光监控板
WBA/ WPA	光功率放大器/光前置放大器
SCA（OSC）	光监控信道合波/分波
OHP	公务电话板

6.2.3　光分插复用设备（OADM）

在 DWDM 环型网中 OADM 是不可缺少的基本网元，其功能示意图如图 6-17 所示。

OADM 将光复用、解复用、直通、发/收端波长转换器（TWC/RWC）、光功率放大器、光前置放大器等功能综合于一体，具有灵活的上、下波长功能，在网络设计上有很大灵活性。可将 SDH 设备输出的光信号 $\lambda_1, \lambda_2, \cdots, \lambda_n$，分别利用 TWC 把

图 6-17　OADM 功能示意图

非特定波长的光信号转换成特定波长的光信号，然后再把各个特定波长的光信号复用成多波长的光信号，送入东向或西向或东西向光纤传输，其逆过程正好相反。OADM 设备可以

替代 OTM 作为光终端复用设备，可在系统中间站方便地将光支路信号从主信号码流中提取出来，也可将光支路信号方便地插入主信号码流中。还可以将西向线路的光信号直通到东向线路上，从而方便地实现网络中信号码流的分配、交叉与组合。在实际应用中，有多种类型的设备。

以图 6-18 所示的 OADM（上/下 4 通道）组成为例，其作用如表 6.7 所示。

从 OADM 组成来看，除 MR4 单板外，其他单板功能与相应的 OTM 组成相同，这里只介绍 MR4 的作用。

MR4 的作用是完成复用、解复用、直通和波长路由选择动态重构的交叉连接。

图 6-18　OADM 设备的组成

表 6.7　OADM 组成及作用

OADM 组成	作　　用
TWC/RWC	发射端和接收端波长转换器（OTU）
SCC	主控板（人机对话的桥梁）
SC2	双向光监控板
MR4	复用、解复用、直通（OXC）
WBA/ WPA	光功率放大器/光前置放大器
SCA（OSC）	光监控信道合波/分波板
OHP	公务电话板

6.2.4　光交叉连接设备（OXC）

OXC 是 DWDM 网络中的一个重要网元设备，其与 DXC 在网络中的作用相同，但功能和实现方法有所不同，OXC 是对光信号交叉连接，并可以对不同传输代码格式和不同速率等级（如 PDH、SDH 和 ATM 等各种速率和格式）的信号进行交叉连接，实现光波分复用网的自动配置、保护/恢复和重构。

　　光交叉连接设备通常分为 2 类，即光纤交叉连接设备和光波长交叉连接设备，这里着重对其结构和工作原理进行介绍。

　　光纤交叉连接设备连接的是多路输入输出光纤，如图 6-19 所示，每根光纤上所有波长光信号的总容量作为参与交叉连接的基本单位，这种交叉连接设备，只有空分交换开关，交换的基本单位是一根光纤，而不是一个波长，不能实现波长选路。

　　基于光开关矩阵和波分复用器的 OXC 的典型结构如图 6-20 所示，多路光纤中的光信号分别接入各自的解复用器（DMUX），解复用后的相同波长的信号进行空分交换，交换后的各路相同波长的光信号分别进入各自输出口的复用器（MUX），复用后从各输出光纤输出。在这种结构中由于不同光纤中的相同波长之间可以进行交换，因而可以较灵活地对波长进行交叉连接。

图 6-19　光纤交叉连接设备　　　　　　图 6-20　光波长交叉连接设备

6.3　DWDM 组网结构与保护

　　DWDM 技术极大地提高了光纤的传输容量，随之带来了对电交换节点的压力和变革的动力。为了提高交换节点的吞吐量，需要在交换方面引入光技术，从而引起了对 WDM 全光通信的研究。WDM 全光通信网是在现有的传输网上加入光层，在光上进行分插复用和交叉连接，目的是减轻电交换节点的压力。

6.3.1　DWDM 网络结构

　　由于 WDM 系统的应用及 OADM、OTM、OXC 和光交换设备的出现，使各系统连接成全光网。其连接方式与一般网络拓扑类型类似，可分为链型、星型、环型、树型、网孔型等。其中点到点组网是目前 DWDM 设备组网最普遍的一种方式，它可选择是否需要 OADM，但 OTM 和 OLA 是必需的。DWDM 的基本组网方式有点到点链型组网方式、星型组网方式、环型组网方式，由这3种方式可组合出其他较复杂的网络形式。

1. 链型网

链型 DWDM 网络组成如图 6-21 所示，它由 OTM、OADM、STM-16 光支路信号设备组成。

图 6-21　链型 DWDM 网络组成

2. 环型网

环型 DWDM 网络组成如图 6-22 所示。

图 6-22　环型 DWDM 网络组成

3. DWDM 网络设计中考虑的重要问题

DWDM 网络设计中最重要的问题是信道串扰，所谓串扰是指　个信道的能量转移到另一个信道，因而当信道之间存在串扰时，会引起接收信号误码率升高，灵敏度下降，所以对串扰产生机理的研究更显重要。

产生串扰的原因主要有两类，一类是选择信道的解复用元件的非理想特性导致的线性串扰，另一类是由光纤线路的非线性性质引起的非线性串扰。当 DWDM 网络在分配多信道信号或用户要选择自己所需的信号时，通常用两种方法实现信道选择，一种是在光域进行选择，另一种是在电域进行选择。电域选择适用于相干检测技术，光域选择适用于直接检测和相干检测。光域选择要求在光接收机前接入一个光滤波器。

（1）线性串扰

线性串扰通常发生在解复用过程中，它与信道间隔、解复用方式及器件的性能有关。在 IM-DD 的多路复用光纤通信系统中，常采用光滤波器作为解复用器，因而串扰的大小取决于用于选择信道的光滤波器的特性。

（2）非线性串扰

当光纤处于非线性工作状态时，光纤中的几种非线性效应均可能在信道间构成串扰，具体来讲，就是一个信道的光强和相位将受到其他相邻信道的影响，从而形成串扰。由于是光纤非线性效应引起的，故这种串扰被称为非线性串扰。光纤的非线性效应包括受激拉曼散射、受激布里渊散射、交叉相位调制和四波混频等。

6.3.2　DWDM 自愈环网原理

DWDM 光网保护与恢复的方法较多，主要表现在光线路故障的保护与恢复和光通道（光电器件）故障的保护与恢复，具体分析与 SDH 网络类似。此网络保持了较高的生存性，具有自愈功能，它们可分为单纤环、二纤环和四纤环等。以下主要介绍光复用段保护、二纤单向通道环和二纤双向共享环。

1. 光复用段保护

光复用段保护只在光路上进行 1+1 保护，而不对终端设备进行保护。在发射端和接收端分别使用 1×2 光分路器和光开关，在发射端，对合路的光信号进行 1∶1 分离，使 DWDM 线路 1、线路 2 传输相同信号。在接收端，对光信号进行选路。图 6-23 所示是光复用段保护方案。这种系统特点是，只有光缆和 DWDM 的线路系统有备份，而其他如 SDH 终端（Txn，Rxn）和复用器或解复用器则是没有备份的。正常情况下接收端的多波光信号在 DWDM 线路 1（工作系统）与光开关连通。而保护系统与光开关处于断开状态。若 DWDM 线路 1 光缆断裂，则同时发出高电平使接收端的光开关自动连通 DWDM 线路 2（保护系统），从而达到保护作用。

图 6-23　光复用段（OMSP）保护方案

光复用段保护只有在独立的两条光缆路由中实施才有真正的实际意义。

2. 二纤单向通道环

二纤单向通道环是当前研究最多，也是比较成熟的一种环型网物理结构，它采用 1+1

图 6-24　二纤单向通道环的结构

保护方式。二纤单向通道环的结构，如图 6-24 所示。若环网中 A，B 业务互通，在网络正常工作时，网元 A 将业务"并发"到工作光纤 S 和保护光纤 P，所传业务相同且流向相反。信息由网元 A 插入，由 S 直达网元 B。同时另一路信息由 P 经网元 D、C 到达网元 B，在网元 B 自动"选收"工作光纤 S 上的 A 到 B 的业务，完成网元 A 到 B 的业务传输。同样信息由网元 B 插入后，分别由 S 和 P 所携带，前者由 S 经网元 C、D 到达网元 A，后者由 P 直达网元 A，在网元 A 仍然"选收" S 上的 B 到 A 的业务，完成网元 B 到 A 的业务传输。

当网元 A、B 间出现断纤故障时，A 到 B 实际传输业务是由 P 纤经网元 D、C 到达网元 B 的，这里由接收端从 P 中选择光信号实现业务传输的恢复。而 B 到 A 实际传输业务的路由不变，仍由 S 经网元 C、D 最终到达网元 A，完成网元 B 到 A 的业务传输。此保护方式使用"源端并发，宿端选优"的配置方式，不需要协议就可以完成通道恢复。

3．二纤双向共享环

二纤双向共享环类似于 SDH 的复用段保护环，它采用 1:1 保护方式。它是将每一根光纤上的波长信道一分为二（平分）如 $\lambda_1 \sim \lambda_{N/2}$ 和 $\lambda_{N/2+1} \sim \lambda_N$，如图 6-25（a）所示，在光纤 1（S1/P2）上把前半段波长信道组 $\lambda_1 \sim \lambda_{N/2}$ 分为工作信道 S1，后半段波长信道组 $\lambda_{N/2+1} \sim \lambda_N$ 分为光纤 2 的保护信道 P2（或光纤 1 的额外信道）。同样在光纤 2（S2/P1）上也把前半段波长信道组的 $\lambda_1 \sim \lambda_{N/2}$ 作为工作信道 S2，后半段波长信道组 $\lambda_{N/2+1} \sim \lambda_N$ 也作为光纤 1 的保护信道 P1（或光纤 2 的额外信道）。在图 6-25（b）中，网元 A、B 之间的光纤切断后，光纤 1 上的工作信道 S1 倒换到光纤 2 上的保护信道 P1，这里需要进行波长转换。

下面以网元 A，C 间的信息传送为例，如图 6-25 所示，说明自愈环的工作原理。在正常工作时，如图 6-25（a）所示，当信息由网元 A 插入，首先由光纤 1 的 S1 前半段波长信道组 $\lambda_1 \sim \lambda_{N/2}$ 携带信息，经网元 B 到 C 提取业务，完成 A 到 C 的信息传送；而当信息由网元 C 插入时，则也由光纤 2 的 S2 前半段波长信道组 $\lambda_1 \sim \lambda_{N/2}$ 携带对应信息，经网元 B 到达 A 提取业务，完成 C 到 A 信息传送。

当网元 A、B 间出现断纤故障时，如图 6-25（b）所示，由于断纤故障点相连的网元 A、B 都具有环回功能，这样当信息由网元 A 插入时，首先由光纤 1 的 S1 前半段波长信道组 $\lambda_1 \sim \lambda_{N/2}$ 携带，经网元 A 波长转换器将前半段波长信道组所携带的信息转换到光纤 2 的 P1 后半段波长信道组 $\lambda_{N/2+1} \sim \lambda_N$ 保护信道中，此时光纤 2 的后半段额外信息被中断，然后经网元 D、C 到达网元 B，B 再通过波长转换器又将光纤 2 的 P1 后半段波长组 $\lambda_{N/2+1} \sim \lambda_N$ 携带的信息置于光纤 1 的 S1 前半段波长信道组 $\lambda_1 \sim \lambda_{N/2}$ 工作信道中，最后到达网元 C 提取业务，从而完成了 A 到 C 的信息传送。而由 C 插入的信息则先由光纤 2 的 S2 前半段波长信道组 $\lambda_1 \sim \lambda_{N/2}$ 携带，经网元 B 的波长转换器转换到光纤 1 的 P2 后半段波长信道组 $\lambda_{N/2+1} \sim \lambda_N$ 保护信道中，沿线经网元 C，D 到达网元 A，又由网元 A 再通过波长转换器转入光纤 2 的 S2 前半段波长信道组 $\lambda_1 \sim \lambda_{N/2}$ 工作信道中，最后从网元 A 提取出信息，以此完成由 C 到 A 的信息传递。

（a）正常通信状态　　　　　　　　　　　（b）断纤通信状态

图 6-25　二纤双向共享环的结构

6.3.3　DWDM 网络管理

1．网络的管理系统组成

DWDM 网络的管理系统结构如图 6-26 所示。此系统采用数据网来传输网管信息，它与光的传输网本身分开，通过 ITU-T 协议的数据通信网（DCN），如 G.773 中 X.25 协议等来进行连接。此网管系统不仅提供了光网络与光设备等网管功能，而且还能实现网络的操作系统与网元之间的通信功能。在操作系统和网络单元（网元）之间通过 Q3 接口进行连接。

图 6-26　DWDM 网络的管理系统结构

DWDM 网络的管理信息主要有信号失效的故障信息，路经终端失配和连续性丢失等缺陷信息，还有光波长、光强、信噪比、光复用段 AIS（Alarm Indication Signal）、RDI（Remote Defect Indication）及保护控制信号的性能质量信息等。

2．管理信息传输方案

目前已经提出多种实现光网络管理信息的传输方案。利用额外的光频率可以很容易地实现带外方式的开销通信。此时，可以采用某一数据波长（工作于 1 510 nm 或其他波段的 1 300 nm）传送开销信息，即用一个单独的光监控信道（OSC）作为管理信道。高速的数据信道和管理信道在传输过程中进行复用，只在网元处通过解复用器分离。在 EDFA 的增益带边缘设置一个专门用于光传输段通信的信道，同时在 EDFA 增益带内设置一个用于光复用段和光通道层通信的信道，是一种值得推荐的做法。

对于 OSC，建议采用的载波波长是（1 510±10）nm。OSC 的传输速率暂时采用 2.048 Mbit/s，OSC 由帧定位信号和净负荷组成。光监控信道的净负荷可分为两类信息：维护信号和管理消息。维护信号是在网元之间进行交换的，在网络中采用面向比特的协议来传送。管理消息实现了数据通信通道，用在网元与操作系统之间传送管理数据，采用的是面向消息的协议。网元管理信息都是通过管理消息的数据通信通道传输的，采用 DCC 字节。

关于 OSC 数据通路的保护措施，当 OSC 通路双向光纤段都断路时，网元管理系统将无法获取网元的监控信息，为防止这种情况带来的严重后果，DWDM 系统具有监控通路的保护功能。例如，在 DWDM 系统的两个终端站可提供 OSC 中 DCC 通道的保护路由（如 X.25），如图 6-27 所示。

图 6-27　灵活的管理通道

6.3.4　DWDM 光网络在长途干线的应用

DWDM 光网络在长途干线的应用实例一为某省干线 DWDM 传输网实验局，示意图如图 6-28 所示。实例二为长三角某互联网客户因数据业务的快速增长，需要将原有上海、杭州和无锡三个数据中心的骨干传输环网，逐步升级到 200G 的 DWDM 传输系统，示意图如图 6-29 所示。

图 6-28　某省干线 DWDM 传输网实验局示意图

图 6-29　某省数据中心 200G DWDM 骨干环网示意图

6.4　光传送网（OTN）

光传送网（OTN）以波分复用（WDM/DWDM）技术为平台，充分吸收 SDH（MSPT）出色的网络组网保护能力和 OAM 运行维护管理能力，是 SDH 和 WDM 技术优势的综合体现。在 OTN 技术中，能以大颗粒、大容量的 IP 化业务在城域骨干传送网及更高层次的网络结构里，提供电信级网络的保护恢复功能，大大提高了单根光纤的资源利用率。

6.4.1　基本概念与分层结构

OTN 技术从 WDM 技术演进而来，初期在 DWDM 设备上增加了 OTN 接口，并引入可重构光分插复用设备（ROADM）、OTH，实现了波长级别调度，起到光配线架的作用。

1. OTN 的基本概念

1999 年，ITU-T 正式提出光传送网（OTN）的概念，在 1999—2009 年期间 OTN 用 G.872、G.709、G.798 等一系列 ITU-T 建议规范了新一代光传送技术体制，又通过 ROADM 技术、OTH 技术、G.709 封装和控制平面的引入，解决了传统 WDM 网络无波长/子波长业务调度能力弱、组网能力弱、保护能力弱等问题。OTN 在光域内可以实现业务信号的传送、复用、路由选择、监控，并保证其性能要求和生存性。

2. OTN 的分层结构

OTN 的主要特点是引入了"光层"概念，在 SDH 传送网的再生段层和物理层之间加入光层，如图 6-30 所示。由图所示 SDH 传送网和 OTN 的分层结构的对应关系，OTN 可以看成是 SDH 传送网的再生段层厚度被挤压后插入光层。插入的光层又可分为若干子层，即光通道层（OCH）、光复用段层（OMS）和光传输段层（OTS）。这种子层的划分方案既是多协议业务适配到光网络传输的需要，也是网络管理和维护的需要。下面重点介绍光层功能。

图 6-30　SDH 传送网和 OTN 的分层结构

（1）光通道层（OCH）

OCH 负责为来自电域段层（如再生段层）的不同格式的客户信息如 PDH、SDH、ATM 信元等选择路由、分配波长和灵活地安排光通道路径连接、开销处理和监控等功能，从而提供端到端透明传输的光通道互联互通联网功能。

OCH 所接收的信号来自电域段层，它是 OTN 的主要功能载体，根据 G.709 的建议，OCH 又可以进一步分为 4 个子层：光通道净荷单元子层（OPU）、数据单元子层（ODU）、传输单元子层（OTU）3 个电域子层和 1 个光域的光通道子层 OCh。

（2）光复用段层（OMS）

OMS 可保证相邻两个波分复用传输设备之间多波长光信号完整传输,并提供网络功能。该层网络功能包括：为灵活的多波长网络选路重新安排光复用段连接；为保证多波长光复用段适配信息的完整性而处理光复用段开销；为网络的运行如复用段生存性和管理提供光复用段监控功能。

（3）光传输段层（OTS）

OTS 为光复用段信号在不同类型的传输介质（如 G.652、G.653、G.655 光纤）中提供传输功能，包括对光放大器的监控功能。

由于上述光通道层、光复用段层和光传输段层所传输的信号均为光信号，故称为光层。

图 6-31 所示是光传送网从水平角度看分层的一个示例，用于表示光传送网提供端到端的连接。由图中可以看出整个光传送网的分层结构，OCH、OMS、OTS 形成客户/服务者关系，服务层是为客户服务的，它是客户层网络的基础。另外，层级概念相当于大的管道里面装着多个小管道，大的管道被称作小管道的"服务层"，小管道被称大管道的"客户层"，比如 OTS 为 OMS 的服务层。OMS 段层由一个或多个 OTS 段层组成，OCH 层又由一个或多个 OMS 层组成。如果某一个 OTS 段层出现故障，必将影响相应的 OMS 段层和 OCH 段层。

图 6-31　光传送网的水平分层结构（端到端 OTM 连接）

（4）OTN 的 OTM 层次结构

从图 6-30 中单独列出 OTN 的光层结构，如图 6-32 所示。OTN 的光层结构图可以看出，各种不同客户信号，如 IP/MPLS、ATM、Ethernet、STM-N、GbE 等先从 OCH 边界点接入，然后通过 OCH、OMSn、OTSn 完成复用和映射，最终通过 OTM-0 或 OTM-n，送入光纤进行有效可靠的传输。

图 6-32　OTN 的光层的垂直分层结构图

OTM 是 OTN 的关键网元，OTN 技术和 SDH 技术在功能上类似，只不过 OTN 所规范的速率和格式都有自己的标准，能提供客户层信息的传送、复用、选路、管理、监控和生存性功能。如图 6-33 所示是 OTN 的 OTM 功能模型，包括电层域内的业务映射封装、复用和交叉，光层域的传送和交叉。OTN 组网灵活，可以组成点到点、环型和网孔型拓扑。

图 6-33　OTN 的 OTM 功能模型

在 2001 年 ITU-T 发布的 G.709/Y.1331 建议中将 OTM-n 分成两种不同情况：一种是具有完整功能的 OTM 接口（OTM-n.m），另外一种是具有简化功能的 OTM 接口（OTM-0.m、OTM-nr.m），其中 m 表示比特率，n 表示支持波长数，r 表示简化功能，如图 6-34 所示。

图 6-34　OTN 的全功能和简化功能的 OTM 的光层结构

完整（全）功能的 OTM-n.m(n≥1)的光层结构包含光通道层（OCH）[其中含有光通道的净荷单元（OPUk）、数据单元（ODUk）、传输单元（OTUk/OTUkV）、光域的光通道子层 OCh]，光复用段层（OMSn）和光传输段层（OTSn）；简化功能的 OTM-0.m 和 OTM-nr.m 包含光通道层（OCH）和光物理段层（OPSn）。

OPU 可提供客户信号（STM-N、ATM、IP、MPLS 等）的映射功能。ODU 可提供客户信号的数据封包、保护倒换、踪迹监测、通用通信处理等功能。OUT 可提供 OTN 成帧、FEC 处理、通信处理等功能。在波分复用设备中，发射端的 OTUk/OTUkV 单板可完成信号从客户信号（clinet）到光通道载波（OCC）的变化，接收端的 OTUk/OTUkV 单板可完成信号从 OCC 到 clinet 的变化。

6.4.2　OTN 的帧结构与开销

狭义来说，OTN 的帧结构就是传输单元（OTUk）的帧结构，传输单元（OTUk）帧就是 OTN 信号在电层的帧格式。

OTN 的帧结构实际上是描述 OTN 的 OTM 的实现过程，OTM 可以理解为 n 个 OTUk 同时传送。

OTN 的帧格式与 SDH 的帧格式类似，通过引入大量的开销字节来实现基于波长的端到端业务调度管理和维护功能。客户业务信号经过 OPU、ODU、OTU 的 3 层封装最终形成传输单元 OTUk。因此，OTUk 的帧结构实质就是 OPUk、ODUk、OTUk 的 3 个帧结构对应封装最终形成 OTN 的（电层）帧结构。在 OTN 系统中，以传输单元（OTUk）为颗粒在光传输段层中传送，而在 OTN 的 O/E/O 交叉时，则以 ODUk 为单位进行波长级调度。OTN 的 G.709 帧结构比 SDH G.707 帧结构更为简单，开销更少。下面简介 OTUk 的帧结构（狭义 OTN 帧格式）形成过程。

1．OPUk 的帧结构

OPUk 用来承载实际要传输的用户净荷信息，由净荷信息和开销组成。开销主要用来配合净荷信息在 OTN 帧中的传输，即 OPUk 层的主要功能是将用户净荷信息适配到 OPUk 的速率上，从而完成用户信息到 OPUk 帧的映射过程。

OPUk 的帧结构如图 6-35 所示。OPUk 的帧结构是一个以字节为单位的长度固定的块状帧结构，共 4 行 3 810 列。

OPUk 的帧由两部分组成，即 OPUk 开销和 OPUk 净荷。最前面的两列为 OPUk 开销（第 15、16 列），共 8 字节，第 17 至 3824 列为 OPUk 净荷。

图 6-35　OPUk 的帧结构

2．ODUk 的帧结构

ODUk 的帧结构由两部分组成，分别为 ODUk 开销和 ODUk 净荷（等于 OPUk 帧），如

图 6-36 所示。ODUk (k=1,2,3)帧结构基于字节块，共由 4 行、3824 列组成。

ODUk 的开销占用第 2,3,4 行的前 14 列。第 1 行的前 14 列被 OTUk 开销占据。ODUk 净荷主要由 OPUk 帧组成。ODUk 的开销主要由 3 部分组成，分别为路径监控字节 PM、串接监控字节 TCM 和其他开销。

图 6-36 ODUk 的帧结构

3. OTUk 的帧结构

G.709 传输单元（OTUk）的帧结构如图 6-37 所示。完全标准化 OTUk（k=1、2、3）帧由 OTUk 净荷（等于 ODUk 帧）和 OTUk 附加的前向纠错（FEC）字节两部分组成。OTUk 净荷包含定帧字节、OTUk 开销字节、ODUk 开销字节、OPUk 开销字节和 OPUk 净荷字节。OTUk 帧共 4 行 4 080 列，以字节为单位，总共有 4×4 080=16 320 字节。完整的 OTUk 帧由定帧字节（FAS）、OTUk 开销字节、ODUk 开销字节、OPUk 开销字节、客户信号映射 OPUk 净荷字节和 OTUk 用作前向纠错（FEC）的开销字节组成。OTUk 帧在发送时按照先从左到右，再从上到下的顺序逐字节发送，不随客户信号速率而变化。

图 6-37 G.709 OTUk 的帧结构

OTUk 的帧结构与 SDH 的相同，也采用固定长度的帧结构，对于不同速率的客户信号，如 OTU1（对应 STM-16 加 OTN 开销后的帧结构和速率）、OTU2（对应 STM-64 加 OTN 开销后的帧结构和速率）、OTU3（对应 STM-256 加 OTN 开销后的帧结构和速率）等，均具有相同的信息结构，即 4×4 080=16 320 字节，但每帧的周期不同，帧的发送速率不同。当客户信号速率较高时，相对缩短帧周期，加快帧频率，而每帧承载的数据信号没有增加。这与 SDH STM-N 帧不同，STM-N 帧的周期均为 125 μs，不同速率信号其帧的大小不同。OTN 不需要全网同步，接收端只要根据定帧位开销来确定每帧的起始位置即可。

OTUk 开销部分第 1 行的 1~6 列为定帧字节（FAS）、第 7 列为复帧标识字节（MFAS）、第 8~10 列为段层监控字节（SM）、第 11~12 列为两个 OTUk 终端之间进行通信而保留的通用通信通道字节（GCC0）、第 13~14 列为保留字节（RES）。GCC0 这两字节构成了两 OTUk 终端之间进行通信的净通道，可用来传输任何用户自定义信息，G.709 标准中对这两字节的格式不进行定义。

　　OTUk 的 FEC 位置为 OTUk 信号帧的 3 825 列到最后一列 4 080，共 4 行。其增加了最大单跨距离或跨距的数目，因而可以延长信号的总传输距离。在一个光放段输出总功率有限的情况下，可以通过降低每通道光功率来增加光通道数。FEC 的出现降低了对器件指标和系统配置的要求。

　　对于 OTUk 的帧结构，其来源于 OPUk 的帧结构加开销封装构成 ODUk 的帧结构，ODUk 的帧结构再加开销封装构成 OTUk 的帧结构。

4．OTN 的开销

　　OTN 的帧结构是指 OTN 网络中传输数据的格式和组织方式，它决定了数据在光传送网中的传输和处理方式。

　　OTN 中的帧被称为 OTUk，如前所述，它是通过数字封包技术向客户信号加入开销 OH(Overhead)和 FEC 部分形成的，如图 6-38 所示。在 G.709 中，定义了三种不同速率的 OTUk(k=1，2，3)帧结构，速率依次为 2.5 Gbit/s、10 Gbit/s、40 Gbit/s。

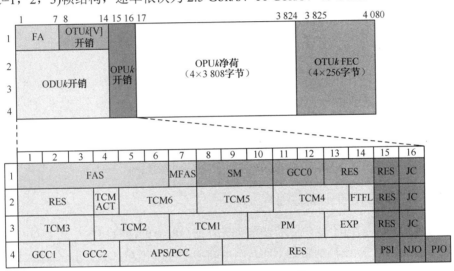

图 6-38　OTN 的帧结构及开销

6.4.3　OTN 的复用映射结构

1．OTM-n 客户信号的复用映射结构

　　OTN 的 OTM-n 客户信号的复用结构和映射结构如图 6-39 所示。图中基本复用和映射单元包括光通道的净荷单元 OPUk、数据单元 ODUk、光通道数据支路单元群 OD TUGk、光信道载波 OCC、OCC 群 OCG-$n.m$ 和光通道子层 OCh/OChr。

　　如图 6-39 显示了各客户信号（SDH/IP/以太网等）可以按照一定的复用和映射结构接入 OTM 中。由图 6-39 可见，某客户信号经过 OPU1 适配，映射到 ODU1，ODU1×4 复用到 OD TUG2。

　　OD TUG2 作为大数据信号与另外客户信号复用到 OPU2，OPU2 映射到 ODU2，ODU2×4

和 ODU1×16 复用到 OD TUG3。OD TUG3 信号与另外客户信号合并映射到 OPU3，OPU3 映射到 ODU3、OTU3 [V] 中。OTU 3[V]信号可以直接映射到简化功能的光通道子层（OChr 或 OCh），调制到光通道载波（OCCr 或 OCC）中。OCCr 或 OCC 信号波分复用到一个光通道载波群（OCG-n.m 或 OCG-nr.m）。OCG-n.m 再加上光监控信道（OSC）后，复用构成光复用终端设备 OTM-n.m。

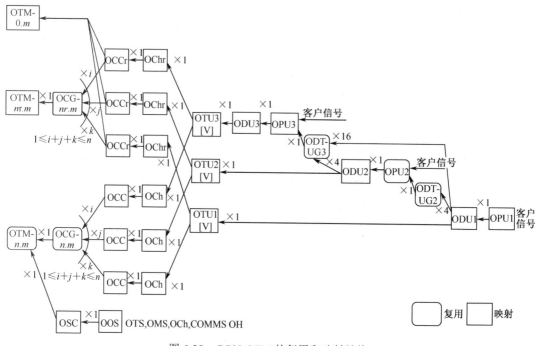

图 6-39　G.709 OTM 的复用和映射结构

2. 客户信息到 OTM 的适配过程

图 6-40 更详细地描述了客户信号首先被映射进 OPUk 的净负荷区，加上 OPUk 开销后便构成 OPUk，然后 OPUk 被映射到 ODUk，再到功能标准化 OTUk [V]。OTUk [V]信号可以直接映射到光通道子层（OCh 或 OChr）中。OCh 或 OChr 再被调制到光通道载波（OCC 或 OCCr），最后光通道载波信号 OCC 或 OCCr 波分复用到一个光通道载波群 OCG-n.m，然后 OCG-n.m 依次映射到 OMSn、OTSn 和 OTM-n.m。

OTN 接口信息结构通过基本信息包含关系和信息流关系来表示。客户信号到 OTM 的适配过程，体现了基本信息包含关系。信息流关系的范例这里不再详述。如图 6-40 所示，OTN 中定义了两种客户信号适配进 OTN 的途径，分别是通过数据包适配进 ODU 和直接适配到 OCh。

客户信号通过加开销 OH 头部被映射到 OPUk，OPUk 加开销 OH 头部被映射到 ODUk，ODUk 加 OH 头部和带外前向纠错（FEC）映射 OTUk[V]，OTUk[V] 映射到 OCh 或 OChr 净荷，最后被调制到 OCC 或 OCCr。通过波分复用将最多 n（n>1）个 OCCr 波分复用到一个 OCG-n.m，再映射到 OMSn，OMSn 映射到 OTSn，OTSn 复用到 OTM-n.m。

OOS 为 OTM 开销信号，它由 OTS、OMS 和 OCh 开销组成。OOS 通过 OSC 来传送。OSC 为光监控信道。

图 6-40　客户信号到 OTM 的适配过程

3. 比特速率和容量

OTUk 信号的等级、比特速率和容差，见表 6.8。

表 6.8　OTUk 信号的等级、比特速率和容差

等　　级	比特速率/（kbit/s）	容　　差
OTU1	255/238×2 488 320（约 2.7 Gbit/s）	
OTU2	255/237×9 953 280（约 10.7 Gbit/s）	$\pm 20 \times 10^{-6}$
OTU3	255/236×39 813 120（约 43 Gbit/s）	
OTU4	255/277×99 532 800（约 112 Gbit/s）	

ODUk 信号的等级、比特速率和容差，见表 6.9。

表 6.9　ODUk 信号的等级、比特速率和容差

等　　级	比特速率/（kbit/s）	容　　差
ODU1	239/238×2 488 320（约 2.5 Gbit/s）	
ODU2	239/237×9 953 280（约 10 Gbit/s）	$\pm 20 \times 10^{-6}$
ODU3	239/236×39 813 120（约 40 Gbit/s）	
ODU4	239/277×99 532 800（约 100 Gbit/s）	

OPUk 信号的等级、比特速率和容差，见表 6.10。

表 6.10　OPU*k* 信号的等级、比特速率和容差

等　　级	比特速率/（kbit/s）	容　　差
OPU1	2 488 320	±20×10⁻⁶
OPU2	238/237×9 953 280=9 995 276	
OPU3	238/236×39 813 120 =40 150 519	
OPU4	238/227×99 532 800 =10 355 975	

OUT*k*/ODU*k*/OPU*k* 帧周期见表 6.11。

表 6.11　OTU*k*/ODU*k*/OPU*k* 帧周期

等　　级	周期/μs
OTU1/ODU1/OPU1/ OPU1-Xv	48.971
OTU2/ODU2/OPU2/ OPU2-Xv	12.191
OTU3/ODU3/OPU3/ OPU3-Xv	3.035
OTU4/ODU4/OPU4	1.168

6.5　OTN 的基本网元和组网保护

OTN 的基本网元一般按用途可分为光终端复用设备（OTM）、光线路放大设备（OLA）、光分插复用设备（OADM）、光交叉连接设备（OXC）、可重构光分插复用设备（ROADM）、电层交叉连接设备（OTH）和光电混合交叉型设备（OTH＋ROADM）7 种类型。本节只简单介绍 OTN 新增网元基本功能。

6.5.1　OTN 新增网元

1. ROADM

可重构光分插复用是光传送网 OTN 采用的一种较为成熟的光交叉技术，ROADM 是相对于 DWDM 中固定配置 OADM 而言的，其采用可配置光器件，从而可以方便地实现 OTN 的网元中任意波长的上下和直通配置。

ROADM 作为 OTN 的一个关键网元，它可以将任意数量的任意波长交叉调度到任意的上下路端口和任意的输出方向（即实现交叉的波长无关性和方向无关性），是一种可以灵活进行波长调度、动态重构、分插复用和交叉连接的设备。ROADM 的结构可以归为两大类：波长阻塞型和波长选择型。

（1）波长阻塞型 ROADM

图 6-41 所示是两方向的波长阻塞型 ROADM 结构示意图。每个方向的输入信号经过光前置放大器后，采用光分路耦合器（Coupler）进行分路，分别送到下路解复用器（DMUX）和波长阻塞器（WB）。波长阻塞器阻断下路波长，让直通的波长与上路波长合在一起，经光功率放大器后输出。这种结构能实现波长资源的可重构和多方向的波长重构，上下路较

为灵活，成本较低。由于采用了 Coupler 分路，可以支持波长广播/组播功能，适应 IPTV 类业务发展的需求。

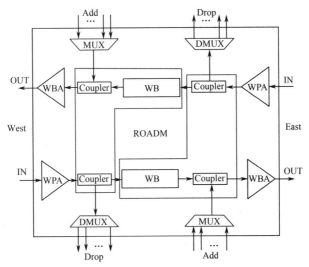

图 6-41　波长阻塞型 ROADM 结构示意图

（2）波长选择型 ROADM

基于波长选择型的单方向 ROADM 结构的示意图如图 6-42 所示。

图 6-42　波长选择型 ROADM 结构示意图

由于波长选择开关（WSS）可以将输入的多波长信号中的任意波长和任意数目的波长组合输出到任意输出端口上，因此，这种结构具有很强的端口和波长的重构特性，具体功能如下：

① 支持任意波长从任意端口上下，即具有端口的波长无关性。

② 支持群路上下，一个端口同时上下多个波长，并可任意选择某端口的上下路波长及波长数目。

③ 通过图 6-42 中的交叉输入/输出端口很容易扩展为多方向 ROADM，并实现不同方向波长的交叉连接，实现方向无关性。

图 6-43 所示是一个 4 个方向的波长选择型 ROADM 结构示意图，任意方向输入的 WDM 信号经 WSS 选择后可以实现波长无关、端口无关的上下路；对不同方向的 WDM 链路，可以按照需要实现可控、可重构的交叉连接。以西向为例，输入的 WDM 信号经过 WSS 选择可以在本地下路，或直通到其他方向；本地下路的信号经过另外一个 WSS 可以指配到任何一个下路端口；上路信号通过耦合器与直通部分及其他方向交叉来的信号合在一起，从东向输出。ROADM 不仅可以用在环网中，多方向的 ROADM 作为波长交叉连接设备在网孔型网中也有重要应用。

图 6-43　4 个方向的波长选择型 ROADM 结构示意图

2. OTH

电层交叉连接设备（OTH）是具备波长级电层交叉能力的 OTN 设备，主要完成波长交叉和调度或电层交叉连接矩阵实现 OXC 的波长交叉。交叉的业务以 $ODUk$ 颗粒进行映射、复用和交叉，这和传统 SDH 设备 VC-12 和 VC-4 交叉比较类似。OTH 电层交叉速率可以是 2.5 Gbit/s（ODU1）、10 Gbit/s（ODU2）和 40 Gbit/s（ODU3）。OTH 的主要优点是适用于大颗粒和小颗粒业务；支持子波长一级的交叉；O/E/O 技术使得传输距离不受色散等特性限制；$ODUk$ 帧结构比 SDH 更简单，和 SDH 交叉技术相比具有低成本的优势。OTH 功能示意图如图 6-44 所示，图中 E-XC 为电层交叉连接矩阵，收、发机完成 O/E 和 E/O 变换。

图 6-44　电层交叉连接设备功能示意图

3. OTH+ROADM

光电混合交叉型设备（OTH+ROADM）将两个设备相结合，同时提供 $ODUk$ 电层和 OCh 光子层调度能力，波长级别的业务可直接通过 OCh 交叉，其他需要调度的子波长业务经过

ODUk 交叉，两者配合可优势互补，又同时规避了各自的劣势。OTH+ROADM 不但支持电层和光层的终端复用功能，而且支持电层以 ODUk 为交叉颗粒和光层以波长为交叉颗粒的交叉连接及业务分插复用功能，并集成了 OTH 和 ROADM 的功能。

ROADM+OTH 结构示意图如图 6-45 所示。

图 6-45　光电混合交叉型设备结构示意图

6.5.2　OTN 组网保护

OTN 目前可提供如下几种保护方式。

1. 光通道 1+1 路由保护

客户侧设备的光通道 1+1 路由保护如图 6-46 所示。实现保护的方式是客户侧业务通过 OTN 设备（OTM）的波长转换单元（OTU）后，经发端保护单元（OP）实行双发，经主用线路和备用线路这两条线路到达收端保护单元（OP）进行选收，再至收端波长转换单元（OTU），最后送至收端客户侧设备收取。在正常情况下收端保护单元（OP）进行选收主用线路这一路信号送至客户侧设备中；若主用线路断纤，则选择备用线路，从而实现客户侧业务的 1+1 保护。图 6-46 中 OMU 为合波单元，ODU 为分波单元，OA 为光放大器，OSC 为光监控信道收/发器，OSCAD 为光监控信道合波/分波。

图 6-46　光通道 1+1 路由保护

2. 光复用段 1+1 路由保护

光复用段 1+1 路由保护如图 6-47 所示。实现保护的方式是客户侧业务通过 OTN 设备（OTM）的发端波长转换单元（TXOTU）后，经 OMU、发端 OP 完成双发，经主用线路和备用线路这二条线路到达收端 OP 进行选收。在正常情况下 OP 选择主用线路这一路信号送至 ODU、收端波长转换单元（RXOTU）和客户侧设备中；若工作线路断纤，则选择备用线路，从而实现客户侧业务的 1+1 保护。

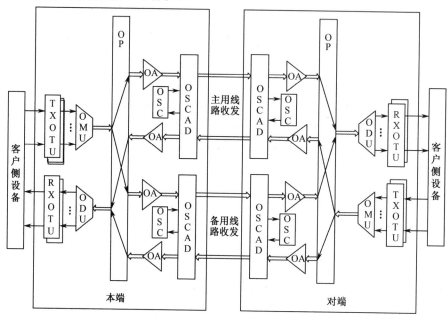

图 6-47　光复用段 1+1 路由保护

3. 光线路 1+1 保护

光线路 1+1 保护，如图 6-48 所示。与前面 1+1 保护原理类似，不赘述。

图 6-48　光线路 1+1 保护

6.5.3　OTN 在长途干线的应用

利用 OTN 设备组建的光传送网是目前骨干传送网建设的首选方案。传送网按照用途和地域不同划分为省际、省内和城域传送网，城域传送网可进一步分为核心层、汇聚层和接入层三层网络。提供大颗粒高带宽业务的传输是 OTN 技术的最大优势，根据目前的网络结构，省际和国内干线传送网的传输颗粒已达到 100 Gbit/s，城域传送网的业务颗粒普遍达到 10 Gbit/s 以上。因此，优先考虑使用 OTN 设备组建干线传送网。OTN 在长途干线的应用实例为某省第二干线 OTN，如图 6-49 所示，为 3 个 80×100 Gbit/s OTN，开通 9 个 100 Gbit/s 波道。根据公司的招标结果，这次 100 Gbit/s OTN 系统的设备采用某公司的 OTN 9600 系列设备，这套设备将提供最大 100 Gbit/s 带宽，最小 GE 带宽的各种业务接口速率，可满足不同带宽用户需求，接口种类多，业务配置灵活。

图 6-49　某省第二干线 OTN 示意图

习题 6

1．比较波分复用（WDM）和密集波分复用（DWDM）在定义上的差别。

2．用 6 个 DWDM 器件设计出 4 端口的波长路由器，要求画出设计结构（光路）图，将波长分配标注在图上。

3．简述实现 DWDM 系统的关键技术。

4．画出实用 DWDM 系统基本结构图，并解释每一部分的功能。

5．现有 32 波的 DWDM 的二纤双向共享环，如图 6-50 所示。若 B 与 C 之间断纤，指出 A 与 C 的业务流向。

6．将 DWDM 的网元，填入图 6-51 所示的网络 A，B，C，D，E，F，G，H，I，J 结构中。

图 6-50　　　　　　　　　　　图 6-51

7. 简述 OTN 的概念，其主要技术优势，OTN 与 SDH 的分层结构上的主要区别。

8. 画出 OTUk 帧结构，并说明其是如何工作的。

9. 基于光层交叉的 ROADM 与 OADM 的主要区别是什么？

10. 基于电层交叉的 OTH 的特点有哪些？

第7章 PTN/SPN 分组传送网络

随着 SDH/MSTP/WDM 技术的发展，传送网的容量问题、生存性问题、QoS 保障问题已基本得到解决。为了能够灵活、高效和低成本地承载各种业务，尤其是数据业务，分组传送网络（PTN）技术应运而生。

PTN 是基于分组交换面向连接的多业务统一传送技术的网络，PTN 已成为全 IP 化的宽带网络核心技术之一，成为数据网和传送网融合发展的重要方向之一。PTN 大多应用于移动承载网络的基站 NodeB 到 RNC 之间的信息传输，这一段信息传输被业界称为回传。

在 PTN 技术基础上，进一步演进推出 ATN（IP-RAN），IP-RAN（Radio Access Network）是用三层和二层技术（在核心汇聚层用三层技术，接入层用二层技术），表示全 IP 化的移动承载网络，承载 NodeB 到 RNC 之间或 eNB 到 MME/SGW 之间的网络流量。PTN 与 ATN，其基本概念和工作原理相似，硬件相同，软件不同。其系列产品的使用有所区别。PTN 用的软件在传输平台开发，ATN 则在数通平台开发，这样两者的命令接口就不同。

ATN 定位于城域网络边缘，面向多业务，但仍然支持端到端城域网以太网业务的接入、汇聚和核心分组传送。ATN 技术主要为移动通信 3G、4G 业务承载服务。

在 PTN 技术的基础上，演进出 SPTN（软件定义网络 SDN+PTN），又历经两代演进而得到 SPN（切片分组网络）。SPN（Slicing Packet Network）面向 5G 承载能力的架构，SPN 继承了 PTN 的全部特性，是 PTN 的增强版本。SPN 历经 4 年，2019 年 7 月 ITU-T 标准体系确立，当前已完成标准化和商用，产业链已完全成熟。

SPN 为 5G 多业务差异化承载需要提供分片服务，同时在网管系统支持 PTN、微波、MSTP、波分设备统一管理，有效避免了多设备网管间的分界盲区，大大提高了网络运维品质。

在 PTN 技术基础上，又演进出分组光传送网（POTN），它也是面向连接的分组传输网，POTN 的优势是既解决大容量传送，又实现分组业务的高效处理，其定位于城域网的应用。POTN 从狭义的角度理解，是指 PTN 和 OTN 的功能有效融合；从广义的角度理解，是指对现有 OTN 进行改造，使得 OTN 网络适应业务层面的分组化，其技术特点是引入了任意固定比特率的映射方式，以适应各种类型、各种速率的业务流，如 1 Gbit/s、10 Gbit/s 及 100 Gbit/s 的透明传输被认为是替代 SDH 最好的传输容器。

本章从技术与应用的角度，较详细地介绍 PTN 和 SPN 的基本概念、体系结构、业务承载与数据转发、网络安全及在 3G、4G、5G 移动承载网络中的应用等内容。

7.1 PTN 概述

7.1.1 PTN 的基本概念及特点

1. PTN 的基本概念

网络的扁平化、宽带化、移动化、全 IP 化已成为当今网络发展的大方向。然而传统的传送网和数据网由于受到技术的限制，已越来越成为影响业务、网络 IP 化发展的障碍。在这种背景下，能够较好地承载电信级以太网业务，又能兼顾传统 TDM 业务（如 OTN、STM-N、xDSL 等），并继承了 SDH/MSTP 良好的组网、保护和可运维能力的分组传送网络（PTN，也称分组传送网）技术的出现，适时地顺应了时代发展步伐。

　　PTN 技术是一种能够面向连接，以分组交换为核心，承载电信级以太网业务为主，兼容传统 TDM、ATM 等业务的综合传送技术。它是针对分组业务流量的突发性和统计复用传送的要求而设计的，目前在移动通信 3G、4G 基站回传网（从 NodeB 到 RNC 之间或 eNodeB 到分组核心网 EPC 之间的信息传输）的 IP 化和宽带化接入传输中得到了广泛应用。

　　目前，PTN 已形成传送-多协议标签交换/多协议标签交换-传送架构（T-MPLS/MPLS-TP）和运营商骨干网传输/运营商骨干桥接-流量工程（PBT/PBB-TE）两大类主流实用技术，前者是传输技术与 MPLS 技术结合的产物，后者是基于电信级的以太网技术。PTN 技术的演进线路如图 7-1 所示。

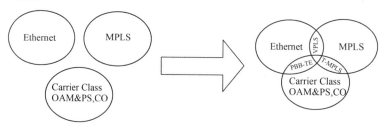

图 7-1　PTN 技术的演进线路

2. PTN 的特点

　　PTN 技术基于分组架构，PTN 网络是 IP/MPLS、以太网和传送网（如 OTN、STM-N、xDSL 等）三种技术相结合的产物，适用于承载电信运营商的无线回传网络、以太网专线、L2 VPN 及 IPTV（Internet Protocol Television）等高品质的多媒体数据业务。

　　PTN 具有如下技术特点。

　　（1）基于全 IP 分组内核。秉承 SDH 端到端连接、高性能、高可靠、易部署和维护的传送理念，保持传统的网络管理能力，提供时钟同步。

　　（2）继承了 MPLS 的转发机制和多业务承载能力。PTN 采用 PWE3/CES（端到端伪线仿真/电路仿真业务）技术，对包括 TDM/ATM/Ethernet/IP 在内的各种业务提供端到端的、专线级别的传输管道。

　　（3）提供完善的 QoS 保障能力，将 SDH、ATM 和 IP 技术中的带宽保证、优先级划分、同步等技术结合起来，实现承载在 IP 之上的 QoS 敏感业务的有效传送。

　　总之，PTN 作为具有分组和传送双重属性的综合传送技术，不仅能够实现分组交换、高可靠性、多业务、高 QoS 功能，还能提供端到端的通道管理、端到端的 OAM 操作维护、传输线路的保护倒换、网络平台的同步定时功能，同时所需的传输成本最低。

7.1.2　PTN 的主流技术标准

　　PTN 有两类主流技术标准，即 T-MPLS/MPLS- TP 和 PBT/PBB-TE。这两类技术标准具有类似的功能，都满足面向连接、可控可管的因特网传送要求，最初的 T-MPLS、PBT 两类技术在后期经技术扩展统一到 MPLS-TP、PBB-TE。MPLS-TP、PBB-TE 在具体细节上又有一定差别，在标签转发和多业务承载方面的主要区别如下。

一是两者采用的标签和转发机制不同。MPLS-TP 采用 MPLS 的标签交换路径（Label Switch Path，LSP）（局部标签），在 PTN 网络的核心节点进行 LSP 标签交换；PBB-TE 采用运营商的 MAC 地址+VLAN 标签（全局标签），在中间节点不进行标签交换，标签处理上相对简单一些。

二是多业务承载能力不同。MPLS-TP 采用伪线电路仿真（PWE3）技术来适配不同类型的客户业务，包括以太网、TDM 和 ATM 等；PBB-TE 目前主要支持以太网专线业务。

1. MPLS-TP

多协议标签交换-传送架构（Transport Profile for MPLS，MPLS-TP）是从 IP/MPLS 发展而来的。以 MPLS-TP 为代表的 PTN 设备，作为 IP/MPLS、以太网承载技术和传送网技术相结合的产物，是目前 CE（Carrier Ethernet）的最佳实现技术之一。

MPLS-TP 是一种面向连接的分组交换网络技术，利用 MPLS 标签交换路径（LSP），省去了 MPLS 信令和 IP 的复杂功能，支持多业务承载，独立于客户层和控制面，并可运行于各种物理层，具有强大的传送能力（QoS、OAM 和可靠性等）。

MPLS-TP 可以看作基于 MPLS 标签的管道技术，利用一组 MPLS 标签来标识一个端到端的转发路径。MPLS-TP 的 LSP 分为两层，内层为 MPLS-TP 伪线（PW）层，标识业务的类型（如语音、IP 数据）；外层为 MPLS-TP 隧道层（Tunnel），标识业务转发路径。

2. PBB-TE

运营商骨干桥接-流量工程（Provider Backbone Bridge-Traffic Engineering，PBB-TE）是从以太网发展而来的、面向连接的以太网传送技术。其是在运营商骨干桥接（PBB）基础上发展而来的，解决了运营商和客户之间的安全隔离，并提供了网络的可扩展性，PBB-TE 增加了流量工程（TE）来增强 QoS 能力。MPLS-TP 技术可兼容以太网架构。

PBB-TE 主要支持点到点的传送，多点业务需要借助 PBB 和 PLSB（运营商链路状态桥接）技术的支持。由于 MPLS-TP 与核心网络之间具有天然的互通性，因此目前 MPLS-TP 已成为 PTN 的主流实现技术。

7.1.3　PTN 与 MSTP 和 IP/MPLS 的性能比较

PTN 与 MSTP 的性能比较如表 7.1 所示；PTN 与 IP/MPLS 的性能比较如表 7.2 所示。

表 7.1　PTN 与 MSTP 的性能比较

类　别	MSTP	PTN
网络总体成本	基于 SDH 体系，采用刚性管道，不具备分组的弹性和扩展性，带宽浪费严重	兼容 MSTP/WDM/OTH 主要部件，充分适应城域组网需求，适应网络演进需求，充分保护原有投资。网络总体成本低

类　　别	MSTP	PTN
面向连接特性	基于传统 SDH 的面向连接特性	与 SDH 面向连接的特性相似
OAM&PS 能力	基于传统 SDH 的 OAM&PS，满足电信级运营的要求	与 SDH 的 OAM&PS，满足电信级运营的要求相似
多业务承载能力	① 采用 TDM 结构承载分组业务，不能很好地适应分组业务的特性，多次封装后降低了效率； ② 受 SDH 架构限制，难以扩展，不符合网络分组化融合的趋势	① 通过 PWE3 机制支持现有及未来的分组业务，兼容传统的 TDM、ATM、FR 等业务； ② 分组架构满足未来网络演进、业务扩展的需求
端到端管理能力	基于传统 SDH 的端到端管理	基于面向连接特性提供端到端的业务/通道监控管理
同步定时能力	不支持时间同步，不能在分组网络上为各种移动制式提供可靠的频率和时间同步信息	支持时钟/时间同步，可以在分组网络上为各种移动制式提供可靠的频率和时间同步信息

表 7.2　PTN 与 IP/MPLS 的性能比较

类　　别	IP/MPLS	PTN
网络总体成本	IP/MPLS 技术架构，协议处理复杂，设备功耗大，价格昂贵，网络总体成本很高	既可全网部署，也可作为网关接入分组网络，组网灵活，适应网络演进需求，充分保护原有投资。网络总体成本低
面向连接特性	IP/MPLS 技术，继承了过多 IP 无连接的特性	与 SDH 面向连接的特性相似
OAM&PS 能力	① OAM 主要基于 MPLS OAM，在故障管理、性能监视等方面不如 PTN 的功能强大； ② 主要依靠 RR/FRR，需要软件控制重新路由，倒换时间偏长，很难达到电信级小于 50 ms 的要求	① 基于硬件机制实现层次化的 OAM，解决了传统软件 OAM 因网络扩展性带来的可靠性下降问题，且提供了延时和丢包率性能在线检测； ② 保护功能完善，支持面向连接的线形/环网/网孔形保护。满足电信级小于 50 ms 的要求
多业务承载能力	通过 PWE3 机制支持现有分组业务，兼容传统的 TDM、ATM、FR 等业务	通过 PWE3 机制支持现有及未来的分组业务，兼容传统的 TDM、ATM、FR 等业务
端到端管理能力	不能很好地提供端到端的管理	基于面向连接特性提供端到端的管理
同步定时能力	不支持时钟/时间同步，不能在分组网络上为各种移动制式提供可靠的频率和时间同步信息	支持时钟/时间同步，可以在分组网络上为各种移动制式提供可靠的频率和时间同步信息

7.1.4　PTN 网络体系结构

1. PTN 的分层结构

按照下一代网络的体系构架，PTN（只讨论 MPLS-TP）网络结构可划分为传送层、业务层和控制层，且从传送的角度分析，业务层和控制层分离，各网络各司其职，已达到更高效运行的目的。

PTN 的分层结构如图 7-2 所示，其中包括用户/客户业务层、ETH(PTH)通道层和 PTN 通路层、PTN 段层（可选）和物理介质层 4 层结构。

（1）用户/客户业务层。可表达任意客户信号，如以太网、IP/MPLS、TDM、ATM 等。

（2）PTN 通道层（ETH(PTH)通道层）。表示客户业务信息的特性，等效于 PWE3 的伪线层（或虚通道层）。该层封装客户业务进虚通道（VC）层，并传送虚通道（VC），提供客户信号点到点、点到多点、多点到多点的传送，提供 OAM、性能监控和子网连接（SNC）保护。

（3）PTN 通路层。该层封装和复用的虚通道（VC）放进虚通路（VP），并传送和交换虚通路（VP），提供通过配置的点到点和点到多点虚通路（VP）层链路来支持 VC 层。MPLS-TP 的 VP 层即隧道层。

（4）PTN 段层。表示相邻的虚层连接，如 SDH、OTN、以太网或者波长通道，主要用来提供虚段（VS）层信号的 OAM 功能。

（5）物理介质层：表示所使用的传输介质，如光纤、铜缆、微波等。

图 7-2　PTN 的分层结构

2. PTN 的功能平面

PTN 的功能平面由 3 个层面组成，即传送平面、控制平面和管理平面，如图 7-3 所示。

（1）传送平面

传送平面提供两点之间用户分组信息的传送，也提供控制和网络管理信息的传送。传送平面实现对 UNI 接口的业务适配、基于标签的业务报文转发和交换、业务的服务质量（QoS）处理、面向连接的操作管理维护（OAM）和保护恢复、同步信息的处理和传送及线路接口的适配等功能。传送平面上的数据转发是基于标签进行的。由于 MPLS-TP 与 PBB-TE 的实现技术不同，因此各自所采用的标签也不同。

图 7-3　PTN 的功能平面

（2）控制平面

控制平面是由信令网络支撑的，其中包括能够提供路由、信令、资源管理等特定功能的一系列控制元件。控制平面的主要功能包括通过信令支持建立、拆除和维护端到端连接的能力；通过选路为连接选择合适的路由；网络发生故障时，执行保护和恢复功能；自动发现邻居关系和链路信息，发布链路状态信息，以支持连接建立、拆除及保护恢复功能。

（3）管理平面

管理平面实现网元级和子网级的拓扑管理、配置管理、故障管理、性能管理、计费管理和安全管理等功能。

7.2　PTN 基本网元及组网保护

7.2.1　PTN 基本网元

根据网元在一个网络中所处的位置不同，PTN 网元可分为 PTN 网络边缘网元（PE）和 PTN 网络核心网元（P）两类。PE 是与客户网边缘设备（CE）直接相连的 PTN 网元，称为边缘网元。而在 PTN 中进行 VP 管道转发或交换的网元则称为核心网元。PTN 网元在网络中所处的位置如图 7-4 所示。

图 7-4　PTN 网元在网络中所处的位置

网络入口的标签边缘交换路由器（PE）用于识别用户业务，进行接入控制，将业务的优先级映射到隧道的优先级；标签转发或交换路由器网元（P）根据隧道优先级进行调度；网络出口（PE）要完成弹出隧道层标签，还原业务自身携带的 QoS 信息。

需要说明的是，PE 和 P 均具有逻辑处理功能。通常对任意给出的 VP 管道而言，一个特定的 PTN 网元只能承担 PE 或 P 的一种功能。而对于某一 PTN 网元所同时承载的多条 VP 管道而言，该 PTN 网元可能既是 PE，又是 P。

7.2.2　PTN 网元的功能结构

PTN 网元的功能模块由传送平面、控制平面、管理平面及相应的接口构成，如图 7-5 所示。

1. 传送平面接口

传送平面接口包括客户网络接口（UNI）和网络-网络接口（NNI）两类。

① UNI：用于连接 PTN 网元和客户设备的接口，其中的客户设备接口可以是 FE/

GE/10GE 等以太网接口，也可以是通道化的 STM-1（VC-12）接口或 STM-1（VC-4）接口（可选）或者 PDH El 或 IMA（ATM 反向复用）El 接口（可选）。

② NNI：用于连接两个 PTN 网元的接口，分为域内接口（IaDI）和域外接口（IrDI），具体可使用 GE/10GE 接口，也可使用 SDH 或 OTN 接口（可选）。

MCN—管理通信网；SCN—信令通信网；DCN—数字通信网

图 7-5　PTN 网元的功能模块示意图

2. 控制平面接口

控制平面由提供路由和信令等特定功能的一组控制元件组成，并用信令网作为支撑。通过控制平面接口可完成控制平面元件之间的互操作及元件之间的信息流传送。

3. 管理平面接口

PTN 管理系统能够提供端到端、在管理域内或域间的故障管理、配置管理和性能管理。通过管理平面接口可完成用于实现网元级和子网级管理的信息流传送。

7.2.3　PTN 基本网元的工作过程

PTN 强调分组传送，实施面向连接的多业务传送。PTN 采用多业务全 IP 化统一传送过程，如图 7-6 所示。

PTN 具有支持 TDM E1/ IMA E1/ POS STM-N/ STM-N/FE/GE/10GE 等多种接口。

接入链路（AC）定义为 CE 到 PE 之间的虚链路。

PWE3 是一种端到端的业务伪线仿真技术，是一种业务仿真机制。PWE3 是在 IP 或 MPLS 包交换网络（PSN）中模拟（仿真）如以太网、ATM、TDM 等电信业务的本质特性，并对要传送的原始业务提供封装，在封装时尽可能真实地模拟业务的行为和特征，管理时延和顺序，并在 MPLS 网络中构建起标签交换路径（LSP）隧道，实现透明传送客户边缘设备的各种二层业务。PWE3 可实现 TDM/ATM/IMA 的协议处理、业务感知和按需配置。在接收端，再对接收到的业务进行解封装、帧校验、重新排序等处理后还原成原始业务。

图 7-6　PTN 多业务全 IP 化统一传送原理图

为了使两个客户网络边缘设备（CE1、CE2）能够在包交换网络上进行通信，在两个边缘交换路由器（PE1、PE2）之间需要提供一个或多个伪线通道（PW）。PW 实际表示端到端的连接，通过隧道（Tunnel）承载，在 PTN 内部网络不可见伪线通道。就像是一条本地 AC 到对端 AC 之间的直连通路，对于 CE 设备来说，核心网也是透明的。原始数据单元（如比特、信元、数据报文等）通过接入链路 AC（AC 是 CE 到 PE 之间的虚链路）传送而到达 PE，并且被封装进 PW 报文，然后通过下层包交换网络承载。PE 设备具有对 PW 报文进行封装、解封装，以及其他像报文顺序或者定时等 PW 伪线技术需要的功能。

在 PTN 网络中，客户数据被分配两类标签，即业务类别的伪线通道标签和交换路径隧道（Tunnel）标签，如图 7-7 所示。

图 7-7　PTN 的两类标签示例

TDM to PWE3 支持透传模式和净荷提取模式；ATM to PWE3 支持单/多信元封装，多信元封装会增加网络时延，需要结合网络环境和业务要求综合考虑；Ethernet to PWE3 支持无控制字的传送方式和有控制字的传送方式。

PTN 的 MPLS-TP 用户数据转发过程如图 7-8 所示。用户数据转发过程分为三步：一是用户数据进入 PTN 网络的标签边缘交换路由器 PE，被封装进 PW 报文，并加上业务类别的 PW 标签号（PW_L）和交换路径的隧道标签号（tunnel_Lx）；二是在 MPLS 网络中 PW 报文经过一个标签交换路由器 P 时，保留 PW 标签号（PW_L），转发隧道标签号（如 tunnel_Ly、tunnel_L3）；

三是当 PW 报文要离开 PTN 网络的 PE 时，剥离标签还原成用户数据。

图 7-8　MPLS-TP 用户数据转发过程

7.2.4　PTN 组网保护机制

PTN 网络拓扑结构有点到点组网、链型网络、环型网络、星型网络、网孔型组网和混合组网。对于任何传输系统，其保护系统是其重要组成部分，PTN 网络也不例外，PTN 组网保护机制与 SDH 网络相似。这里只对 PTN 链型网络、环型网络和双归属保护机制做简介。

1．链型网络保护倒换

PTN 链型网络保护倒换分为单向 1+1 MPLS -TP 路径保护倒换和双向 1:1 MPLS -TP 路径保护倒换两种。这种保护方式在某种程度上类似 SDH 的 1+1 和 1:1 保护方式。这种模式可应用于如基站回传以及大客户专线等重大业务中，以保障端到端的传输质量。

在单向 1+1 MPLS -TP 路径保护倒换中，通常情况下，发端业务同时输入 S1 工作光纤和 P1 保护光纤传送实体中，同时传输到接收端，接收端接收 S1 工作光纤传送的业务信号。当 S1 工作光纤发生重大故障时，接收端接收 P1 保护光纤传送的业务信号，即"双发选收"，如图 7-9 所示。

图 7-9　单向 1+1 MPLS -TP 路径保护倒换

在双向 1:1 MPLS -TP 路径保护倒换中，通常情况下，业务信号利用 S1 工作光纤传送，P1 保护光纤传送额外业务信号。当 S1 工作光纤发生重大故障时，业务信号利用 P1 保护光纤传送，接收端选择 P1 保护光纤接收业务信号，如图 7-10 所示。

图 7-10　双向 1:1 MPLS -TP 路径保护倒换

2．环型网络保护倒换

PTN 环型网络保护倒换分为环回和转向两种。

环回保护的工作原理与 SDH 复用段保护很相似。当检测到网络故障导致业务信号传送失效时，故障两侧网元发出倒换请求，业务信号将利用倒换开关重构的路径继续传送，当网络故障清除时，业务信号依据 APS 协议返回原工作路径传送，如图 7-11 所示。

转向保护的工作原理是当检测到网络故障导致业务信号传送失效时，环型网所有网元发生倒换，业务信号利用倒换重构与原路径完全相反的路径传送信号，当网络故障清除时，业务信号依据 APS 协议重返原工作路径传送。

图 7-11　环型网络保护倒换

3．网络边缘保护机制

网络边缘保护机制即双归属保护机制，其工作原理是：当 PTN 接入环与汇聚环相连时，如果接入环挂在两个汇聚网元下，就叫归属。PTN 在与 RNC 的连接过程中采用双归属保护，这样当主用路径失效时，可将业务切换到保护路径进行传送（类似双发选收），在此过程中保证业务不中断，其组网模型如图 7-12 所示。

图 7-12　双归属保护机制

7.3　PTN 在传输网的组网应用

传送网从 MSTP 到 PTN 是大势所趋。在网络向全 IP 化演进的大背景下，在终端如手机、PC 已经以 IP 为基础实现了各种各样的业务接入，PTN 的出现是必然的。

基于 PTN 网元设备，PTN 的具体组网策略已成为各移动运营商关注的焦点。一个完整的全程全网大概分为接入网（接入层）、城域网（核心层/汇聚层）、骨干网。对于骨干网的干线传输一般采用 SDH 设备、OTN 设备或 DWDM 设备。PTN 的优势是能适应城域网的核心层/汇聚层、接入层 IP 化业务量大、突发性强等特点，如图 7-13 所示。

图 7-13　PTN 在移动传输网络中的应用定位

目前，正在研究新型 PTN 技术在省内核心层组网的实用方案，如图 7-14 所示。图中的地市核心层 PTN 网络与省会城市核心层 PTN 网络的传输连接，是通过 OTN 干线系统汇聚，再通过 OTN 通道完成传输的。

图 7-14　新型 PTN 核心层组网方案

在地市核心层网络至省会城市核心层网络，省干线网络可以全部采用 PTN 组网，PTN 分组传送平面进行独立规划和维护。地市核心层 PTN 省干线网络与省会城市核心层 PTN 网络的传输连接，是通过 PTN 省干线环网完成传输的，如图 7-15 所示。

图 7-15　环型 PTN 省干线和核心层组网方案

客户网边缘设备（CE）连接标签边缘交换路由器（PE），PE 通过伪线通道（PW）连接核心侧交换 PE 设备（S-PE）。S-PE 在 MPLS-TP 核心网中通过 PW 相互连接。PTN 技术在电信级 MPLS -TP 汇聚网络和 MPLS -TP 运营级以太网组网的应用如图 7-16 所示。

图 7-16　PTN 技术在电信级 MPLS -TP 汇聚网络和 MPLS -TP 运营级以太网组网应用

根据 PTN 现有网元设备，PTN 的应用主要定位于移动基站回传信号的组网应用，如图 7-17 所示。结合 5G 回传网络的特征，我国四大运营商都已明确前期的 5G 回传网络技术路线选择，中国移动的 5G 新建传输网络将采用切片分组传送技术方案；中国电信和中国联通在城域主要采用现网 IPRAN 扩容或新建 IPRAN 增强 SR（Segment Routing，段路由）和 EVPN（Ethernet Virtual Private Network，以太网 VPN）技术方案，在省内干线主要采用 IP

承载网 over WDM/OTN 的联合组网方案。

图 7-17　PTN 在 3G、4G 移动通信组网中的应用

7.4　SPN 概述

中国移动在 4G 时代大规模部署了 PTN 设备，构建了自接入网至核心网的一整套完善的 PTN 网络，较好地实现了 LTE 业务的回传及承载。5G 时代电信业务的巨大变化对承载网提出了高带宽可扩展、低时延、大连接、基础业务时间同步、业务灵活切片、智能管控等多种承载需求，有的 PTN 网络目前难以满足 5G 业务发展的承载需求。基于此，运营商主动寻求面向 5G 业务的新的承载技术及方案体系，中国移动主导的切片分组网络（Slicing Packet Network，SPN）技术应运而生。

7.4.1　SPN 的基本概念及特点

切片分组网络（SPN）是中国移动联合华为等设备厂商面向 5G 承载提出的创新切片分组传送技术体系，是对分组传送网 PTN 技术的继承，并在此基础上进行了增强和创新。

SPN 是面向业务的内网安全解决方案，即加密虚拟网络。

SPN 是一种新型综合业务承载网，融合了 L0～L3 层技术，同时提供端到端硬隔离管道和分组交换能力。SPN 由三个子层构成：负责 L2 和 L3 转发的切片分组层（SPL），支持 MPLS -TP 和分段路由（SR）技术；负责 L1 转发的切片通道层对应城域传送网（MTN）的段层和通路层，并对应 ITU-T G.mtn 相关标准；负责 L0 传输的切片传送层提供物理介质的光传输接口服务。

SPN 采用软件定义网络（SDN）架构，具备业务调度灵活、高可靠性、低时延、高精度时钟、易运维、严格 QoS 保障等属性，同时具备管控 MTN 硬切片和分组软切片的能力。

面向 5G 新需求，SPN 具有以下特点：

（1）面向大带宽和灵活转发需求，引入 L3 灵活调度及 DWDM 光层，同时融合一层到三层的转发能力；

（2）满足超低时延及垂直行业隔离需求，需同时支持软、硬隔离切片，融合 TDM 和分组交换；

（3）引入了 SDN 架构，实现转发与控制分离，利用集中化的控制面实现全局视角的业务调度。同时，SPN 兼容已有的分组功能，并针对 5G 需求引入新功能以提升性能。

总之，SPN 采用城域传送网（MTN）技术和面向传送的分段路由技术（SR-TP），并融合了光层 DWDM 技术，实现了基于以太网的多层技术融合。

7.4.2　SPN 技术标准

据悉，中国移动现已联合中国信通院、华为、中兴、烽火、博通、VIAVI 等国内外成员向 ITU-T 提交了数百篇 SPN 文稿，致力于推动 SPN 核心技术被国际标准采纳。经过几年时间的推动，SPN 在 ITU-T 形成了 MTN 系列标准，包括 MTN 接口（G.8312）、架构（G.8310）、设备（G.8321）、保护（G.8331）、管控（G.8350）、同步（G.mtn-sync）和演进（G.Sup.mtn-migration）7 项标准，标志着 SPN 的核心技术 MTN 成为 ITU-T 的下一代传送网技术体系，SPN 也首次实现了我国整体原始创新技术在 ITU-T SG15 的国际标准化。截至2023 年，G.mtn-sync 标准最终获得通过并发布。SPN/G.MTN 系列的技术标准体系已基本形成，如图 7-18 所示。

图 7-18　SPN/MTN 系列的技术标准体系

MTN 采用了 SPN 提出的 L1 层整体技术体系架构，即 Path 层支持基于 66B 码块的以太网 MAC 帧序列的 TDM 交换，构造端到端通道实现超低时延；采用 OAM 码块替换 IDLE码块的机制，实现了切片 OAM 及 Path 层开销；段层最大限度重用 FlexE 的帧结构和开销机制，完成了以太网接口基于 66B 码块的时隙化，实现了硬切片隔离。其次，在 MTN 具体细节方案上，SPN 的十余项关键技术也被采纳，包括单码块 OAM、帧间隙插入、采用 Ox4B+0C 作为 OAM 标识、Bit-oriented 结合 message-oriented 编码等，实现了核心技术对国际标准的输入。

7.4.3　SPN 与 PTN 的性能比较

SPN 与 PTN 的主要功能及特点比较如表 7.3 所示。

表 7.3　SPN 与 PTN 的比较

网络分层	主 要 功 能	PTN	SPN	SPN 的创新点
L2 和 L3 分组转发层	网络连接、OAM、保护、统计复用和 QoS 保障能力	MPLS-TP（直向传送的隧道技术）	SR-TP（面向传送的分段路由技术） SR-BE（尽力而为的分段路由技术）	SPN 引入 SR-TP 实现可管可控的 L3 隧道，构建端到端 L3 的部署业务模型，并引入集中管控 L3 控制平面。 SPN 通过管控融合 SDN 平台，实现对网元物理资源（如转发、计算、存储等资源）进行逻辑抽象和虚拟化，形成虚拟资源，并按需组织形成虚拟网络，呈现出一个物理网络、多种组网架构形态，为用户提供了一个开放、灵活、高效的网络操作系统
L1 TDM 通道层	TDM 通道隔离、调度复用、OAM 和保护功能	TDM 通道	MTN 通道	服务于网络切片所需的硬管道隔离，提供低时延保证。在 SPN 技术体系中为 SCL（切片通道层）
L1 数据链路层	提供 L1 通道到光层的适配	以太网	以太网和 FlexE（灵活以太网）、MTN 段层技术	SPN 引入 FlexE 接口，在以太网技术的基础上实现了业务速率和物理通道速率的解耦，物理接口速率不必再等于客户业务速率。 MTN 段层技术借鉴了 FlexE 的设计逻辑，保留了对于移动承载场景中的必要功能，未来可能会支持新的接口功能，例如支持新的接口粒度、提升接口效率和链路可靠性等
L0 光传输层	物理层，提供光接口或者多波长传输、调度和组网	灰光或者 DWDM 彩光	灰光或 DWDM 彩光	SPN 引入以太网灰光 PAM4（4 级脉冲幅度调制）技术，并结合 WDM（波分复用）技术实现了城域和本地网传输成本优化

7.5　SPN 网络体系结构

SPN 基于以太网传输架构，继承了 PTN 传输方案的功能特性，并在此基础上进行了增强和创新，主要创新点在于 SPN 在以太网物理层中增加一个轻量化的 TDM 层，在当前分组技术不变的情况下，分组设备也能获得网络切片之间硬隔离与确定性低时延转发的能力。由于支持分组与 TDM 的融合、支持低时延和网络切片、兼容以太网生态链、具备成本大幅优化空间，SPN 一经提出便受到产业界的广泛关注和支持。

7.5.1　SPN 分层结构

SPN 采用 ITU-T 的网络分层结构模型，对网络架构进行分层建模，分为切片分组层（Slicing Packet Layer，SPL）、切片通道层（Slicing Channel Layer，SCL）、切片传送层（Slicing Transport Layer，STL），以及时间/时钟同步平面和管理/控制平面，如图 7-19 所示。该模型以以太网为基础技术，支持对 IP、以太网、恒定比特率（CBR）业务的综合承载。

图 7-19　SPN 网络分层结构模型

（1）切片分组层（SPL）：SPL 实现对 IP、Ethernet、CBR 业务的寻址转发和承载管道封装，提供 L2 VPN、L3 VPN 等多种业务的分组交换和转发能力。SPL 基于 IP/MPLS/802.1Q/物理端口等多种寻址机制进行业务映射，提供对业务的识别、分流和 QoS 处理。对分组业务，SPL 基于分段路由（SR）的增强 SR-TP（Segment Routing Transport Profile-Traffic Engineering，基于流量工程的段路由传送子集）隧道，提供面向连接的业务承载；基于 SR-BE（Segment Routing-Best Effort，基于尽力转发的段路由）提供面向无连接的业务承载。SR 源路由技术可在隧道源节点通过一系列表征拓扑路径的段信息（MPLS 标签）来指示隧道转发路径。相对于传统隧道技术，SR 隧道不需要在中间节点上维护隧道路径状态信息，从而提升了隧道路径调整的灵活性和网络可编程能力。

（2）切片通道层（SCL）：可为网络业务切片提供端到端通道化硬隔离，通过创新的切片以太网（SE）技术，对以太网物理接口、FlexE（Flex Ethernet，灵活以太网）绑定组实现时隙化处理，提供端到端基于以太网的虚拟网络连接能力，为多业务承载提供基于 L1 的低时延、硬隔离切片通道，提供基于 SE 通道的 OAM 和保护功能，可实现端到端的切片通道层的性能检测和故障恢复。

（3）切片传送层（STL）：基于 IEEE 802.3 以太网物理层技术和 OIF FlexE 技术，实现了高效的大带宽传送能力。OIF FlexE 技术兼容的以太网物理层包括 50GE、100GE、200GE、400GE 等新型高速率以太网接口，利用广泛的以太网产业链，支撑低成本大带宽建网，支持单跳 80 km 的主流组网应用。对于带宽扩展性和传输距离存在更高要求的应用，SPN 在切片传送层采用以太网+DWDM 的技术，实现了 10 Tbit/s 级别容量和数百千米的大容量长距离组网应用。

（4）时间/时钟同步平面：在核心节点支持部署高精度时钟源，具备基于 IEEE 1588v2 的高精度时间同步传送能力，可满足 5G 基本业务的同步需求。另外，还需要支撑 5G 协同业务场景的高精度时间同步。

（5）管理/控制平面：具备面向 SDN 架构的管理、控制能力，通过标准化的模型、接口，可提供业务和网络资源的灵活配置服务，并具备自动化和智能化的网络运维能力。

7.5.2　SPN 技术特征

SPN 的主要技术特征包括以下几点。

（1）以太网内核。以以太网技术（IEEE 802.3 以太网、OIF 灵活以太网、切片以太网）为基础，提供低成本、大带宽承载管道。

（2）多层网络技术融合。利用 IP、以太网和光的高效融合，实现从 L0～L3 的多层次组网，构建多种类型的管道提供能力。通过以太网分组包调度，支持分组业务的统计复用和灵活连接调度；通过切片以太网码流调度，提供极低时延的业务承载管道；通过光层波长调度，支持大带宽平滑扩容和大颗粒业务传输。

（3）软硬切片。同时提供"高可靠硬隔离的硬切片"和"弹性可扩展的软切片"能力，具备在一张物理网上进行资源切片隔离，形成多个虚拟网络，为多种业务提供差异化 SLA（Service Level Agreement，服务等级协定）的承载服务能力。硬切片为专线和超高可靠低时延通信（uRLLC）等业务提供低时延和带宽保障。软切片为增强移动宽带（eMBB）、海量机器类通信（mMTC）等分组业务提供大带宽和差异化 SLA 服务。

（4）SDN 集中管控。具有开放、敏捷、高效的网络运营和运维体系，以及运维自动化、感知网络状态和网络自优化能力。同时，基于 SDN 的管控融合架构提供了简化网络协议、开放网络、跨网络域/技术域的业务协同等能力。

（5）电信级可靠性。具备网络级的分层 OAM 和保护能力，支持对网络中各逻辑层次、各类网络连接、各类业务通过 OAM 进行监控，实现了全方位网络保护，支撑高可靠的承载服务。

（6）高精度同步。具备带内同步传输能力，实现了高可靠、高精度、高效率的时钟和时间同步传输。

7.6　SPN 基本网元及组网保护

7.6.1　SPN 基本网元

根据在骨干和城域传送网的应用位置，SPN 网元可分为核心层网元、汇聚层网元和接入层网元三类。SPN 网元的分类与 PTN 网元的分类非常类似，根据 SPN 网元在一个网络中所处的位置，SPN 可分不同种类的网元设备。

由图 7-20 可知，5G 基站 gNodeB 连接至 SPN 接入网的网元 UPE（User facing-Provider Edge，靠近用户侧的 PE 设备），然后通过接入网接入到 SPN 汇聚网的网元 SPE（Service Provider-end Edge，运营商侧 PE 设备），SPN 汇聚网的网元 SPE 再接入到 SPN 核心网的网元 NPE（Network Provider-end Edge，靠近网络的 PE 设备），最后接到地市核心网的 UPF（用户面功能实体）。这里的 PE 为标签边缘交换路由器网元设备。

图 7-20　SPN 网元在网络中所处的位置

7.6.2　SPN 网元的功能结构

SPN 网元的功能结构由转发平面、管理平面和控制平面及相应接口构成，其功能模块如图 7-21 所示。

1．转发平面及接口

转发平面包括电传送层的分组转发和交换、S-XC 交叉、OAM、保护、QoS、同步功能模块以及光介质层功能模块。

转发平面接口包括客户网络接口（UNI）和网络-网络接口（NNI）两类。

在转发平面通过 UNI 和 NNI 与其他设备相连。在管理和控制平面通过带外管理接口、控制接口与网络管控系统相连，或通过 UNI 和 NNI 的带内 DCN 与其他设备相连。

UNI 是用于连接 SPN 网元和客户设备的接口，其中的客户设备接口可以是 TDM 接口、FE/GE/10GE 以太网接口等。

NNI 是用于连接两个 SPN 网元的接口，分为以太网接口和 MTN 接口，也可使用 SDH 或 OTN 接口（可选）。

2．管理平面及接口

SPN 管理系统致力于提供全面的端到端管理功能，涵盖配置管理、故障管理、性能管理和安全管理，无论是在单一管理域内还是跨域管理。通过管理平面的接口，能够实现网元级别和子网级别的信息流有效传输，确保管理任务的高效执行。

3．控制平面及接口

SPN 控制平面由一系列控制元件构成，这些元件负责执行拓扑路由、控制信令和资源管理等关键功能，并以信令网络为支撑。控制平面的接口允许控制元件之间进行无缝互操作，同时确保信息流在各个元件间的顺畅传输，从而实现网络的高效运作和精确控制。

MCC—管理通信通路；DCN—数字通信网；SCC—信令通信通路；UNI—客户网络接口；NNI—网络–网络接口

图 7-21　SPN 网元的功能模块

7.6.3　SPN 基本网元的工作过程

图 7-22 描述了 5G 基站 gNodeB 到 5G 核心网的业务流向工作过程。5G 基站 gNodeB 将业务报文发往接入层的 SPN 设备网元 UPE；接入层的网元 UPE 收到报文后查路由表，走默认路由（迭代到接入点与普通汇聚层到骨干汇聚层之间的 SR-TP 隧道）发往骨干汇聚层的 SPN 设备网元 SPE；骨干汇聚层的网元 SPE 收到报文后继续查路由表，走明细路由（迭代到骨干汇聚层的网元 SPE 和城域核心层的网元 NPE 之间的 SR-TP 隧道）发往城域核心层的网元 NPE；城域核心层的网元 NPE 收到报文后会进一步查询其路由表，依据目的 IP 地址确定详细的路由路径，然后将报文分别转发至地市级的 UPF/IP 承载网和 SPN 省干网。

图 7-22　SPN 多业务全 IP 化统一传送原理

7.6.4　SPN 组网保护机制

SPN 的组网保护机制是采用 SPN 分层保护架构来实现的。其组网保护机制主要有切片传送层的保护、切片通道层（SCL）的线性保护、切片分组层（SPL）网络传送子层保护和客户业务子层保护共 4 种。

SPN 的 4 种组网保护机制的选择是针对 SPN 承载的业务类型来确定实施的。为了提高网络带宽利用效率和保证保护倒换性能，原则上仅配置一层的组网保护机制。对于有较高可靠性要求的业务类型，可按需配置两层的组网保护机制，并设置层间保护协调机制，如拖延时间。SPN 的组网保护机制的保护技术、保护对象、保护触发机制等如表 7.4 所示。

表 7.4　SPN 组网保护机制

网 络 分 层	网 络 子 层	保 护 对 象	保 护 技 术	保护触发机制	保护技术标准
切片传送层（STL）	以太网链路	以太网链路	以太网 LAG 或触发上层网络保护	端口状态	IEEE802.1AX
切片通道层（SCL）	MIN 段子层	MTN 段层	MTN 接口组中单个 PHY 失效，仅受影响的 MTN Path 启动保护倒换机制	MTN Section OAM	ITU-T G.8131
	MIN 通路子层	MTN 通路层	APS 1:1/1+1	MTN channel OAM	
切片分组层（SPL）网络传送子层	虚段层（VS）	MPLS-TP Section	NA	MPLS-TP OAM	ITU-T G.8131
		MPLS-TP 环网	共享环网保护	环网 OAM	ITU-T G.8132
	虚通路层（VP）	MPLS-TP Tunnel	APS 1:1	MPLS-TP OAM	ITU-T G.8131
		SR-TP	APS 1:1	MPLS-TP OAM	ITU-T G.8131
		SR-BE	TI-LFA	端口状态；链路状态（如 BFD 检测或 VS 层 OAM 检测）	IETF draft-ietf-rtgwg-segment-routing-ti-lfa
	虚通道层（VC）	PW	APS 1:1	MPLS-TP OAM	ITU-T G.8131
			双归保护	MPLS-TP OAM	IETF RFC8184、RFC8185 ITU-T G.8133
切片分组层（SPL）客户业务子层	VPN 业务保护	L3VPN	VPN FRR	网络侧隧道 OAM 或 APS 保护组状态	IETF RFC7490
	用户侧接入链路	以太接入链路	LAG	端口状态；链路状态（BFD 检测）	IEEE 802.1AX-2014
	核心网侧接入链路	IP 业务的接入链路	IP FRR	端口状态；链路状态（BFD 检测）	IETF RFC5714 IETF RFC7130

7.6.5　SPN 在传输网中的组网应用

1. SPN 在 5G 移动通信中的组网应用

SPN 是面向多业务综合承载的融合传送网技术，可满足多元化应用场景的需求，SPN 采用了新的网络架构、多项关键技术及全新的运营模式，可在很大程度上满足 5G 时代运营商的综合业务承载需求。

如图 7-23 所示，5G 与 4G 基站网络架构对应关系有所不同，5G 基站网络架构为四部分：AAU/RRU（有源天线单元/视频拉远单元）、DU（分布式单元）、CU（中央单元）、CN（核心网）。移动通信在 5G 时代的基站传输网络不再只有回传，而是分段为前传、中传、回传三段传输并重。

将 SPN 技术用于图 7-23 所示的 5G 基站分段传输网，即可实现 5G 基站分段传输组网，如图 7-24 所示。由图 7-24 可知，前传定义为从 RRU 至 DU 这段传输网络，传输距离在 20 km 以内；中传定义为从 DU 至 CU 这段传输网络，传输距离在 40～80 km 之间；回传定义为从 CU 至 CN 这段传输网络，传输距离在 80～200 km 之间，均采用了 SPN 环型组网实现基站信号传输。

图 7-23　4G 与 5G 基站传输系统组成

图 7-24　5G 的传输网络阶段构架

SPN 技术即切片分组网络，是 5G 网络切片中的关键技术。就目前的研究分析来看，SPN 是 5G 传输承载网络最佳的技术，用其来支撑下一代网络架构，带宽、流量模式、切片、延迟及时间同步都能够达到预想的效果，可保证通信数据传输的稳定、可靠和时效性。

SPN 在 5G 移动通信传输组网中的应用如图 7-25 所示。在 5G 组网中，前传以光纤传输为主，需要光纤芯数多，若已有敷设的光纤或已有光纤芯数受限，可以考虑 SPN 共管控平台的 OTN 设备，或者用简化的 SPN 设备，完成多业务、多接口的汇聚，实现前传、中传、回传的统一管控。在汇聚层网络与核心层网络若选择 SPN OVER OTN 技术，可实现 200 Gbit/s 以内的大容量传输。

图 7-25　SPN 在 5G 移动通信传输组网中的应用

2. SPN 在定制行业/企业切片专线组网中的应用

SPN 技术在定制行业/企业切片专线组网中的应用，旨在为不同行业/企业提供专属的切片服务，通过采用 L2/L3 业务承载，多点按需互访的组网应用，分段路由技术（SR-TP）或小颗粒硬隔离及服务等级协定（SLA），可确保各切片专网的业务品质。SPN 在定制行业/企业切片专线业务承载组网中的应用如图 7-26 所示。对于业务种类多，又对部分业务安全性和网络品质要求极高的重要行业及超大型企业客户，选用 SPN 的定制专线组网最为合适。

图 7-26　SPN 在定制行业/企业切片专线业务承载组网中的应用

习题 7

1. PTN 的基本概念是什么？有何特点？
2. 解释 PWE3 的含义。
3. 简述 PTN（MPLS-TP）的业务承载与数据转发过程。
4. PTN 的主要技术标准有哪两种？有何区别？
5. 简述 PTN 网元的工作过程。
6. PTN 链型网络保护倒换分为哪两种？各自保护机制如何进行？
7. PTN 在传输网中的应用范围有哪些？
8. SPN 的基本概念是什么？有何特点？
9. SPN 在 ITU-T 形成的 MTN 系列标准有哪些？
10. SPN 采用的网络分层结构模型包括哪几层？各有何作用？
11. 简述 SPN 的主要技术特点。
12. SPN 网元的功能结构有哪些？各有何作用？
13. SPN 的组网保护机制主要有哪几种？
14. SPN 在传输网中的应用范围有哪些？

第8章 城域与接入光网络

按照规模或地域，电信网络可划分为接入网、本地网、骨干网。按照计算机网络方式，可划分为：局域网（也称接入网），其可覆盖范围为一幢楼或一个园区，方圆仅 1 km 左右；城域网（也称本地网），其可覆盖范围为一个城市及郊区或地区；广域网（也称长途骨干网或骨干网），其可覆盖范围为各城市间、一个省、一个国家或全世界，它的传输距离达到几千千米。

8.1 城域光网络

8.1.1 城域光网络的结构

按照地域来划分，计算机通信光网络可以分为局域网、城域网和广域网，如图 8-1 所示。

图 8-1 光网络按地域来划分的结构

局域网（LAN）一般是由一台以上的路由器或者交换机与多台计算机或工作站通过高速线路连接（速率通常在 10 Mbit/s 以上，地理上局限在 1 km 左右）。在局域网发展的初期，一个学校或企业往往只拥有一个局域网，但现在局域网已非常广泛地使用，一般是方圆几千米以内将各种智能终端、外部设备和数据库等互相连接起来组成的通信网。

城域网是承上启下鉴于中间段的网络。城域网承上可连接广域网，启下可连接局域网。

城域网（MAN）泛指在地理上覆盖城市管辖区域，为城域多业务提供综合传送平台的网络，能用来连接广域网和局域网（LAN），能提供语音、数据、图像、多媒体、IP 等不同业务的接入、汇聚和传输等功能。城域网是宽带 IP 骨干网在城市范围内的延伸，并承担集团用户、商用大楼和智能小区的多种业务接入、信息传送和电路出租服务等任务，形成多种技术融合的局面。

广域网（WAN）是指跨越国界、运营商网络边界或者广大的地理距离（达到几千千米）的网络。广域网与城域网相连接，形成区域之间互通的桥梁。随着 DWDM 技术的发展，使得广域网能够更经济、更强壮、更灵活地提供端到端业务。

按现有城域网的体系结构来分，城域网可分为核心层、汇聚层和接入层，其网络结构如图 8-2 所示。核心层主要是为各业务汇聚层节点提供高速的承载和传输通道，同时实现与骨干网络的互连。汇聚层主要完成本地业务的区域汇接，进行业务汇聚、管理与分发处理。核心层和汇聚层为全路由架构，通过 IP+MPLS 实现路由和流量通道合理部署，有效利用网络资源，实现网络节点之间的信息传送和安全保护。接入层则主要利用各种接入技术和线路资源实现对用户的最后一千米的信息覆盖。

注：OC-3 对应 STM-1，OC-12 对应 STM-4，OC-48 对应 STM-16，OC-192 对应 STM-64

图 8-2　多业务城域网的网络结构

从目前的发展方向上看，城域网主要以宽带光传输为开放平台，通过各类网关实现语音、数据、图像、多媒体和 IP 等业务的接入，支持各种增值业务及智能业务。城域光网络的技术选择包括 PTN、基于 SDH 的 MSTP、基于数据的弹性分组环（RPR）、基于 WDM 技术的城域光网络和智能城域光网络。

8.1.2　城域光网络的特点

城域网位于骨干网与接入网的交汇处，是通信网中最复杂的部分，各种业务和各种协议都在此汇聚、分流和进出骨干网。下面简述城域网的主要特点。

城域网业务具有多样性，以数据业务为主，多种交换技术和业务网络并存。在单一平台上能够处理多种协议、支持多种业务类型是城域网具有竞争优势的主要因素。为了支持多种业务类型，需要提供多种标准且容易使用的接口，透明处理各种协议。以数据为主的城域网业务的流量具有不确定性和突发性，流向容易改变，网络的灵活性十分重要，城域网更需要具有动态带宽分配能力，有良好的扩展性。

城域网的电路调度多，需要有较强的调度和电路配置能力、多样化的生存能力，是具有高可靠性和可管理性的业务承载网。

8.2　光互联网络

因特网（互联网）是目前国际上规模最大的计算机网络，世界上任何一个地方的因特网用户都可从因特网中获取所需的信息，如自然、社会、历史、科技、教育、卫生、医疗、娱乐、政治、经济、文化、金融、商业、军事、环境和地理等，因特网可谓全球最大的信息库和最大的图书馆。

因特网 Web 业务和用户数量的爆炸性增长对带宽的需求正急剧增长，PDH/SDH 传输网络已难以满足未来因特网发展的需要。为此，很多网络公司正在积极开发全光网络技术的产品，其中，DWDM 和光互联网络最具代表性。传统数据网络中的主要设备是分组交换机、路由器等。

8.2.1　光互联网络的概念

光互联网络实际上是一种以光纤为物理介质的新一代 IP 数据网络，其底层采用光传输网作为物理传输网络。简单来说，光互联网络是指采用 IP over DWDM 技术的互联网。其路由器直接与 DWDM 系统的特定波长相连，IP 网络与光网络处于同一控制平面下，针对单一的 IP 业务模型，运行同一套路由协议。

光互联网络是以宽带光网络为平台，由高性能分组交换机、路由器实现连接的数据通信网，其分层模型如图 8-3 所示，它包括数据网络层、光网络层及适配和管理层。

适配和管理层用于适配数据网络和光纤网络，使它们相互独立。

图 8-3　光互联网络分层模型

数据网络层提供数据的传输和处理。数据网络层的组成设备主要有分组交换机、路由器等。

光网络层负责提供通道，光网络层的主要设备有 DWDM 的 OTM、OLA、光纤（G.652、G.653、G.655、G.656）等。

光互联网络具有许多独特的特点，光互联网络以其高速传输、大带宽、长距离传输、低延迟、高可靠性、大容量和节能环保等特点，成为推动网络通信技术发展的重要力量，并广泛应用于各种领域。

8.2.2　光互联网络的传输技术

在光互联网络中高性能的网元（如交换机、路由器）可直接连接到光纤上，也可连接在向各类客户（如 ATM、SDH 设备、路由器）提供光波长路由的光网络层上。数据网络层采用 IP，物理层采用 DWDM 的基础的 OTN。中间的适配和管理层（数据链路层）需要根据具体的网络设备和标准来选择并配置合适的光模块和光电转换器来实现。光互联网论坛推荐的光互联网多协议栈及功能分层模型如图 8-4 所示。考虑到 ATM、SDH 技术上的兼容性，在 DWDM 全光网络上传输数据为主的 IP 业务有以下几种适配方案。

图 8-4　光互联网协议栈及功能分层模型

1．IP Over ATM

使用 ATM 技术来承载 IP，这是目前国内外许多传统电信公司采用的方法。这种方法的优点是可综合利用 ATM 速度快、容量大和支撑多业务的能力。缺点是由于 ATM 信元仅为 53 字节，需要来回转换 IP 包，因此效率较低。

IP 与 ATM 技术相结合的难点在于，ATM 是面向连接的技术，而 IP 是面向非连接的技术。IP 协议有自己的寻址方式和相应的选路功能，而 ATM 技术也存在相应的信令、选路规程和地址结构。从 IP 协议与 ATM 协议的关系划分看，IP 与 ATM 相结合的技术存在两种模型，即重叠模型和集成模型。

近来多协议标签交换（MPLS）越来越引起人们的关注，大家普遍看好的 MPLS 将作为 ATM 与 IP 相结合技术的一种解决方案而应用于广域网。

2．IP Over SDH

IP Over SDH（也称为 POS）技术以 SDH 网络作为 IP 数据网络的物理传输网络，它使用链路协议及点到点协议 PPP 对 IP 数据包进行封装，把 IP 数据包按规范插入 PPP 帧中的信息段，然后映射到 SDH 帧上，最后到达光层，在光纤中传输。IP Over SDH 方式的主要优点是网络体系结构简单，传输效率高，技术较为成熟。

3．IP Over DWDM

如果说 IP Over ATM 和 IP Over SDH 是为了充分发掘现有 ATM 网络和 SDH 网络潜力的话，那么 IP Over DWDM 则好像完全是在一张白纸上描绘最新最美的蓝图。IP Over DWDM 在光纤上直接传输 IP 业务，是一种经济有效的方法，由于吉比特以太网技术的广泛应用，这种方法越来越被人们所接受和采用。

IP Over DWDM 的应用结构如图 8-5 所示，高速主干网路由器之间通过 OADM 系统相连，OADM 允许不同光网络的不同波长信号在不同的地点分插复用，越来越多的实时业务，如语音业务，也将在 IP 网络中传输；QoS 和快速恢复将成为未来 IP 网络的核心问题，随着光网络中分插复用设备和交叉连接设备的发展和应用，实现在光层的短时间内恢复将成为可能，IP 路由器可以集中处理服务质量和多业务等问题，在 IP Over SDH 中这些问题是很难实现的。

图 8-5　IP Over DWDM 的应用结构

IP Over DWDM 是目前最有发展前途的宽带 IP 网络技术之一，采用密集波分复用技术能极大地提高网络的带宽。许多专家认为 IP Over DWDM 代表了未来信息高速公路的发展方向，与万兆比特以太网相结合，将会对现有的网络技术产生难以估量的冲击。

8.2.3　光互联网络的体系结构

光互联网论坛 OIF 描绘了光互联网络的体系结构，如图 8-6 所示。图中 OADM 或 OXC 构成的环网（DWDM 环网）表示 OTN 为核心网；ADM 环网表示 SDH 光传输网为次核心网，次核心网由 ADM 或 DXC、太位路由器、吉位路由器、ATM 交换机组成，ATM 交换机可以直接或通过光纤和 SDH 环、OTN 环相连。DWDM 光网络和 SDH 光同步网络前面已有介绍，此处不再介绍。

图 8-6　光互联网络的体系结构

8.3　光纤接入网

接入网（Access Network，AN）是宽带核心网络的网络边缘，是交换端局到用户之间最后一段路程的传输网络。ITU-T 关于接入网的框架建议 G.902，对接入网定义为接入网由客户网络接口（User-to-Network Interface，UNI）和业务节点接口（Service Node Interface，SNI）之间的一系列传输实体（如线路设施和传输设备）组成，为传输电信业务而提供所需传输承载能力的实施系统，如图 8-7 所示。简单来说，接入网就是把用户接入到核心网的网络。

图 8-7　接入网在整个通信网中的位置

近年来核心网络的带宽高速拓展已经远远超过了接入网的承载能力，使得核心网的带宽和过去的接入网的带宽严重不匹配，接入网已成为宽带业务进入用户的最后瓶颈。光纤接入网的迅猛发展使解决这一瓶颈问题有了技术依靠，最后接入网的发展趋势是 All over IP。为此先后出现了模拟的光纤/同轴混合接入网（Hybrid Fiber Coaxial，HFC）、数字的无源光网络（Passive Optical Network，PON），其中包括 APON（ATM-PON）、EPON（Ethernet-PON）和 GPON（Gigabit-PON），以及有源光网络（Active Optical Network，AON）等。

8.3.1　光纤接入网概述

1. 接入网的类型

根据传输方式，接入网可分为有线接入网、无线接入网和综合接入网，如表 8.1 所示。有线接入网分为铜线接入网、光纤接入网、混合接入网；无线接入网又分为固定接入网（用户设备的地理位置保持不变）和移动接入网（用户设备能够以车速移动时进行网络通信）。本章重点介绍光纤接入网的组网及其工作原理。

表 8.1 接入网的类型及技术

类 型	接 入 技 术	具 体 技 术	
有线接入网	铜线接入网	数字线对增益（DPG）	
		高比特数字用户线（HDSL）	
		不对称数字用户线（ADSL）	
	光纤接入网	光纤到路边（FTTC）	
		光纤到大楼（FTTB）	
		光纤到户（FTTH）	
	混合接入网（HFC）		
无线接入网	固定接入网	微波	一点多址（DRMA）
			固定无线接入（FWA）
		卫星	甚小型无线地球站（VSAT）
			直播卫星
	移动接入网	无绳电话	
		移动通信	
		WLAN（如 Wi-Fi、ad hoc network）	
		集群调度	
综合接入网	交互式数字图像（SDV）		
	有线+无线		

2. 光纤接入网的概念

光纤接入网（OAN）由 UNI 和 SNI 之间的一系列光的传输实体（例如光纤线路、光器件和光传输设备）组成，其定界及功能参考配置应符合 ITU-T G.982 建议，如图 8-8 所示，其中，OLT 是光线路终端，ODN 是用光无源器件和光纤构成的光配线网，ONU 是光网络单元，AF 是适配设施，OAM 是操作管理维护单元。

根据光纤接入网的室外传输设施中是否含有有源设备，光纤接入网分为无源光网络（PON）和有源光网络（AON）。图 8-8 的上下两部分分别代表不同的光纤接入网，图的上部分为 PON 功能参考配置，图的下部分为 AON 功能参考配置（ODT），PON 和 AON 的区别在于 AON 中的局端 OLT 和用户端 ONU 之间部署了有源光纤传输设备，即光-电-光转换的放大器或中继器，而 PON 中却用光配线网（ODN）完成接入线路。有源光网络的技术已经十分成熟，但是其部署成本要比无源光网络高。本节重点介绍 PON 接入技术。

图 8-8 OAN 的定界及功能参考配置

光纤接入网的业务有 2 Mbit/s 以下速率的窄带业务，其基本业务主要包括普通电话业务、租用线业务、分组数据、ISDN 基本速率接入（BRA）、ISDN 一次群速率接入（PRA）等。此外还支持宽带业务，如单向广播式业务、IPTV、视频点播（VOD 或数据通信）双向交互式业务、有线广播电视的数据接入和计算机局域网接入等。

8.3.2　光纤接入网基本网元设备

OAN 基本网元设备按用途可分为光线路终端设备（OLT）、光配线网（ODN）和光网络单元/光网络终端（ONU/ONT）3 种类型。

1. OLT

OLT 为光纤接入网提供网络侧与光配线网（ODN）之间的光接口，并经一个或多个 ODN 与用户侧的 ONU 进行通信，OLT 与 ONU 的关系是主从通信关系。OLT 可以位于本地交换机的接口处，也可以安装在远端。OLT 提供必要的手段来传送不同的业务给 ONU，其功能结构如图 8-9 所示。

图 8-9　OLT 功能结构

OLT 功能结构由 3 部分组成，即核心部分、业务部分和公共部分。

（1）核心部分功能包括交换（二层交换或路由器）功能，即为 OLT 的 ODN 侧和网络侧的可用带宽提供交换能力；传输复用功能提供 ODN 上的发送、接收业务通路和必要的复用、解复用功能；ODN 接口功能为各种光纤提供一系列物理光接口，并实现光电和电光转换。

（2）业务部分功能主要实现业务接口功能，至少支持一种业务或同时支持多种不同业务，支持 GE 或 10GE 接口。

（3）公共部分功能包括供电和操作管理与维护（OAM）功能。其中，供电功能将外部电源转换为 OLT 所需要的各种电压；OAM 功能包括配置、性能、故障、安全和计费管理，它可通过 Q3 接口与电信管理网（TMN）相连。

2. ODN

光配线网（ODN）位于 ONU 和 OLT 之间，为 ONU 和 OLT 提供光纤物理连接，包括光分路器（OBD）、光衰减器和光纤连接器等，如图 8-10 所示。

图 8-10　ODN 的组成

ODN 的结构一般为点到多点连接，即多个 ONU 通过 ODN 与一个 OLT 相连。ODN 通常采用树型结构。

3. ONU/ONT

ONU 位于 ODN 和用户终端之间，它提供与 ODN 之间的光接口和与用户终端之间的电接口，因此需要具有光电转换功能，并能实现对各种电信号的处理与维护。

ONU 的功能结构也由核心部分、业务部分与公共部分组成，如图 8-11 所示。

图 8-11　ONU 的功能结构

（1）核心部分功能包括用户和业务复用功能、交换功能、ODN 接口功能。其中，用户和业务复用功能负责将来自不同用户的信息进行组装与拆卸，并与其他的业务接口功能相连接；交换功能对来自用户的信号进行评估，并将它们分配给光配线网（ODN）接口，提取与输出和 ONU 相关的信息；ODN 接口功能则提供一系列物理光接口，与 ODN 相连的一系列光纤连接，并实现光电与电光转换。

（2）业务部分功能主要提供用户接口功能，即提供用户业务接口并将其适配到 64 kbit/s 或 $N \times 64$ kbit/s。这一功能可以提供给单个用户，也可以提供给一群用户。另外，用户接口功能还能按照物理接口来提供信令转换功能，如信令的 A/D 与 D/A 转换等。

（3）公共部分功能包括供电功能和 OAM 功能，这一点与 OLT 公共部分功能相同。

ONU 的主要任务是终结并处理来自 ODN 光纤的光信号，为多个单位用户和居民住宅用户提供业务接口。ONU 的用户侧是电接口，而网络侧是光接口，因此 ONU 具有光电和电光转换功能。根据 ONU 在光纤接入网中所处的位置不同，可分为光纤到路边（FTTC）、光纤到楼（FTTB）、光纤到办公室（FTTO）、光纤到家（FTTH）、光纤到基站（FTTRS）及光纤到 Wi-Fi（FTTR）等，统称为光纤到 x（FTTx），如图 8-12 和图 8-13 所示。

图 8-12　光纤接入网模型

图 8-13　FTTH 的应用

8.3.3　光纤接入网的拓扑结构

PON 的拓扑结构主要有星型（树型）、总线型和环型，由此又可以派生出其他类型的结构。

1. 星型（树型）结构

图 8-14 所示为光纤接入网中的无源多星型（树型）结构，这种结构是既适用于传统的 CATV 网，又适用于其他业务的双向通信结构，它特别适用于单向广播业务。

光分路耦合器（Splitter）的作用是对从 OLT 到 ONU 的下行光信号进行分路，对从 ONU 到 OLT 的上行光信号进行合路。来自 OLT 的光信号通过 Splitter 向多个 ONU 广播，而由多个 ONU 发来的光信号由同一个 OLT 接收，从而形成了双向一点到多点的传输系统。

无源多星型结构又被称为树型结构，OLT 是树根，OLT 到 Splitter 的光纤连接是树干，一个 Splitter 到多个 ONU 的光纤连接是树枝。达到一个树干连接所有 ONU 的光能量，都由 OLT 的光源提供，因此，光源的光功率预算要限制其连接的 ONU 的数量及传输距离。

图 8-14　星型（树型）结构

2．总线型结构

图 8-15 所示为光纤接入网的总线型结构，这也是一种点到多点传输系统的配置结构。这种结构的特点是所有 ONU 通过非平衡光分路器（NB-Splitter）使用同一光纤馈线。

图 8-15　总线型结构

3．环型结构

图 8-16 所示为光纤接入网的环型结构，它可以看成封闭的总线型结构，与总线型结构相比，其可靠性大大提高。

图 8-16　环型结构

8.4　无源光网络（PON）

PON 的功能结构由 OLT、ODN 和 ONU 组成，如图 8-14～图 8-16 所示。

8.4.1　PON 的技术种类

PON 是实现宽带光接入的一种常用网络形式。按承载的内容来分类，PON 主要包括基于 ATM 的无源光网络（APON）/宽带无源光网络（BPON）、基于 Ethernet（以太网）的无源光网络（EPON）、基于 GFP（通用成帧规程）的吉比特无源光网络（GPON）等。它们的主要差异在于采用了不同的二层交换技术，APON 二层交换采用的是 ATM 技术，最高速率为 622 Mbit/s；EPON 二层交换采用的是 Ethernet 技术，可以支持 1.25 Gbit/s 的速率，将来速率还能升级到 10 Gbit/s；GPON 二层交换则采用 GFP（通用成帧规程）对 Ethernet、TDM 和 ATM 等多种业务进行封装映射技术。下面将分别加以介绍。

1. APON 技术

APON 即基于 ATM 的 PON 接入网，是 20 世纪 90 年代中期由 FSAN（全业务接入网联盟）开发完成的，并提交给 ITU-T，形成了 G.983.x 标准系列。

APON 网络结构中，从 OLT 往 ONU 传送下行信号时采用 TDM 技术，ONU 传送到 OLT 的上行信号采用时分多址接入（TDMA）技术。

APON 上、下行信道都由连续的时隙流组成。下行每时隙宽为发送一个信元的时间，上行每时隙宽为发送 56 字节（一个信元再加 3 字节开销）的时间。按 G.983.1 建议，APON 可采用两种速率结构，即上、下行均为 155.520 Mbit/s 的对称帧结构和下行 622.080 Mbit/s、上行 155.520 Mbit/s 的不对称帧结构，传输距离最大为 20 km。带宽被 32～64 个 ONU 所分享，每个 ONU 只能得到 5～20 Mbit/s。由于采用了 ATM 技术，因此可承载 64 kbit/s 语音业务、ATM 业务和 IP 业务等各种业务类型，并可提供强有力的服务质量保证。由于 ATM 协议复杂，因此应用较少。

2. EPON 技术

EPON 即基于 Ethernet 的 PON 接入网，在 2004 年的 IEEE 802.3ah 标准中正式进行规范，它采用以太网封装，在 PON 层上以 Ethernet 为载体，上行以突发的 Ethernet 包方式发送数据流。EPON 可提供上、下行对称的 1.25 Gbit/s 传输速率及下行可达到 10 Gbit/s 的传输速率。

在多种基于 PON 的技术中，EPON 由于其技术和价格方面的优势已逐渐成为最受欢迎的 FTTH 技术。由于采用 Ethernet 封装方式，因此非常适合承载 IP 业务，符合 IP 网络迅猛发展的趋势，这也是 EPON 技术能够获得业界青睐的重要原因。

3. GPON 技术

GPON 即基于 Gigabit 的 PON 接入网。ITU-T 提出 GPON 新标准 G.984，其原因是网络

IP 化进程加速和 ATM 技术的逐步萎缩。GPON 为用户提供从 622.080 Mbit/s 到 2.4 Gbit/s 的可升级框架结构，且支持上、下行不对称速率，支持多业务，具有电信级的网络监测和业务管理能力，提供了明确的服务质量保证和服务级别。

ITU-T 制定的 GPON 系列标准相当完善，但同时也相当复杂，标准正式发布至今，全球只有屈指可数的几家公司（如 Flex Light、BroadLight、OpticalSolution 等）宣布推出符合 G.984 标准的 GPON 产品，并且多采用 GEM 封装模式。由此带来的是 GPON 产品的价格相对较高，在现阶段将 GPON 应用到 FTTH 中有很大的价格压力。

8.4.2 APON、GPON、EPON 接入技术比较

1. APON、GPON、EPON 在分层上的区别

各种 PON 在分层上的区别如图 8-17 所示。

从图 8-17 可以看出各种 PON 由于层 2 不同，导致数据封装帧存在差别，当然各种 PON 支持的协议标准也就不同。

图 8-17 APON、GPON、EPON 3 种接入技术在分层上的区别

2. APON、GPON、EPON 的特点

（1）APON 技术具备综合业务接入、QoS 服务质量保证等独有的特点；其标准化时间较早，已有成熟商用化产品。当然 APON 技术也存在利用 ATM 信元造成的传输效率较低、带宽受限、系统相对复杂、价格较贵、需要进行协议之间的转换等缺点。

APON 适用于对带宽要求不高、对业务质量要求高或者需要运行混合业务的企事业单位的接入。

（2）在 EPON 中，根据 IEEE802.3 以太网协议，传送的是可变长度的数据包。由于以太网适合携带 IP 业务，与 APON 相比，极大地减少了传输开销。国内标准已经制定完成，产品开始在市场上迅速应用。

EPON 能够提供高达 1 Gbit/s 的上、下行带宽，传输距离可达 20 km，支持的光分路比大于 16。EPON 融合了 PON 和以太网的优点，系统结构更简化，标准宽松，成本更低。EPON 技术目前仍难以支持实时业务的服务质量，在安全性、可靠性等方面与电信级的服务相比仍有差距。

（3）GPON 是在 2002 年 9 月由 FSAN 提出的，具有前所未有的高比特速率，能以原有格式（透传）和极高效率传输多种业务，并于 2003 年 1 月由 ITU-T 颁布 GPON 新标准 G.984。其以 ATM、GEM 封装，尽管标准已经完成，但支持厂家极少。

GPON 技术针对 1 Gbit/s 以上的 PON 标准，除对更高速率的支持外，还是一种更佳、支持全业务、效率更高的解决方案。引入通用成帧协议（GFP），能将任何类型和任何速率的业务进行原有格式封装后经由 PON 传输，而且 GFP 帧头包含帧长度指示字节，可用于可变长度数据包的传输，大大提高了传输效率，因此能更简单、通用、高效地支持全业务。GPON 提供 1.244 Gbit/s 和 2.488 Gbit/s 的下行速率和所有标准的上行速率。传输距离可达 20 km（理论上为 60 km），支持的光分路比在 64～128 之间。

GPON 适用于少数对带宽要求高、需要提供电信级服务质量，且对成本不敏感的多业务需求的企事业单位的接入。

APON、GPON、EPON 标准及主要参数比较如表 8.2 所示。下面重点对目前广泛应用的 EPON 系统结构、工作原理、帧结构和关键技术等进行介绍。

表 8.2　APON、GPON、EPON 的标准及主要参数比较

技　术		APON	EPON	GPON
相关标准组织		TIU-T G.983	IEEE802.3ah	TIU-TG.984
支持速率等级	下行	622. Mbit/s 或 155 Mbit/s	1.25 Gbit/s	1.25 Gbit/s 或 2.5 Gbit/s
	上行	155. Mbit/s	1.25 Gbit/s	155 Mbit/s、622 Mbit/s 1.25 Gbit/s 或 2.5 Gbit/s
最长传输距离		10～20 km	10～20 km	10～60 km
协议及封装格式		ATM 封装	以太网封装	ATM 或 GFP
光分路比		32～64	16～32	64～128
业务能力		TDM、ATM	Ethernet、TDM	Ethernet、ATM、TDM
技术标准化程度		非常完善	完善	一般
OAM 能力		具备	具备	具备
市场推广		没有得到市场认可	市场上迅速应用	支持厂家极少

8.5　EPON 系统结构及原理

基于以太网的无源光网络（EPON）是一种采用点到多点（P2MP）结构的单纤双向光纤接入网络，其典型拓扑结构为树型。

8.5.1　EPON 系统结构

EPON 系统由局侧的光线路终端设备（OLT）、用户侧的光网络单元（ONU）和光配线网（ODN）组成，为单纤双向系统，EPON 的系统结构如图 8-18 所示。

在 EPON 系统中，OLT 位于网络侧，放在中心局端，既是一个二层交换机或路由器，又是一个多业务提供平台（MSPP），它提供网络集中和接入，能完成光电转换、带宽分配和各信道的连接，并有实时监控、管理及维护功能。根据以太网向城域网和广域网发展的

趋势，OLT 将提供多个 1 Gbit/s 和 10 Gbit/s 的以太接口，支持 WDM 传输。OLT 还支持 ATM 的连接，若需要支持传统的 TDM 话音、普通电话线（POTS）和其他类型的 TDM 通信（T1/E1），OLT 可以连接到 PSTN。OLT 根据需要可以配置多块光线路板，通过光分路器（OBD），分线率为 1∶8、1∶16 或 1∶32，与多个 ONU 或 ONT 连接。

图 8-18　EPON 的系统结构

在 EPON 中，从 OLT 到 ONU 的距离最大可达 20 km，若使用光纤放大器，传输距离还可以扩展。

EPON 中的 ONU 位于用户侧，采用以太网协议，实现了成本低廉的以太网第 2 层和第 3 层交换功能。

EPON 采用 WDM 技术实现单纤双向传输。上行采用 TDMA（时分多址）传输方式，下行采用 TDM（时分复用）传输方式，使用一条光纤就可以实现双向的接入，明显节约了光纤的用量和管理上的费用。它是上行波长为 1 310 nm、下行波长为 1 550 nm、上下行速率为 1.25 Gbit/s 的双向 PON。这种机制实现了在一根光纤上同时传输上下行数据流而相互不影响，可便捷地为用户提供分配数据、话音和 IP 交换式数字视频（SDV）等业务。如果增加 1 550 nm 的波长就可以用来传输电视信号，从而为用户提供话音、视频和数据等多业务的一线接入，其传输示意图如图 8-18 所示。

8.5.2　EPON 系统的工作原理

EPON 在单根光纤上采用 WDM 技术全双工双向通信，实现下行 1 550 nm 和上行 1 310 nm 波长的组合传输。

上行方向（ONU 至 OLT）是点到点通信方式，即 ONU 发送的信号只会到达 OLT，而不会到达其他 ONU。在上行方向，各 ONU 收集来自用户的信息，按照 OLT 的授权和分配的资源，采用突发模式发送数据。所谓 OLT 的授权，是指上行方向采用 TDMA 多址接入方式，TDMA 按照严格的时间顺序，把时隙分配给相应的 ONU。每个 ONU 的上行信息填充在指定的时隙里，只有时隙是同步的，才能保证从各个 ONU 上行的信息不发生重叠或碰撞，以此保证在 OLT 中正确接收，最终成为一个 TDM 信息流传输到 OLT。如图 8-19 所示，ONU$_3$ 在第 1 时隙发送包 3，ONU$_2$ 在第 2 时隙发送包 2，ONU$_1$ 在第 3 时隙发送包 1。

下行方向（OLT 至 ONU）将数据以可变长度数据包通过广播传输给所有在 ODN 上的各个 ONU。每个包携带一个具有传输到目的地 ONU 标识的信头。当数据到达 ONU 时，由 ONU 的 MAC 层进行地址解析，提取出属于自己的数据包，丢弃其他数据包，再传输给用户终端，如图 8-19 所示。

图 8-19   EPON 上下行信息流的分发

EPON 系统采用全双工方式，上/下行信息通过波分复用（WDM）在同一根光纤上传输。EPON 可以支持 1.25 Gbit/s 对称速率，将来速率还能升级到 10 Gbit/s。

8.5.3   EPON 帧结构及关键技术

1. EPON 帧结构

EPON 帧分为下行帧和上行帧，均为定时长帧，帧时长都是 2 ms。EPON 的上行接入采用中央控制按需分配的 MAC 协议，使用标准的以太网帧结构。

（1）EPON 下行帧结构

EPON 下行信息流是符合 IEEE802.3 帧格式的变长数据包，其传输速率为 1.25 Gbit/s。图 8-20 所示为 EPON 从 OLT 到 ONU 的下行传送数据信息流的帧的结构，下行帧时长为 2 ms，每一帧都有多个可变长度的数据包，每个数据包又包括信头、可变长度的载荷、误码检测域和同步标识符，以太组的最大长度为 1 518 字节。其中，同步标识符占用一字节的编码，含有时钟信息，用作同步标记，每隔 2 ms 一次，以便使 ONU 与 OLT 同步。图中 1、2、N 表示该数据包发送到 ONU 的编号，也就是编号为 1 的数据包发送给编号为 1 的 ONU，编号为 N 的数据包发送给编号为 N 的 ONU，以此类推。

（2）EPON 上行帧结构

EPON 的上行帧结构如图 8-21（a）所示，帧时长也为 2 ms，每帧都有一个帧头，表示该帧的开始。每帧再进一步分割成长度可变的时隙，如分成 N 个时隙，并进行 1 到 N 的编号，每个时隙分配给一个 ONU，用于传送发送给 OLT 的上行 TDM 数据流。每个 ONU 有一个 TDM 控制器，它与 OLT 的定时信息一起，控制上行数据包的发送时刻。每个 ONU 在授权给定的时隙内发送数据帧，以避免复合时相互发生碰撞和冲突。按图 8-19 所示例子，则图 8-21（a）中时隙 3 专门分配给第 1 个 ONU 使用，本例中该时隙包含了 2 个可变长度的数据包和一些时隙开销。如果第 1 个 ONU 无有效信息需要发送，那么将填充空闲字节。

EPON 的上行帧组成示意图如图 8-21（b）所示。

图 8-20 EPON 的下行帧结构

（a）EPON的上行帧结构

（b）EPON的上行帧组成示意图

图 8-21 EPON 的上行帧结构及帧组成示意图

2. EPON 关键技术

实现 EPON 有许多关键技术有待解决，其中已经解决的关键技术如下。

（1）上行信道复用技术

上行信道复用技术是 EPON 技术的核心，其中上行信道的带宽利用率问题、如何使时延和时延抖动等指标达到要求等是关键技术问题。其中上行信道带宽的分配方法、ONU 发送窗口是固定的还是可变的、最大的 ONU 发送窗口应为多大、ONU 发送窗口的间隔、以太网帧是否切割等问题都有待进一步研究。

（2）测距与时延补偿技术

EPON 的上行帧包括众多的 ONU 发出的信息包，为了使各 ONU 发出的信息包不碰撞、不重叠，EPON 技术中采用了精密测距技术，并调整各 ONU 的时延，使其 ONU 上行信息精确地进入指定的时隙里，以保证严格的帧结构和正确接收。

测距过程是：OLT 发出一个测距信息，此信息经过 OLT 内的电子电路和光电转换延时后，光信号进入光纤传输并产生延时到达 ONU，经过 ONU 内的光电转换和电子电路延时后，又发送光信号到光纤并再次产生延时，最后到达 OLT，OLT 把收到的传输延时信号和它发出去的信号相位进行比较，从而获得传输延时值。OLT 以距离最远的 ONU 的延时为基准，算出每个 ONU 的延时补偿值，并通知 ONU。该 ONU 在收到 OLT 允许它发送信息的授权后，延时 t_d 补偿值后再发送自己的信息，这样各个 ONU 采用不同的 t_d 补偿时延调整自己的发送时刻，以便使所有 ONU 到达 OLT 的时间都相同。

（3）动态带宽分配

Ethernet 的帧结构并不是固定的，根据 IEEE802.3 协议，在不包括 8 字节的帧头时，每帧中数据包最长的为 1 518 字节，最短的为 64 字节。不同长度的帧填入相同长度的时隙，就给带宽分配带来了问题。目前大致有两种方法：一种是采取轮询的方式来进行带宽分配；另一种是采取请求-授权的方式进行实时带宽分配。

（4）突发信号的快速同步

OLT 接收到的信号为突发信号，原因是 EPON 上各个 ONU 到 OLT 的距离各不相同，所以各个 ONU 到 OLT 的路径传输损耗也互不相同，当各个 ONU 发送的光功率相同时，到达 OLT 后的光功率互不相同。因此，OLT 的上行光接收机要用突发模式接收技术来保证能够接收大动态范围光功率。

由于突发模式的光信号来自不同的端点，所以可能导致光信号相位的偏差，消除这种微小偏差的措施是采用突发同步技术。只有 OLT 的上行方向采用突发光接收机，才能从接收到的突发脉冲串中的前几比特快速地提取出同步时钟，进行突发同步。

（5）实时业务传输质量

传输实时语音和视频业务要求传输延迟时间既恒定又很小，时延抖动也要小。为了确保实时语音和 IP 视频业务，在 EPON 传输平台上以与 ATM 和 SDH 的 QoS 相同的性能分送到每个用户。通常采用两种方法：一种是对于不同的业务采用不同的优先权等级，对实时的业务优先传输；另一种是采用带宽预留技术，即提供一个开放的高速通道，不传输数据，而专门用来传输语音业务，以便确保 POTS 业务的质量。

（6）安全性和可靠性

EPON 下行信号以广播的方式发送给所有 ONU，每个 ONU 可以接收 OLT 发送给所有 ONU 的信息，这就必须对发送给每个 ONU 的下行信号单独进行加密。OLT 可以定时地发出命令，要求 ONU 更新自己的密钥，OLT 就利用每个 ONU 发送来的新密钥对发送给该 ONU 的数据信元进行加密，保证每个 ONU 从接收所有 ONU 的信息中，按照自己的密钥译出属于自己的信息，使下行信息安全地到达目的地，确保每个用户（ONU）的隐私。

为了防止有的用户对不属于自己的信息采用逐个试探的办法进行解密，需要对密钥定期更新。

8.5.4　EPON 基本网络单元设备

EPON 基本网络单元设备有 OLT、ONU、光纤无源器件（包括光分路耦合器等）及光纤光缆等。在此重点介绍 OLT 和 ONU 的硬件结构及原理。

1. OLT 硬件结构及原理

（1）OLT 硬件结构及功能

OLT 硬件主要由交换控制板、上行以太网接口板、上行窄带业务接口板、下行 EPON 接口板、环境监控板、IP 总线、TDM 总线、控制总线和电源线等组成，其硬件结构如图 8-22 所示。

图 8-22　OLT 硬件结构

交换控制板主要负责业务管理、组播业务管理、IP（以太网）和 TDM 交换。

上行以太网接口板由数据上行接口模块、相关光接口模块组成。

上行窄带业务接口板的功能是实现 IP 话音到 TDM 话音之间的转换，以及窄带话音信令的处理（如 PRI 等）。

下行 EPON 接口板（EPON 业务接入板）由 EPON 系列单板和光接口单板组成，提供 P2P FE 光接口和 EPON 接入业务。

（2）OLT 的工作原理

OLT 的工作原理可根据信息流程进行描述。当上行数据从 ONU 经过 PON 接口进入 EPON 接口，经过该板进行 EPON 协议处理时，将 EPON 数据流恢复成以太网数据流，再经过 IP 总线到以太网交换模块处理后传到上行以太网接口板上，完成上行数据业务的处理。

下行数据由上行以太网接口板进入 OLT 系统，传到以太网交换模块后，根据目的 MAC 地址确定相应的输出端口，并将数据转发至对应的 EPON 接口板上，再由下行 EPON 接口板经过 EPON 协议处理后向 ONU 转发。

2. ONU 硬件结构及原理

（1）ONU 硬件结构

ONU 硬件设备通常由主控模块、交换模块、总线、上行 EPON 接口模块、各种下行业务接口模块及电源模块构成，各种模块通过背板总线进行互连，如图 8-23 所示。

图 8-23　ONU 硬件结构

主控模块是 ONU 的控制和管理核心，一般为嵌入式操作系统（Linux/VxWorks 等）的硬件平台。主控模块一般可以实现对交换模块及其他接口模块的控制、配置和正常运行。

交换模块提供以太网帧的交换与转发功能，主控模块通过背板控制总线与交换模块进行通信、访问和管理。

（2）ONU 工作原理

ONU 的工作原理可根据信息流程进行描述。上行 EPON 接口模块采用一个千兆位口作为 EPON 的接收端口，接收 OLT 广播发送的数据分组；另一个千兆位口作为 EPON 的发送端口，用于向 OLT 发送数据，该端口发射的是特殊波长的光，通过特殊的交换机制来实现 ONU 与 OLT 的连接。

xDSL 接入模块主要为用户提供 DSL 接入，将用户数据转换为标准以太网帧结构后，通过背板 IP 总线传送到交换模块，交换模块利用内部交换功能将用户数据转发到 ONU 上行接口。下行业务数据从 ONU 上行接口进入设备后，通过 IP 总线到达交换模块，经过内部交换将数据转发到 xDSL 模块，最后 xDSL 模块将信号进行调制等处理后发送给 xDSL 用户。

以太网用户接入模块主要为用户提供以太网接入，业务数据转发流程与 xDSL 模块相同。

IAD 处理模块主要向用户提供模拟话音业务。用户模拟话音经 POTS 接口到达 IAD 处理模块后，IAD 处理模块将用户话音转换成 VoIP 数据包，通过 IP 总线、交换模块等之后转发到 ONU 的上行接口。下行话音 VoIP 数据分组到达 IAD 处理模块后，由 IAD 处理模块将其转换成用户模拟话音信号，通过 POTS 接口发送给用户。

8.5.5　EPON 的组网应用

EPON 具有成本低、维护简单、容易扩展、易于升级、服务范围大、带宽高且分配灵活等优势，它在许多场合得到了广泛应用，而且组网方式灵活，下面介绍 2 个 EPON 单独组网的应用实例。

1. FTTB

家庭客户采用 FTTB 方式的 EPON 接入 IP 网的组网示意图如图 8-24 所示。这种方式的 ONU 可以选用 MDU-D（多用户终端）设备，放置在高层设备间。根据住宅楼内部布线情况，用户与 ONU 之间可以灵活适应双绞线等不同的接入方式。

图 8-24　家庭客户 FTTB 接入 IP 网

2. FTTH/FTTO

FTTH/FTTO 方式适用于有潜在高带宽需求的用户，采用 FTTH/FTTO 方式的 EPON 接入示意图如图 8-25 所示。这种方式下，局端部署 OLT，每个家庭/办公室内部署一个内置 IAD（综合接入设备）功能的 ONU，为单个用户提供数据、语音和视频等业务。

图 8-25　采用 FTTH/FTTO 方式的 EPON 接入

习题 8

1. 城域网的定义是什么？有何特点？
2. 城域网的体系结构分为哪几层？各有何作用？
3. 光互联网络的定义是什么？有何特点？
4. IP Over SDH 的定义是什么？有何优点？
5. 画出光互联网的体系结构。
6. 简述接入网在通信网中的位置和作用。
7. 光纤接入网有哪些特点？
8. 简述光纤接入网中 OLT、ODN 和 ONU 各部分的作用。
9. 简述实用的 OLT 和 ONU 的基本组成及其各部分的作用。
10. 简述光纤接入网的几种拓扑结构，说明各有何特点。
11. 说明 EPON 的工作过程，并画出其帧结构。
12. 简述 EPON 的关键技术。
13. 简述 EPON 的测距过程。
14. EPON 基本网络单元设备有哪些？
15. 请分析 APON、GPON、EPON 的接入技术特点及区别。

第9章 现代光通信系统

9.1 相干光通信系统

迄今为止，所有实用化的光纤通信系统都采用 IM-DD 方式，这类系统成熟、原理简单、成本低、性能优良，已经在光通信网中获得了广泛应用。然而，IM-DD 方式存在频带利用率低、接收机灵敏度差、中继距离短等不足，而且没有利用光载波的相位和频率信息，无法像无线通信那样实现外差检测。随着光通信技术的日益发展，人们采用单一频率的相干光作为光源（光载波），将无线电技术中相干通信方式应用于光纤通信，实现了一种新型的光通信方式，即相干光通信，弥补了 IM-DD 方式的不足，提高了接收机的灵敏度和选择性。

9.1.1 相干光通信系统的基本原理

相干光通信系统的基本组成如图 9-1 所示。在发射端，采用直接调制或外调制（振幅、频率、相位或偏振方向）方式，将输入信号调制到光载波上，送入光纤中传输。在接收端，本地振荡器的光波信号通过耦合器叠加到接收信号上进行相干混合，在光检测器的输出端，外差检测时产生一个适当的中频 IF 信号，零差检测时直接得到基带电信号。其中，偏振控制器用于调节信号光与本征光间的偏振态。

图 9-1 相干光通信系统的基本组成

在相干光通信系统中，输入信号可以是模拟信号，也可以是数字信号，无论是什么信号，光调制工作原理与 IM 或外调制原理是一致的。光解调的工作原理可用图 9-2 加以说明。光接收机接收的信号光（角频率为 ω_S）和本振光（角频率为 ω_L）经相干混频后，由光电检测器检测，获得中频 $\omega_{IF}=\omega_S-\omega_L$ 的输出基带电信号。如果 $\omega_{IF}\neq0$，称该检测为外差检测；当 $\omega_{IF}=0$（$\omega_S=\omega_L$）时，称之为零差检测，此时在接收端可直接产生基带电信号。

图 9-2 相干检测原理框图

设接收的信号光和本振光的电场分别为

$$E_S(t) = E_S \cos(\omega_S t + \phi_S) \tag{9.1a}$$

$$E_L(t) = E_L \cos(\omega_L t + \phi_L) \tag{9.1b}$$

式中，E_S、ω_S、ϕ_S 分别为信号光的幅度、角频率和相位；E_L、ω_L、ϕ_L 分别为本振光的幅度、角频率和相位。假设信号光与本振光的偏振方向相同，投射至光电检测器的光强度 $P(t) \propto |E_S(t)+E_L(t)|^2$，检测到的功率 $P(t)=K|E_S(t)+E_L(t)|^2$，K 为比例常数，根据式（9.1），$P(t)$ 可以写成：

$$P(t) = K[E_S^2 + E_L^2 + 2E_S E_L \cos(\omega_{IF} t + \phi_S - \phi_L)] \tag{9.2}$$

式中，ω_{IF} 为中频信号的频率；本振光的中心角频率 $\omega_L = \omega_S \pm \omega_{IF}$。

1. 相干系统光调制

相干光通信中可以采用 IM 调制和外调制方式，对光载波进行幅度、频率和相位调制。对于数字调制，一般采用幅移键控（ASK）、频移键控（FSK）和相移键控（PSK），如图 9-3 所示。

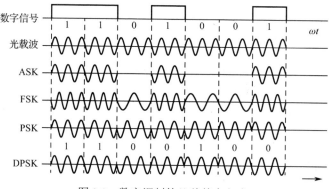

图 9-3　数字调制的几种基本方式

幅移键控（ASK）是用数字信号控制光载波的幅度大小，如"1"码时发送光载波，"0"码时不发送光载波。

频移键控（FSK）是用数字信号调制光载波的频率大小，如"1"码时发送的光载波频率为 f_1，"0"码时发送的光载波频率为 f_0。

相移键控（PSK）是用数字信号对光载波的相位大小进行控制，如"1"码时发送的光载波相位为 0，"0"码时发送的光载波相位为 π。

2. 相干系统光解调（相干检测）

当 $\omega_S = \omega_L$（$\omega_{IF} = 0$）时，可以把接收到的光信号直接转变成基带信号，这种方式称为零差检测。光电检测器输出的光电流 $i(t)$ 正比于入射光功率 $P(t)$，近似为：

$$i(t) = RP(t) = R[E_S^2 + E_L^2 + 2E_S E_L \cos(\phi_S - \phi_L)] \tag{9.3}$$

式中，R 为光电检测器的响应度，通常 $E_L^2 \gg E_S^2$，故 $E_S^2 + E_L^2 \approx E_L^2$ 为常数。式（9.3）的最后一项包含要传送的信息。根据功率与电场强度的关系，可以写为 $E_L^2 = P_L$，$E_S^2 = P_S$，考虑到本振光相位被锁定在信号光相位上，故 $\phi_S = \phi_L$。此时，零差检测产生的信号电流为：

$$i(t) = RP(t) = 2R\sqrt{P_S P_L}\cos(\phi_S - \phi_L) \approx 2R\sqrt{P_S P_L} \qquad (9.4)$$

当 $\omega_S \neq \omega_L$ 时，要想恢复基带信号，接收光信号载波频率先转变为中频 f_{IF}（典型值为 $0.1\sim$ 5 GHz）信号，然后把该中频信号转变成基带信号，这种相干检测方式称为外差检测。光电检测器输出的光电流 $i(t)$ 正比于入射光功率 $P(t)$，近似为：

$$i(t) = RP(t) = R[E_S^2 + E_L^2 + 2E_S E_L \cos(\omega_{IF} t + \phi_S - \varphi_L)] \qquad (9.5)$$

与零差检测类似，式（9.5）也可以改写为

$$i(t) = RP(t) = 2R\sqrt{P_S P_L}\cos(\omega_{IF} t + \phi_S - \phi_L) \qquad (9.6)$$

外差检测方式也可以通过增大本振光功率的方式提高接收灵敏度；在相干检测中，由于要求 $\omega_S - \omega_L$ 随时保持常数（ω_{IF} 或 0），因而系统光源具备非常高的频率稳定性、非常窄的光源谱宽及一定的频率调谐范围；无论是外差检测还是零差检测，检测的根据都来源于接收光信号与本振光信号之间的干涉，因而必须保证它们之间的相位和偏振方向匹配。

9.1.2　相干光通信系统的关键技术

与 IM-DD 系统相比，实现相干光通信系统必须解决下面 3 个关键技术问题。

1．光间接（外）调制

光间接（外）调制的关键器件是光调制器件，其将电信号的电压加在光调制器的电极上，使光调制器的电压或声压或磁场等物理参数发生相应变化。

光调制器件可根据电光、声光和磁光效应使光波传输特性随电压或声压或磁场等外界因素的变化而变化。

2．匹配技术

相干光检测要求信号光和本振光混频时偏振态相匹配，此时才能获得高混频效率。

3．频率稳定技术

只有保证信号光载波振荡器和光本振振荡器的频率高度稳定和高频谱纯度（频谱宽度要窄），才能保证相干光通信系统正常工作。在相干光通信系统中，中频一般选择为 $2\times10^8\sim$ 2×10^9 Hz，而信号光波长为 1 550 nm 时，其光载频为 2×10^{14} Hz，则中频是光载频的 $2\times10^{-6}\sim$ 2×10^{-5} 倍，因此要求光源频率稳定度优于 10^{-8}。激光器一般达不到要求，必须研究稳定技术，如优质 DFB-LD 的频谱宽度可达到几千赫兹。

9.1.3　相干光通信系统的优点及前景

1．相干光通信系统的优点

相干光通信充分利用了相干方式具有的混频增益、出色的信道选择性等特点。与直接检测（DD）相比，相干光通信具有以下优点。

（1）接收灵敏度高，中继距离长。相干检测能通过提高本振光功率有效地抑制噪声，比普通接收机的灵敏度提高约 20 dB，增加了光信号的无中继传输距离。

（2）频率选择性好，通信容量大。外差接收时中频落在微波波段，采用非常窄的带通滤波器，可实现信道间隔为 1～10 GHz 的密集频分复用，从而实现超高容量的信息传输。

（3）具有多种调制方式。相干光通信系统除对光波进行幅度调制外，还可以进行频率调制、相位调制。相干光通信系统已在野外进行了许多成功试验，但相干光发射机和接收机的结构复杂，可靠性差。

2．相干光通信系统的应用前景

相干光通信系统的前景非常广阔，近年来相干光通信系统在以下几个领域得到了应用。

（1）5G 移动通信。相干光通信系统在 5G 移动通信中发挥了重要作用。高速传输和抗干扰能力强的特点使其成为支持 5G 网络高速率和大容量需求的理想选择。在 5G 基站之间、基站与移动终端之间的高速传输中，相干光通信系统有助于提供稳定的通信服务。

（2）数据中心互连。随着云计算和大数据的快速发展，数据中心的互联需求不断增加。相干光通信系统用于数据中心互连，可以实现高速、大容量的数据传输，提高数据中心的处理能力和响应速度。

（3）光纤通信网络。相干光通信系统广泛应用于光纤通信网络中，用于长距离传输和高速率通信。这包括城域网、广域网、海底光缆等通信网络，可提供稳定、高效的通信服务。

光载波的传输带宽大、质量体积小、功耗低、抗干扰和抗截获性能强，非常适用于卫星通信。相干光通信技术已经成为卫星通信领域的"潜力股"。

（4）光传感技术。相干光通信系统还可以应用于光传感技术领域。通过对传感光信号的检测和分析，可以实现高精度的测量和控制，应用于环境监测、工业自动化等领域。

9.2　光孤子通信系统

损耗和色散是制约光纤通信系统传输距离和容量的主要因素。利用光孤子传输信息的新一代光纤通信系统，可以真正做到全光通信，无须光电-电光转换的中继器，就可在超长距离、超大容量传输中大显身手。光孤子通信是光通信技术的一场革命。

光孤子是一种特殊形态的短脉冲波，是非线性波动方程一种特殊的不弥散解。这种波经光纤长距离传输后能保持其初始形状不变，即幅度和宽度都保持不变。1980 年实验证实了光孤子脉冲可以在光纤中长距离传输。1992 年，在传输速率为 10 Gbit/s 的条件下成功地进行了 10×10^6 km 的光孤子传输实验。由于光孤子在传输过程中可以保持形状不变，若采用光孤子作为载波，则可以从根本上克服色散对通信容量的限制，所以对光孤子传输的研究一直是光通信领域的热点。

9.2.1　光孤子通信系统的基本原理

光孤子通信系统基本组成如图 9-4 所示。光孤子通信系统由光孤子源、调制器、孤子能量补偿放大器（EDFA）、发射端隔离器、光纤传输系统、接收端隔离器与孤子脉冲信号检测接收单元组成。光孤子通信系统的调制属于间接（外）调制。

图 9-4　光孤子通信系统基本组成

光孤子通信系统的基本工作原理是，由光孤子源提供光孤子脉冲流作为信息载体进入调制器，信息通过调制器对光孤子脉冲流进行调制。已调信息的光孤子脉冲流经 EDFA 放大和光隔离器后耦合进入传输光纤进行传输。借助光纤线路周期性接入的 EDFA 对光孤子进行能量补偿，避免因光纤损耗而导致光孤子脉冲展宽，实现光孤子的稳定传输。最后利用光检测接收单元将光孤子承载的信息分离出来。

光孤子源是光孤子通信系统的关键。要求光孤子脉冲宽度为皮秒数量级，有规定幅度峰值。光孤子源主要由掺铒光纤孤子激光器、锁模半导体激光器等承担。

9.2.2　光孤子通信系统的关键技术

光孤子通信系统的关键技术是光孤子源的形成。在强光作用下光纤自相位调制（SPM），即传输过程中光脉冲自身相位变化，导致脉冲频谱展宽，脉冲保持初始形状传输，形成基本光孤子。自相位调制与"自聚焦"有密切联系。如果十分严重，那么在密集波分复用系统中，光谱展宽会重叠进入邻近的信道。

光脉冲在光纤传输过程中的相位变化为：

$$\phi = (n_0 + n|E|^2)k_0 L = \phi_0 + \phi_{NL}$$

式中，$k_0 = 2\pi/\lambda$；L 是光纤长度；$\phi_0 = n_0 k_0 L$ 是相位变化的线性部分；$\phi_{NL} = nk_0 L|E|^2$ 为自相位调制。从原理上说，SPM 可用来实现调相，可在光纤中产生光孤子，形成光孤子源。

根据理论分析，对形成的光孤子源有着严格要求，一是光脉冲为双曲正割分布脉冲，二是光孤子的振幅不是任意的，而是唯一地由非线性系数、色散度及脉冲宽度所确定，即一定量的能量峰值。唯一确定的基本光孤子注入无损耗光纤后，将沿光纤无失真、无限稳定地传输下去。但实际上，光纤损耗导致光孤子幅度随着传输距离的增加而下降，当能量不满足光孤子形成的条件时，脉冲丧失光孤子特性而展宽，即光孤子幅度的变化导致脉冲展宽，且光孤子幅度与脉宽之积为常数。只有通过光纤放大器给光孤子补充能量，才能让光孤子自动整形。利用光孤子的这一特性，每隔一段距离补充脉冲损失的能量，可以使脉宽恢复到初始状态。如此一来就可以增加传输级数，极大地延长传输距离，可进行全光中继传输。

调制器、传输光纤、孤子脉冲信号检测接收单元与常规光纤通信系统中的作用类似。

9.2.3　光孤子通信系统的优点及前景

光孤子通信是新一代超长距离、超高速率的光纤通信系统，更被公认为是光纤通信中最有发展前途、最具开拓性的前沿课题之一。光孤子通信和线性光纤通信比较有一系列显著的优点：如孤子脉冲的不变性决定了高速、大容量通信，传输速率可达 20～100 Gbit/s；利用光纤放大器补偿损耗可实现全光传输；光孤子通信的系统误码率低，抗干扰强，适合长距离传输。光孤子系统调制优于 IM-DD 方式和相干光通信。

目前，光孤子通信系统实验可以达到传输速率 10～20 Gbit/s、传输距离 13 000～20 000 km 的水平。

正因为光孤子通信技术的这些优点和潜在发展前景，国际、国内这几年都在大力研究开发这一技术。当然，实际的光孤子通信仍存在许多技术难题。已取得的突破性进展使人们相信，光孤子通信在超长距离、高速、大容量的全光通信中，尤其在海底光通信系统中，有着光明的发展前景。

9.3　自由空间光通信系统

自由空间光（Free Space Optics，FSO）通信又称无线光通信或大气光通信，它是指以光波为载波，在真空或大气中传输信息的通信技术。FSO 通信按应用环境不同又可分为大气光通信（水平方向）、卫星间光通信和星地光通信（垂直方向）。FSO 通信思想的提出较早，但光通信的研究重点转移到光纤通信上，20 世纪末随着相关技术的突破，FSO 通信重新得到了重视，已经开始在短距离、中等传输速率室外 FSO 通信中应用，比如传输速率为 100 Mbit/s～2.5 Gbit/s、传输距离为 0.5～4 km、激光波长为 850～1 550 nm。

9.3.1　FSO 通信系统的基本原理

自由空间光通信系统的基本构成如图 9-5 所示。完整的数字自由空间光通信系统由线路编码、光调制、光学发送天线、光学接收天线、光解调、线路解码等基本单元组成。FSO 通信系统比光纤通信系统主要多了光学收/发天线部分。

图 9-5　自由空间光通信系统的基本构成

1．线路编/解码

线路编码主要为较为严重的自由空间信道的误码而设计，其目的是通过使用线路编码来实现前向纠错功能。自由空间光通信与长距离光纤通信不同，自由空间光通信的误码主要表现为突发误码，例如在一段时间内激光束传播受大气湍流影响或移动物体短时间遮挡，导致接收机误码率突发上升，因此在不中断通信的情况下需检测误码，并且还要及时纠错。解码是编码的逆过程。

2．光调制/解调

光调制/解调用于实现电光-光电变换。在早期，自由空间光通信系统使用大功率气体激光器、光电倍增管作为光电检测器。随着光电技术和器件的不断成熟，使得有源半导体激光器可靠性好、效率高、体积小、质量轻，因此目前大多数系统使用半导体激光器作为光源，PIN 或 APD 作为光检测器。其调制方式多采用 IM-DD 方式。采用的线路编码多为开关键控（OOK）、曼彻斯特编码等方式。

3．光学收/发天线

光学接收天线的任务是将一定面积内的信号光汇聚到光检测器上，目的是增大接收信号功率；光学发送天线的任务是减小光束发散角，降低激光束在大气中传播时的发散损耗。自由空间光通信系统多采用折射式光学天线。

构成光学天线的主要方式为收/发分离式和收/发合一式。收/发分离式光学天线如图 9-6（a）所示，收/发合一式光学天线如图 9-6（b）所示。

（a）收/发分离式光学天线　　　　　　（b）收/发合一式光学天线

图 9-6　收/发分离式和收/发合一式光学天线示意图

收/发分离式光学天线的发送天线口径不宜过大，在毫米数量级，对应的光束发散角约在毫弧度数量级；对于接收天线，则口径应尽可能大一些。收/发分离式光学天线的实际应用效果较好；收/发合一式光学天线的成本较高，很少被自由空间光通信系统采用。

9.3.2　FSO 通信系统的关键技术

影响 FSO 通信系统性能的关键因素包括大气层、建筑物晃动和空中障碍物、波长，以及瞄准、捕获和跟踪技术等。

1．大气层

光束在空气信道中传播，功率容易受到损耗，且大气折射率随机性变化会造成光束闪烁、扩散和弯曲，湍流、涡流等也会影响光信号的传输。这些会造成激光光束通过时偏离原来方向，发生不稳定的偏折，光束偏折角度一般为几度到几十度，由于接收点固定不变，收到的光信号强度就会起伏变化，而大气湍流又带来强烈干扰。解决办法是用几个不同位置的激光发射器同时发送同样的信号，接收机采用多个独立大口径透镜结合接收，类似于分集接收。

2. 建筑物晃动和空中障碍物

建筑物晃动将影响两个点之间的激光对准，解决办法是要求链路两端设备都必须具备自动捕获和跟踪能力。空中障碍物阻挡信号传播途径时，大气光通信会受到干扰，如飞行的小鸟和空中其他能阻断光束的障碍物等。解决办法一是设备安装避开附近大型的飞行物，二是采用散光法和阵列多点发射来降低障碍物的影响。

3. 波长

光无线通信所采用的激光波长也应选用信道损耗最小波长，这点与光纤通信一样。

由于大气和地面对太阳光的散射对大气光通信和接收机形成一个强大的背景辐射噪声源，大气各种微粒引起的透过率对光波直接起衰减作用，大气对光谱的吸收也会对光波形成衰减作用，大气散射对光束造成的反射或折射改变了光能的分配方向。因此选择波长时，应避开背景辐射光谱 400～700 nm，可选红外光或紫外光。应避开大气吸收光谱，常用的红外波段 810～860 nm、980～1 060 nm 和 1 550～1 600 nm 都是良好的大气光通信窗口。实验证明，紫外光不利于大气光通信。综合考虑，810～860 nm 和 1 550～1 600 nm 都是无线光通信的可选波长。

4. 瞄准、捕获和跟踪技术

大气光通信系统在进行数据传输之前，首先调整发射机发出的光场功率已准确达到接收机的探测器上，即使发射光正确地对准接收机。同样，接收机也必须按照发射光场到达角度进行调节。使发射机对准一个恰当的操作方向称为瞄准，确定入射光束到达方向的接收机操作称为空间捕获，整个通信期间和捕获操作称为空间跟踪。

FSO 通信是一种视距宽带通信技术，传输距离与信号质量的矛盾非常突出，当传输超过一定距离时波束就会变宽，导致难以被接收点正确接收。目前，在 1 km 以下才能获得最佳的效果和质量，最远只能达到 4 km。

FSO 通信系统性能对天气非常敏感。晴天对 FSO 通信质量的影响最小，而雨、雪和雾对通信质量的影响则较大。据测试，FSO 通信受天气影响的衰减经验值分别为：晴天，5～15 dB/km；雨，20～50 dB/km；雪，50～150 dB/km；雾，50～300 dB/km。国外为解决这个难题，一般会采用更高功率的激光器二极管、更先进的光学器件和多光束来解决。城市内，建筑物的阻隔、晃动将影响两个点之间的激光对准。

9.3.3 FSO 通信系统的优点及前景

自由空间光通信与微波技术相比，具有调制速率高、频带宽、不占用频谱资源等特点；与有线电通信和光纤通信相比，具有机动灵活、对市政建设影响较小、运行成本低、易于推广等优点。自由空间光通信可以在一定程度上弥补光纤和微波的不足。它的容量与光纤相近，但价格低得多。

　　传统的射频无线通信传输速率受限，频谱资源紧张；而自由空间光通信频谱不受限、传输速率高、天线口径小、端机功耗低、体积小、质量轻，并且具有良好的抗干扰和抗截获性能。因此，自由空间光通信在许多领域有望取代无线通信，成为"最后 1 km"通信的解决方案。

　　FSO 通信主要应用于星地、星间和地面光通信，在军事和民用领域均具有重大的战略需求与应用价值。地面空间光通信的主要应用场景有：3G、4G 无线基站与交换中心数据回传，最后 1 km 接入，不便于敷设光缆的场合、应急通信保障等。激光通信将改变现有的卫星通信体制，给空间信息传输领域带来革命性的变化。

9.4　光量子通信系统

　　光量子通信是以光量子作为信息载体（载波）的一种先进的通信手段，即光量子通信的信息载体是光量子，运动、传输及相互作用应遵循量子电动力学原理，因此光量子通信是指利用量子纠缠效应进行信息传输的一种新型通信方式。量子通信是近些年发展起来的新型交叉学科，是量子论和信息论相结合的新研究领域。量子通信主要涉及量子密码通信、量子隐形传态（信息传输）和量子密集编码等，近来这门学科已逐步从理论走向实验，并向实用化发展，成为国际上量子物理和信息科学的研究热点。

　　光量子也具有波粒二项性，因而量子通信可以利用光的粒子特性，使用光量子来携带数字信息，实现信息通信。从物理学的角度分析，量子（如电子、光子等）是不可分的最小能量单位；从量子力学角度，这种微观粒子的运动状态被称为量子态。"量子纠缠态"是指微观世界里，有共同来源的两个微观光粒子之间存在着纠缠关系（类似"心灵感应"，非定域非经典的关联），这两个处于纠缠状态的粒子无论相距多远，都能感应到对方的状态，并且随着对方（发送方）状态的变化而相应变化，不受四维时空的约束。

9.4.1　光量子通信系统的基本原理

1. 光量子通信的基本概念

　　光量子通信是以利用量子纠缠态效应进行信息传输的一种新型的通信方式，是量子论和信息论相结合的新领域，主要涉及量子密码通信、量子隐形传态（信息传输）和量子密集编码等。

2. 光量子通信的基本原理

　　量子通信从浅层定义上看，有两个重要术语，即"量子纠缠态"和"量子隐形传态（信息传输）"，通过对这两个术语的理解，就可以基本解释量子通信的完成过程。比如量子通信主要基于量子纠缠态的理论，使用量子隐形传态（传输）的方式实现信息传输。根据实验验证，具有纠缠态的两个粒子无论相距多远，只要一个发生变化，另外一个也会瞬间发生变化。

　　量子通信的基本思想是，将原物的信息分成经典信息和量子信息两部分，传输信道也分成经典信道和量子信道两部分。原物信息的两部分，分别通过经典信道和量子信道传输给接收者，如图 9-7 所示。经典信息是发送者对原物进行某种测量而获得的，而量子信息是发送者在测量中未提取的其余信息；接收者在获得了这两种信息后，就可以制备出原物量子态的完全复制品。该过程中传输的仅是原物的量子态，而不是原物本身。

图 9-7　量子通信的过程示意图

在图 9-7 中，A 端是量子隐形传态的发送者，B 端是量子隐形传态的接收者。经典信道是指传输数据、声音粒子①的光纤信道，传输的是经典信息。量子信道指的是处在量子纠缠状态的粒子对②、③，纠缠源把粒子②发给 A 端，把粒子③发给 B 端，它们之间传输的是量子信息。A 端对手中的粒子①和粒子②进行联合测量（类似调制），并将测量结果作为经典信息通过经典信道立即通知 B 端，B 端按 A 端的通知，逆转变换（类似解调）为粒子①原来的状态，并制备在粒子③上，完成了量子信息由 A 到 B 的传输。

量子通信与经典通信有以下特性：量子信息传输时无须预先知道接收者在哪里；量子信息传输过程不会被任何障碍所阻隔，因而，量子隐形传态是量子态的超空间传输；量子信息的传输速度取决于量子态的塌缩速度，而塌缩速度大大超过光速，因而，量子信息的传输速度是超光速的；原物信息的传输仍需经典信道，而经典信道上信息的传输速度不会超过光速，故原物信息的传输速度不会超过光速。

量子通信具有高效率和绝对安全等特点。

（1）安全性。量子通信绝不会"泄密"：其一，量子加密的密钥是随机的，即使被窃取者截获，也无法得到正确的密钥，因此无法破解信息；其二，分别在通信双方手中具有纠缠态的两个粒子，其中一个粒子的量子态发生变化，另外一个粒子的量子态就会随之立刻变化，并且根据量子理论，宏观的任何观察和干扰，都会立刻改变量子态，引起其变化，因此窃取者由于干扰而得到的信息已被破坏，并非原有信息。

（2）高效性。被传输的未知量子态在被测量之前会处于纠缠态，即同时代表多个状态，例如一个量子态可以同时表示 0 和 1 两个数字，7 个这样的量子态就可以同时表示 128 个状态或 128 个数字。光量子通信的这样一次传输，就相当于经典通信方式的 128 次。可以想象如果传输带宽是 64 位或者更高，那么效率之高将是惊人的。

由于人们对纠缠态粒子之间的相互影响一直有所怀疑，认为量子通信解决的不是通信问题，而是加密问题。在军事绝密信息和银行关键数据的通信方面，量子通信会有重要的应用价值。几十年来，物理学家一直试图验证这种神奇特性是否真实。

3．光量子通信系统的基本构成

光量子通信系统与一般光纤通信系统类似，由发射端、量子信道和接收端组成，如图 9-8 所示。

图 9-8　光量子通信系统的简单组成

发射端通过产生信息载体的量子产生装置，将所需传输的信息加载到量子流中的调制器，将已调好的量子流通过量子信道进行信息传输。

接收端通过量子信息流前端接收装置，接收来自量子信道的已调量子流，并去掉其传输中所带来的干扰和衰落，信息解调装置从所接收的调制量子流中将信号解调出来。原信号恢复装置是对解调出的信号进行整形放大，恢复其在发射端信号的原貌。量子通信所采用的传输介质包括光纤、自由空间、海水等。另外还有辅助信道，是指除量子信道以外的附加信道，如经典信道，主要用于密钥协商等。

9.4.2　光量子通信系统的关键技术

光量子通信系统的关键技术涉及量子密钥分配（Quantum Key Distribution，QKD）、量子隐形传态（Quantum Teleportation，QT）、量子安全直接通信（Quantum Secure Direct Communication，QSDC）、量子机密共享（Quantum Secret Sharing，QSS）4 个方面。

1. 量子密钥分配

量子密钥分配，即利用量子状态作为信息加密和解密的密钥。量子密钥分配以量子态为信息载体。在量子密码学中，采用单光子进行量子通信，通信双方的保密通信是通过量子信道和经典信道分配的密钥实现的。其通信的保密性和安全性由量子力学中的不确定性原理和量子不可克隆定理来保证。通过量子信道使通信收发双方共享密钥，是密码学与量子力学相结合的产物。量子密钥分配技术在通信中并不传输密文，只是利用量子信道传输密钥，将密钥分配到通信双方，其系统结构如图 9-9 所示。

图 9-9　量子密钥分配系统结构

目前，各国学者在理论上已经提出了几十种量子密钥分配方案，根据信号源的不同大致可分为三类：基于单量子的量子密钥分配方案、基于量子纠缠对的量子密钥分配方案和基于单量子与量子纠缠对的混合量子密钥分配方案。

2. 量子隐形传态

量子隐形传态是量子信息领域的典型应用，又称为量子离物传态或量子远程通信。量子隐形传态技术利用量子纠缠理论，通过一对 EPR 纠缠对实现远距离量子信息传输，不需要直接传输量子信息比特而实现量子纠缠态的转移。量子隐形传态理论在实验中得到了成功实现，并成为当前量子通信系统的重要理论基础。其系统结构如图 9-10 所示。

图 9-10　量子隐形传态系统结构

发送者 Alice 要将粒子 1 传输给接收者 Bob，需要分别经过经典信道和量子信道，其具体步骤如下：

① Alice 在发射端对所持有的粒子 1 和粒子 2 进行联合 Bell 测量（类似调制）。Alice 将测量结果通过经典信道传输给 Bob。当 Alice 完成测量工作后，Bob 手中的粒子 3 立刻变化（坍塌或类似解调）到所对应的量子态上。

② Bob 根据所接收到的结果对手中的粒子 3 的量子态进行相对应的逆转变换，得到粒子 1 原来的状态，并精确备份在粒子 3 上，完成了未知态的传输。从量子隐形传态的传输过程可以看出，粒子 1 在 Alice 手中已经遭到破坏，不可能通过通信信道传输到 Bob 处，Bob 只是通过相应的逆转操作利用手中已有的粒子 3 实现对未知粒子 1 的再现。

3. 量子安全直接通信

量子安全直接通信是指通信双方以量子态为信息载体，基于量子力学相关原理及量子特性，利用量子信道，在通信收发双方之间安全、无泄露地直接传输有效信息，特别是机密信息的通信技术。

量子安全直接通信是量子通信技术的一个重要分支，主要用于直接传输机密信息。通信的收发双方无须事先建立安全密钥，就可以直接通过量子信道进行信息传输。量子安全直接通信与量子密钥分配的根本区别在于在量子信道中直接传输秘密信息，安全性要求比量子密钥分配高，但总体而言，技术还不成熟。

4. 量子机密共享

量子机密共享是传统的机密共享在量子通信中的运用和发展，传统的机密共享旨在对重要的密钥进行安全保护，使即便部分或全部密钥被第三方窃取也难以恢复出真实的密钥。其主要实现思路是，将原始密钥分割成多份，然后将多份密钥分别发给多个用户，每个用户都只能获取一份或多份密钥份额，只有多个密钥分享者合作时，才能恢复出原始的密钥，不能满足上述条件的共享者将无法得到全部的密钥。通过使用机密共享方案，可以在分享机密信息的同时，防止不诚实用户的破坏企图。

量子机密共享是多个通信方之间通过多量子纠缠态实现的量子通信，但现实应用技术难度大，还处在理论研究阶段。

9.4.3　光量子通信系统的优点及前景

量子通信具有传统通信方式所不具备的绝对安全特性，不但在国家安全、金融等信息安全领域有着重大的应用价值和前景，而且逐渐走进人们的日常生活。

量子通信与现有光纤通信相比具有以下优势。

量子通信的信息传输容量大，可多量级地超过光速率传输，特别适用于宇宙星际间的通信。

量子通信具有极好的安全保密性。量子通信有无法破译的密钥，并且采用了一次一密钥的加密方式，这样在两个人通话过程中，密钥机每秒都产生密码，从而保证话音信息的安全传输。一旦通话结束，这串密码立即失效，且下次通话绝不会被使用。

量子通信可以实现超光速通信。依据量子力学理论，量子超光速通信线路的时延可以是零，并且量子信息传输的过程中不会有任何障碍的阻隔。量子超光速通信完全环保，不存在任何电磁污染。

为了让量子通信从理论走到现实，从 20 世纪 90 年代开始国内外科学家做了大量的研究工作。自 1993 年美国 IBM 的研究人员提出量子通信理论以来，美国国家科学基金会和国防高级研究计划局都对此项目进行了深入的研究，欧盟在 1999 年集中国际力量致力于量子通信的研究，研究项目多达 12 个，日本邮政省把量子通信作为 21 世纪的战略项目。我国从 20 世纪 90 年代开始从事量子光学领域的研究，近几年来，中国科学技术大学的量子研究小组在量子通信方面取得了突出的成绩。

到 2009 年，点对点的两方量子通信技术已经比较成熟，科学家和技术人员利用光量子态已经能够实现几十千米到百千米级的两方量子密钥分发系统。为了与现有通信系统兼容以减少成本，量子通信网还将充分利用现有的光纤网络。2016 年 8 月 16 日，中国发射全世界首颗量子科学实验卫星。截至 2017 年 8 月，已完成了包括千千米级的量子纠缠分发、星地的高速量子密钥分发，以及地球的量子隐形传态等预定的科学计划。

2017 年 9 月 29 日，世界首条量子保密通信干线"京沪干线"正式开通。当日结合京沪干线与"墨子号"量子卫星，成功实现人类首次洲际距离且天地链路的量子保密通信。干线连接北京、上海、贯穿济南和合肥全长 2 000 余千米，全线路密钥率大于 20 千比特/秒，可同时供上万用户密钥分发。

2023 年 5 月 24 日中国科学技术大学潘建伟小组也分别在北京、济南和合肥建立了实用化的城域量子通信实验网，结合目前正在建设中的量子通信京沪干线，将在未来连接北京、济南、合肥和上海，实现可扩展的广域网光纤传输量子通信。

9.5　海底光缆通信系统

海底光缆通信（Undersea Fiber Communication）容量大、可靠性高、传输质量好，在当今信息时代，起着极其重要的作用。世界上绝大部分互联网越洋数据和长途通信业务是通过海底光缆传输的，有的国外学者甚至认为，可能占到99%。中国海岸线长、岛屿多，为了满足人们对信息传输业务不断增长的需要，大力开发建设中国沿海地区海底光缆通信系统，改善中国通信设施，对于推动整个国民经济信息化进程、巩固国防具有重大的战略意义。

随着全球通信业务需求量的不断扩大，海底光缆通信发展的应用前景将更加广阔。

一个全球海底光缆通信网络可看作由4层构成，前3层是国内网、地区网和洲际网，第4层是专用网。连接一个国家的大陆和附近的岛屿，以及连接岛屿与岛屿之间的海底光缆组成国内网。国内网在一个国家范围内分配电信业务，并向其他国家发送电信业务。地区网连接地理上同属一个区域的国家，在该地区分配由其他地区传输来的电信业务，汇集并发送本地区发往其他地区的业务。洲际网连接世界上由海洋分割开的每一个地区，因此称这种网为全球网或跨洋网。第4层与前3层不同，它们是一些专用网，如连接大陆和岛屿之间的国防专用网、连接岸上和海洋石油钻井平台间的专用网，这些网由各国政府或工业界使用。

9.5.1　海底光缆通信系统的基本原理

1. 海底光缆通信的基本概念

海底光缆通信系统是以海底光缆为传输载体进行信息通信的光通信系统，是海洋信息网络的重要组成部分。海底光缆通信系统目前承载了全球95%以上的国际信息通信的传输，是全球通信重要的信息载体和基础网络。随着国际信息交互越来越频繁及数据流量的爆发式增长，海底光缆通信系统所起到的重要作用愈发突显。

海底光缆通信系统主要应用于国际跨洋海底光缆通信、大陆与近海岛屿及海洋岛屿间的海底光缆通信等场景，并按照应用场景和传输距离的不同，可分为有中继海底光缆通信系统和无中继海底光缆通信系统。有中继海底光缆通信系统通常由海底光缆终端设备、远供电源设备、线路监测设备、网络管理设备、海底光缆中继器、海底光缆分支单元、在线功率均衡器、海底光缆、海底光缆接头盒、海洋接地装置以及陆地光电缆等设备组成。国际跨洋海底光缆通信的传输距离可达数千至上万千米，多数场景需采用技术相对复杂的有中继海底光缆通信系统技术，在信号传输过程中使用中继器进行信号放大；大陆与近海岛屿及海洋岛屿间的海底光缆通信传输距离一般为数百千米（无须使用水下中继器），采用无中继海底光缆通信系统即可完成信号传输。

2. 海底光缆通信系统的构成

图9-11给出了海底光缆通信系统组成和边界的基本概念，通常，海底光缆（简称海缆）通信系统包括中继器或海底光缆分支单元。该图中，A代表终端站的系统接口，在这里系统可以接入陆上数字链路或其他海底光缆通信系统；B代表海滩节点或登陆点。A-B代表陆上部分，B-B代表海底部分，O代表光源输出口，I代表光探测器输入口，S代表发射端光接口，R代表接收端光接口，各部分功能由ITU-T G.972给出定义。

陆上部分，处于终端站 A 中的系统接口和海滩节点或登陆点 B 之间，包括陆上光缆、陆上节点和系统终端设备，该设备也提供监视和维护功能。海底光缆通信系统按照终端设备类型可分为 SDH 系统和 DWDM 系统。

海底光缆部分，包括海床上的光缆、海缆中继器、海缆分支单元和海缆接头盒。B 是海底光缆和陆上光缆在海滩的连接点，线路终端传输设备（Line Terminal Equipment，LTE）在光接口终结海底光缆传输线路，并连接到系统接口。

图 9-11   海底光缆通信系统

运行管理维护（OAM）是一台连接到监视和遥控维护设备的计算机，在网络管理系统中对网元进行管理。

馈电设备（Power Feeding Equipment，PFE）通过海底光缆里的电导体，为海底光缆中继器和/或海底光缆分支单元提供稳定恒电流。

光缆终端设备（Cable Terminating Equipment，CTE）提供连接 LTE 和海底光缆之间的接口，也提供 PFE 和光缆馈电导体间的接口。通常，CTE 是 PFE 的一部分。

海底光缆中继器包含一个或者多个光放大器；分支单元（Branching Unit，BU）连接三个以上（含三个）光缆段的设备；系统接口是数字线路段终结点，是指定数字传输系统 SDH 设备时分复用帧上的一点；光接口是两个互联的光线路段间的共同边界；海缆接头盒是将两根海底光缆连接在一起的盒子。

9.5.2   海底光缆通信系统的关键技术

海底光缆通信系统的主要特点是通信距离长、传输容量大，系统运行寿命长，一直是光纤通信技术的应用高地。相较于陆地光纤通信系统技术，海底光缆通信系统还面临水下设备供电受限、体积受限和极高可用率等特殊的挑战。为持续优化单比特传输成本，除借鉴陆地光纤通信系统的高速调制、接收技术外，海底光缆通信系统还需要在海底光纤光缆、海底光缆中继器、海底光缆分支单元、远端馈电设备等若干维度持续进行技术创新。

1. 海底光纤光缆

随着光纤制造技术的不断革新，通信光纤正朝着超低损耗，大有效面积方向发展，具备超低损耗、大有效面积特性的 G.654E 光纤已应用于陆地超高速光纤通信系统。目前国内主流光纤厂商已成功开发出损耗接近于 0.16 dB/km、有效面积为 130 μm^2 的具备商用能力的产品，未来可能开发出有效面积更大、损耗系数更低的超高性能光纤。

增加海底光缆系统容量最简单的方式是采用更多的光缆芯数，有中继海底光缆通信系统将由 16 芯增加到 24/32 芯，未来还将研发 48/64 芯，无中继海底光缆通信系统将从 24、48、96 芯增加到更多。

2. 水下中继器

海底光缆中继器也称水下中继器，通常应用于长距离的海底光缆传输系统中，用来补偿光信号长距离传输后的衰减，实现光信号的功率放大，通常需要满足 8 000 m 水深和 25 年运行寿命的要求，产品实现门槛较高。近 20 年，DWDM 技术极大地促进了海底光缆通信系统容量的提升，但在增益效率较高的 C 波段（1 530-1 560 nm），DWDM 技术已经接近能力极限，如果将光谱带宽从 C 波段扩展到 C+/C+L 波段，可继续扩大系统的传输带宽。

多纤对（High Fiber Count，HFC）技术在未来 3～5 年内将是最可靠、性价比最高、产业最成熟的技术，它将成为海底光缆行业公认的发展方向。HFC 技术是近期可以带来系统容量倍增的技术，海缆空分复用包括 HFC。HFC 在现有成熟的海底光缆通信技术基础上，通过扩展光纤对数来实现系统容量的倍增，其器件成熟、产业完备、维护和升级容易。HFC 海底光缆通信系统中最关键的是 HFC 水下中继器，涉及多项关键技术，主要包括大芯数光纤的馈通技术、高效泵浦驱动技术、超高工作电压、超大浪涌防护技术、HFC 泵浦共享技术等。

3. BU 和 ROADM

BU 通常应用于非点对点连接的海底光缆通信系统中，BU 包括光信号路径切换、光信号放大，以及供电路径切换等功能。BU 按光功能设计演进主要有分纤型分支器（Full Fiber Drop-Branching Unit，FFD BU）、固定式光分插复用分支器（Fixed Optical Add/Drop Multiplexer Branching Unit，FOADM BU）、光开关分支器（Fiber Switch Optical Add/Drop Multiplexer，FS-OADM BU）及光开关可重构光分插复用分支器（Fiber Switch Reconfigurable Optical Add-Drop Multiplexer，FS-ROADM BU）。BU 按供电需求可分为无源分支器和有源分支器，其中电源可切换分支器（Power Switch BU，PSBU）通过有源开关器件可实现电源各级之间及与地极之间的相互切换。目前 PSBU 电源切换技术已经由早期的控制端 PFE 上电顺序发展为通过端站发送命令来控制 BU 切换的智能控制方式。在切换电压限制上，通过加强 BU 内部单元的绝缘设计及高可靠性继电器的选取，由原来几百伏低压发展到 15 kV 高压热切换或更高 20 kV/25 kV 高压热切换，减少了 PSBU 电源切换过程中 PFE 上下电操作及极性调整时间，从而提升了业务恢复速度、减少了业务中断时间。随着海底光缆承载业务量的增加，对业务的稳定性要求也越来越高。对出现故障的海底光缆段，长时间业务中断只允许发生在故障侧，无故障侧要求实现快速业务恢复，支路故障时 BU 的光切换时间应小于 500 ms，系统级故障从故障发生到业务恢复总时间不超过 60 s。

4. PFE

海底光缆通信系统的 PFE 为所有水下设备提供高压直流的电力供应，长期以来业界 PFE 单端供电能力最高为 15 kV，一般用于跨洋等超长距系统。为适应今后 HFC 技术应用的需求，我国企业已在研发能力更强的 PFE，其中的 18 kV 技术已经具备初步商用条件，最大输出电流、最大输出电压、最大输出功率指标均将高于业界的常规能力。在相同泵浦架构、相同纤对数的情况下，18 kV 可实现更长距离的单端供电。在超长距场景下，相同传输长度、相同泵浦架构，18 kV 可支持更多纤对数，以实现更大的系统容量。海底光缆通信系统的发展在速率和容量上充分体现了智慧光网的"超宽"特性，并在节点容量上持续演进。在建设方式上随着开放式建设思路的引入，其发展趋势和理念与智慧光网"开放"的建设理念高度契合。

9.5.3　海底光缆通信系统的发展前景

1. 海底光缆通信系统的发展

在陆地干线光缆通信系统应用不久，海底光缆敷设就开始了。从 1980 年英国在其国内沿海建立第一个光纤长 10 km，传输速率 140 Mbit/s，只有 1 个电中继器的通信系统算起，海底光缆通信系统已有 40 的历史。自此以后，海底光缆通信技术得到了飞速发展，海底光缆通信系统已经历了 4 代。到目前为止，铺设海底光缆线路已达百万千米。与模拟同轴电缆系统、卫星通信系统相比，在传输容量、可靠性和质量方面，海底光缆通信系统已使全球通信发生了彻底的变革。

1988 年，开通了第一条横跨大西洋，连接美国、法国和英国的 TAT-8 海底光缆通信系统，以及横跨太平洋，连接日本、美国的 HAW-4/TCP-3 海底光缆通信系统。这些海底光缆通信系统采用电再生中继器和 PDH 终端设备，工作在第 2 个光纤低损耗（1 310 nm）窗口，传输速率为 295 Mbit/s，提供 40 000 个电话电路，使用常规 G.652 光纤，中继间距约为 70 km，称为第 1 代海底光缆通信系统。

1991 年出现了 1 550 nm 系统。这种系统也采用电再生中继器和 PDH 终端设备，传输速率为 560 Mbit/s，使用 G.654 损耗最小光纤，中继间距几乎是第 1 代系统的两倍，这种工作在 1.55μm 光纤窗口的系统称为第 2 代海底光缆系统。

20 世纪 90 年代，掺铒光纤放大器（EDFA）产品的出现，使全光中继放大成为现实，这就为海底光缆通信系统全光中继器取代传统电再生中继器创造了条件。1994 年，高速大容量 SDH 光传输设备引入海底光缆通信系统，1997 年随着 WDM 技术的成熟，光纤损耗的进一步降低（0.18 dB/km）及色散位移光纤的商品化，使无中继传输距离不断增加，2.5 Gbit/s 的系统也可以达到 529 km。2000 年到 2003 年，从开关键控（OOK）到差分相移键控（DPSK），信道速率 10 Gbit/s 信号传输 6 000 km 的单根光纤最大传输容量从 1.8 Tbit/s 提升到 3.7 Tbit/s。

直到 2009 年，使用偏振复用/相干检测和先进的光调制技术，100 Gbit/s 信道速率信号传输 6 000 km 的单根光纤容量才突破 6 Tbit/s，几乎达到 10 Tbit/s，称为第 3 代海底光缆通信系统。

从 2010 年开始，就进入了基于 WDM+EDFA/Raman 放大+偏振复用（PM）/相干检测技术的第 4 代海底光缆通信系统。

由于海底光缆通信质量优于微波和卫星，施工难度又小于陆上光缆，所以敷设了大量的海底光缆通信系统。

2. 连接中国的海底光缆通信系统发展简况

1993 年 12 月，中国与日本、美国共同投资建设的第一条通向世界的大容量海底光缆——中日海底光缆通信系统正式开通。这个系统从上海南汇到日本宫崎，全长 1 252 km，传输速率为 560 Mbit/s。有两对光纤，可提供 7 560 条电路，相当于原中日海底电缆的 15 倍，显著提高了中国的国际通信能力。

连接中国的主要国际海底光缆通信系统（简称海缆系统）如表 9.1 所示，另外还有几条在中国香港登陆的国际海底光缆，如 1990 年 7 月开通的中国（香港）-日本-韩国海缆系统（H-J-K），1993 年 7 月开通的亚太海缆系统（APC），1995 年开通的泰国-越南-中国（香港）海缆系统（T-V-H），1997 年 1 月开通的亚太海缆系统（APCN）等。这些系统通达世界 30 多个国家和地区，形成覆盖全球的高速数字光通信网络。海底光缆通信技术的最新发展已构成了一个高速全球通信网络。

亚太 2 号海缆系统（APCN-2）2001 年开通时是 10 Gbit/s DWDM 系统，2011 年将设备升级到 40 Gbit/s，2014 年又升级到 100 Gbit/s，其光纤容量可扩大至原设计能力 2.56 Tbit/s 的 10 倍多。

跨太平洋高速海缆系统（FASTER）已于 2016 年 6 月 30 日正式投入使用，项目由中国移动、中国电信、中国联通、日本 KDDI、谷歌等公司组成的联合体共同出资建设，工程由日本 NEC 公司负责，采用信道速率 100 Gbit/s 的偏振复用/相干检测 DWDM（100 个波长）系统，线路总长 13 000 km，设计容量 54.8 Tbit/s。

2016 年，NEC 宣布亚太直达海缆系统（Asia Pacific Gateway,APG）的全部工程建设已经完成，并已交付使用。该系统连接中国（上海、香港和台湾）、日本、韩国、越南、泰国、马来西亚、新加坡，全长约 10 900 km，采用信道速率 100 Gbit/s 的偏振复用/相干检测 DWDM 系统，可以实现超过 54.8 Tbit/s 的传输容量。该系统在新加坡与其他海底光缆通信系统连接，可达北美、中东、北非、南欧。APG 由中国电信、中国联通等国际电信企业组成的联盟筹资建设。

新跨太平洋海缆系统（New Crossing-Pacific Cable System，NCP）由中国电信、中国联通、中国移动联合其他国家和地区的企业共同出资建设，信道速率为 100 Gbit/s，设计总容量为 80 Tbit/s，采用鱼骨状分支拓扑结构，系统全长 13 618 km，在中国（上海、台湾）、韩国、日本、美国等地登陆。

西方工业国家一直把海缆作为一种可靠的战略资源。当前海底光缆通信领域由欧洲、美国、日本的企业主导，承担了全球 80%以上的海底光缆通信系统市场建设。连接我国的主要海底光缆通信系统设备、工程施工维护几乎都由这些公司垄断。为了保证国家安全、国防安全，我国陆地到我国东海、南海诸岛的海底光缆，必须自己铺设，所用设备原则上也必须自己制造。我国已自主开发与生产关键器件（包括 100 Gbit/s、400 Gbit/s 系统的收发模块、DSP 芯片、光电器件等）和设备制造。

表 9.1　连接中国的主要海底光缆通信系统

名称	连接地区（或城市）	全程/km	信道传输速率/容量	登录站数	拓扑结构	光纤对数	开通/扩容时间
中韩海缆系统	中国青岛和韩国泰安	549	0.565 Gbit/s	—	点对点	2	1996 年
环球海缆系统（FLAG）	中国（上海、香港）、日本、韩国、印度、阿联酋、西班牙、英国等	2.7×10⁴	5 Gbit/s 10 Gbit/s 100 Gbit/s	12	分支	2	1997 年 2006 年 2013 年
亚欧海缆系统（SEA-ME-WE-3）	中国（上海、台湾、香港、澳门）、日本、韩国、菲律宾、澳大利亚、英国、新加坡、巴基斯坦、吉布提、沙特、法国等 19 个国家	3.9×10⁴	2.5 Gbit/s×8 波长 10 Gbit/s×8 波长 40 Gbit/s×8 波长 100 Gbit/s/24 Tbit/s	39	分支	2	1999 年 2002 年 2011 年 2017 年
亚太 2 号海缆系统（APCN-2）	中国（上海、汕头、香港、台湾）、日本、韩国、新加坡、菲律宾、澳大利亚等	1.9×10⁴	10 Gbit/s×64 波长 40 Gbit/s×64 波长 100 Gbit/s×64 波长	10	环型网4 纤复用段共享保护	4	2001 年 2011 年 2014 年
C2C 国际海缆系统	中国（上海、台湾、香港）、日本、韩国、菲律宾等	1.7×10⁴	10 Gbit/s×96 波长/7.68 Tbit/s	—	环型网	8	2002 年
太平洋海缆系统（TPE）	中国（青岛、上海、台湾）、韩国、日本、美国	2.7×10⁴	10 Gbit/s×64/2.56 Tbit/s 100 Gbit/s/22.56 Tbit/s	—	环型网	4	2008 年 2016 年
亚洲-美洲海缆系统（AAG）	中国、美国、越南、马来西亚、菲律宾、新加坡、泰国	2.0×10⁴	容量 2.88 Tbit/s 速率 100 Gbit/s	10	分支	3/2	2013 年 2015 年
东南亚-日本海缆系统（SJC）	中国、日本、新加坡、菲律宾、文莱、泰国	1.0×10⁴	64×40 Gbit/s 64×100 Gbit/s	8	分支	6	2013 年 2015 年
亚太直达海缆系统（APG）	中国、韩国、日本、越南、泰国、马来西亚、新加坡等	1.1×10⁴	100 Gbit/s/54.8 Tbit/s	11	分支	4	2016 年
跨太平洋高速海缆系统（FASTER）	中国、美国、日本、新加坡、马来西亚等	1.3×10⁴	100 Gbit/s×100 波长/55 Tbit/s	—	分支	3	2016 年
新跨太平洋海缆系统（NCP）	中国、韩国、日本、美国等	1.3×10⁴	100 Gbit/s/60 Tbit/s	—	分支	6	2018 年
香港关岛海缆系统	中国（香港、台湾）、美国（属地关岛）、越南、菲律宾	3 900	100 Gbit/s/48 Tbit/s	5	分支	—	2020 年

习题 9

1. 简述相干光通信的特点。实现相干光通信需要哪些关键技术？
2. 简述与 IM-DD 相比，相干光通信的优势及应用前景有哪些？
3. 光孤子是如何形成的？简述光孤子通信的特点及应用前景。
4. 光孤子通信系统的关键技术是什么？
5. FSO 的定义是什么？比较 FOS 与其他无线接入技术的优缺点。
6. FSO 系统的关键技术包括哪些？
7. 简述 FOS 技术的应用优势及应用场合。
8. 简述 OXC 和 DXC 在功能上的区别。
9. 简述光量子通信的定义及光量子通信的过程。
10. 简述光量子通信的特点。
11. 简述光量子通信实现的技术难点。
12. 简述海底光缆通信系统在世界通信网络中的作用。
13. 画出海底光缆通信系统图。

第 10 章　现代全光网络

10.1　全光网络概述

随着 Internet 业务和多媒体应用的快速发展，网络的业务量正在以指数级的速度迅速膨胀，这就要求增强网络整体资源能力（传输能力、处理能力和存储能力），如图 10-1 所示。光纤通信技术出现以后，光技术开始渗透整个通信网，光纤通信有向全光网络推进的趋势。

图 10-1　网络整体资源能力

全光通信的概念是 20 世纪 90 年代后期提出的，基于 WDM 技术的全光通信网（也称全光网络）引起众多的关注。全光通信网是光纤通信技术发展的最高阶段，其本意是信号以光的形式在光层实现信号穿过整个网络，直接在光域进行信号的传输、复用、交换和选路，中间不经过任何光电转换，构成灵活、全光透明性、可动态重构、具有高度生存性、宽带通信网的理想目标的光网络。全光通信网被 ITU-T 定名为光传送网（OTN）。

10.1.1　全光网络的概念及特点

1. 全光网络的概念

全光网络是指网中端到端用户节点之间的信号传输与交换全部保持着光的形式，即端到端的全光路，中间没有光电转换器。数据从源节点到目的节点的传输过程都在光域内进行，而其中在各网络节点的交换则使用高可靠、大容量和高度灵活的光交叉连接设备（OXC）。这样，网内光信号流动没有光电转化的障碍，使信号传输具有透明性，减少了转换设备的开销，也使整个网络的管理趋于简化。

全光网络的两大组成部分是传输线路部分和网络节点部分（交换）。传输线路部分已大量采用大容量光纤。网络节点部分采用光交换使到达的光信号只是经过这个节点，不需要进行光电转换，消除了光电转换中的“电子瓶颈”，大大提高了交换单元的吞吐量，还可以省去很多网络节点处的电子交换设备，降低网络节点上的成本。全光网络的基本结构如图 10-2 所示，图中 OLS 为光标记交换技术，Client 为客户端。目前实际的全光网络仅在子网内部，子网之间连接的边界处仍采用光电转换设备来完成整个通信网的组成。

全光网络主要包括光传输、光放大、光再生、光交换和光信息处理等先进全光技术。

2. 全光网络的特点

（1）波长路由

全光网络由波长选择器实现路由选择，各个连接是通过承载信息的波长来识别的，是目前全光网络的主要方式。

图 10-2　全光网络的基本结构

（2）透明性

由于全光网络中的信号传输全部在光域内进行，不再有电中继，因此全光网络具有对信号传输的透明性。透明性有两个含义：信号速率透明和信号格式透明。

（3）网络结构的扩展性

全光网络应当具有扩展性，而且是在尽量不影响已有通信的情况下扩展用户数量、速率容量、信号种类等。因此，目前全光网络结构和网络单元都强调模块化的扩展能力，即无须改动原有结构，只要升级网络连接，就能够增添网络单元。

（4）可重构性

全光网络的可重构性是指在光波长层次上的重构，网络中使用了 OXC，加入新的网络节点时，不影响原有的网络结构和设备，从而可降低成本。当用户通信量增加或网络出现故障时，可以改变 OXC 的连接方式，对网络进行可靠重构。

（5）可操作性

由于全光网络比现有的网络多了一个光路层，因此其管理表现出一些独有的特征。允许在各个不同管理层次上控制和管理全光网络。

全光网络主要由骨干网、本地网和接入网三者组成，三者的基本结构相类似，由 DWDM/OTN 系统、光放大器、OADM/ROADM 和 OXC 等设备组成。

10.1.2　全光网络中的关键技术

全光网络实现的进展取决于光路由技术和光交换技术、光交叉连接技术、光中继技术、光分插复用技术、管理控制和操作技术、智能光网络（Automatic Switched Optical Network，ASON）等的发展，以及全光器件的开发和网络管理的实现。

1. 光路由和光交换技术

在全光网络中，由于用光节点取代了电节点，节点间的路由选择必须在光域上完成。

光交换技术可以分为光电路交换和光分组交换。在光交换节点不经过 O/E/O 转换，不受检测器、调制器等光电器件响应速度的限制，对比特率和调制方式透明，可实现宽带的信号交换。

2. 光交叉连接技术

光交叉连接设备是用于光纤网络节点的设备，通过对光信号进行交叉连接，能够灵活有效地管理光纤传输网络，是实现网络保护/恢复及自动配线和监控的重要手段。

OXC 除了提供光路由选择外，还允许光信号插入或分离出电网络层，它好像 SDH 中的 DXC。这部分内容参看第 6 章第 6.2 节的介绍。

3. 光中继技术

实现点对点全光通信的关键技术之一是要以光放大器取代传统的光/电/光再生中继器。现已开发出的半导体光放大器 SOA 和光纤放大器有 EDFA、PDFA、NDFA。EDFA 是目前光放大技术的主流，应用在 1 550 nm 波段，它可以对波长在 1 530～1 570 nm 的光信号同时放大，增益可达 30～40 dB。这部分内容参看第 3 章第 3.3 节的介绍。

4. 管理控制和操作技术

全光网络对管理和控制提出了新的问题。从现阶段的 DWDM 全光网发展来看，网络的控制和管理要比网络的实现技术更具挑战性，网络的配置管理、波长的分配管理、管理控制协议、网络的性能测试等都是网络管理方面需解决的技术。

10.1.3　全光网络的结构

目前大多数全光网络是以 DWDM/OTN 为基础的全光传送网，即在点到点光纤传输系统中，全程不需要任何光电转换，涉及全光中继、光的上下复用技术和波分等关键技术。而未来全光网络一定是全光网络加 IP 业务网的格局，完成用户全程的光传送、交换和处理，涉及全光交换、光交叉连接、光分插复用、波长转换及信道争夺和同步等关键技术。全光网络基本结构可以分为光网络层和电网络层，光网络层（光链路相连的部分）采用 DWDM/OTN 技术，可在一个光网络中传输几个波长的光信号，并在网络节点之间采用 ROADM（或 OXC），通过对光信号进行交叉连接，能够灵活有效地管理光纤传输网络。

10.2　智能光网络（ASON）

全光网络寄托了人们简化网络结构、增加通信容量、延长通信距离的美好理想。考虑到具体因素，ITU-T 倾向于暂时放弃或搁置全光网络的概念，转向更为现实的光传输网的概念，从半透明开始逐渐向全透明演进，由此产生了 ASON。因此目前所说的"光网络"是由高性能的光电转换设备连接众多的全光透明子网的集合，ASON 不限定网络的透明性，也不排除光电转换。ASON 中的"智能"主要指在 ASON 网络中高度智能化的控制平面根据网络运行的种种需要，遵循标准化的协议所引起的交叉或交换。

10.2.1　ASON 的概念及体系结构

1. ASON 的概念

ASON 在 ITU-T 的文献中定义为："通过能够提供自动发现和动态连接建立功能的分布式（或部分分布式）控制平面，在 OTN 或 SDH 网络之上，可实现动态调度的、基于信令和策略驱动控制的一种网络。"

ASON 是指在 ASON 信令网控制之下动态完成光传输网内链路的连接/释放、交换、传输等一系列功能的网络。传统的传输网只有两个平面，即管理平面和传送平面，而 ASON 在光传输网络中引入控制平面以实现自动交换和连接控制的光传送网智能化。

2. ASON 的体系结构

ITU-T 的 G.8080 和 G.807 定义了一个与具体实现技术无关的 ASON 的体系结构，整个网络包括三个独立逻辑功能平面，即传送平面（Transport Plane，TP）、控制平面（Control Plane，CP）和管理平面（Management Plane，MP），如图 10-3 所示。与现有的光网络相比，ASON 增加了一个控制平面，可以认为控制平面是整个 ASON 的核心部分，由分布于 ASON 各个网络节点设备中的控制单元组成。

PI—物理接口
UNI—用户网络接口　　　　I-NNI—内部网络单元接口　　　E-NNI—外部网络单元接口
CCI—连接控制接口　　　　NMI-A—网络管理接口 A　　　　NMI-T—网络管理接口 T

图 10-3　ASON 的三个逻辑功能平面

（1）传送平面

传送平面由一系列的传送实体组成，是业务传送的通道，为用户提供从一个端点到另一个端点双向或单向信息传输，同时，还要传送部分网络控制和管理信息。ASON 传送网络基于网格状结构，光网络节点主要有光交叉连接或交换（选路）实体和传输设备。按 ITU-T G.805 建议进行分层，有两种承载方式，可以通过 ITU-T G.803 规范的 SDH 来承载，也适用于 G.872 定义的光传送网（OTN）。为了能够实现 ASON 的各项功能，传送平面要具有较强的信号质量检测功能及多粒度光交叉连接功能。

（2）控制平面

控制平面（自动交换）是 ASON 的核心，它由路由选择、信令转发及资源管理等功能模块组成。各个控制单元相互联系共同构成信令网络，以传送控制信息。

ASON 通过引入控制平面，使用接口、协议及信令系统，可以动态地交换光网络的拓扑信息、路由信息及其他控制信令，实现光通道动态的建立和拆除，以及网络资源的动态分配，还能在连接出现故障时进行恢复。

（3）管理平面

管理平面的重要特征就是管理功能的分布式和智能化。传统的光传送网管理体系被基于传送平面、控制平面和信令网络的新型多层面管理结构所替代，构成了一个集中管理与分布智能（网元智能化）相结合、面向运营者（管理平面）的维护管理需求与面向用户（控制平面）的动态服务需求相结合的综合化的光网络管理方案。ASON 的管理平面与控制平面技术互为补充，可以实现对网络资源的动态配置、性能监测、故障管理及路由规划等功能。

10.2.2　ASON 的连接类型

根据不同的连接需求及连接请求对象的不同，在 ASON 中定义的连接类型有 3 种：永久连接、交换连接和软永久连接。在不同的条件下提供不同的连接选择，如图 10-4 所示。

图 10-4　ASON 支持的 3 种连接

1. 永久连接

永久连接是由管理系统指配的连接类型，这种连接由用户网络通过 UNI 直接向管理平面提出请求，通过网管系统对端到端连接通道上的每个网元进行配置，一旦建立连接，在没有管理平面相应拆除命令的情况下连接就一直存在。

2．交换连接

和永久性连接相反，交换连接的建立由用户网络通过 UNI 向控制平面发出连接请求，对传送平面资源的配置也是由控制平面来完成的。这种连接是由源端用户发起呼叫请求而建立的，一旦用户撤销请求，那么这条连接就在控制平面的控制下自动拆除。

交换连接的引入是整个 ASON 的核心所在，可以根据用户的要求自动提供所需的光通道，交换连接的发起和维护都是由控制平面完成的。

3．软永久连接

软永久连接的建立由管理平面和控制平面共同完成。这种连接建立的请求也是从管理平面发出的，但对传送网资源的配置却是由控制平面完成的。该连接的拆除也是在管理平面的命令下完成的。

10.2.3　ASON 的结构模型

根据底层光传输网络与电子交换设备相互关系的不同，ASON 中定义了两种网络模型，分别是层叠模型和对等模型，如图 10-5 所示。

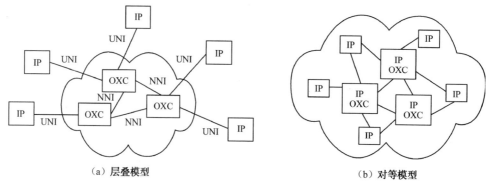

（a）层叠模型　　　　　　　　　　（b）对等模型

图 10-5　层叠模型和对等模型

1．层叠模型

层叠模型被称作客户—服务者模型。在这个模型中，底层 OXC 光传输网络作为一个独立的"智能"网络层，起到一个服务者的作用。而电交换或 IP 路由器设备被看作客户。光网络层和客户层被 UNI 接口明确地区分开来，它们相互独立，分别选用不同的路由、信令方案及地址空间。客户层和光网络层之间只能通过 UNI 交换非常有限的控制信息。光网络内部的拓扑状态信息对客户层是不可见的。对于更高层的网络服务来说，底层光传输网络就好比一个有着若干 UNI 接口的黑箱子。通过这些接口，多种业务接入设备（如 IP 路由器、ATM 交换设备和 SDH 数字交叉设备等）可以动态地向光网络申请带宽资源。

从本质上说，目前很多对客户—服务者模型所做的工作就是要确定一个在光网络层和客户层之间的接口协议，为多种业务接入设备提供数据传输服务。

客户—服务者模型的建立要求 UNI 与 NNI 分开。其典型的光通道带宽通常可以提供 2.5 Gbit/s 以上的传输容量，这个带宽足够在 WDM 上进行 IP 数据传输。客户—服务者模型的主要优势是网络运营商可以拥有自己的 UNI 和 NNI，参与市场竞争。

2. 对等模型

在对等模型中，IP、ATM、SDH 等电层设备和 OXC 光层设备的地位是平等的，电层设备和光层设备之间不存在明显的界限。产生这个想法的原因是希望将现有在 Internet 网络中使用的成熟的电层控制平面技术扩展到光层控制平面中。同时这个扩展需体现光层控制平面的特性。因此层叠模型中的 UNI 接口在对等模型中没有存在的必要。

对于对等模型来说，实现它最大的困难就是光网络服务和 IP 服务不同，它需要支持诸如"线路出租"之类的服务。除此之外，在对等模型中，每个电层设备都需要维护一个巨大的链路状态数据库。而在层叠模型中光层的拓扑信息对电层设备来说是没有任何意义的。

10.3 光分组交换网络

光网络的核心技术是光域上的光交换技术。光交换技术可分为光电路交换（Optical Circuit Switching，OCS）、光分组交换（Optical Packet Switching，OPS）、光突发交换（Optical Burst Switching，OBS）、光标签交换（Optical Label Switch，OLS）等。这里只介绍光分组交换。

10.3.1 光分组交换的概念

IP 思想与光网络的结合产生了另一类光交换技术，即光分组交换（OPS）技术。光分组交换是电域分组交换的思想在光域上的延伸。OPS 在灵活性和带宽利用率方面表现出独有的优势，而且能够在光层上以非常细小的交换粒度（速率等级）按需共享可用带宽资源，适用于传输 IP 那样的突发数据。因此，OPS 是一种前途非常被看好的技术。

未来的光网络要求支持多粒度的业务，其中小粒度的业务是运营商的主要业务，业务的多样性使得用户对带宽有不同的需求，所以光分组交换应运而生。

10.3.2 光分组交换技术的原理

OPS 直接在光域中完成 IP 分组的封装与复用、传送与交换，对波长通道实施统计复用，资源利用率高。OPS 以光分组作为最小的交换颗粒，数据包的格式为固定长度的分组头、净荷和保护时间 3 部分。在 OPS 中，业务数据和分组头一起放置在固定长度时隙中，但是传输和存储都采用光的形式。当多个光分组交换节点组成网络时，各节点每个输入端口上的分组到达时间是随机的，交换节点内部对分组进行重新排队，然后对光分组转发。其工作过程是交换系统的输入接口完成光分组读取和同步，同时用光纤分路器将一小部分光功率分出送入选路控制处理单元，用于完成光分组头识别、恢复和净荷定位等。光开关矩阵为经过同步的光分组选择路由，并解决输出端口的竞争。最后输出端口完成光分组头的重组和再生。OPS 交换原理如图 10-6 所示。

图 10-6　OPS 交换原理

从长远来看，全光的 OPS 是光交换的发展方向。OPS 是一种非面向连接的交换方式，采用单向预约机制，在进行数据传输前不需要建立路由、分配资源。分组净荷紧跟分组头在相同光路中传输，网络节点需要缓存净荷，等待分组目的地的分组头的处理，以确定路由。OPS 有着很高的资源利用率和很强的适应突发数据的能力。但是也存在着两个近期内难以克服的障碍：一是光缓存器技术还不成熟，二是在 OPS 交换节点处，多个输入分组的精确同步难以实现，因此 OPS 难以在短时间内实现。

10.3.3　光分组交换网络的结构

OPS 网络结构示意图如图 10-7 所示。

图 10-7　OPS 网络结构示意图

10.4　光突发交换网络

10.4.1　光突发交换的概念

对 OPS 技术的研究主要集中在定长分组的处理上，鉴于目前光信号处理技术尚未足够成熟，1997 年出现了一种新的光交换技术即光突发交换（OBS），OBS 是兼顾电路交换与分组交换优点的折中方案。

OBS 克服了 OPS 的缺点，对光开关和光缓存的要求降低，并能够很好地支持突发性的分组业务，同时与 OCS 相比，它又大大提高了资源分配的灵活性和资源的利用率，被认为很有可能在未来互联网中扮演关键角色。

10.4.2　光突发交换技术的原理

"突发"的最初定义就是一串突发性的话音流或数字化的消息。在 OBS 中交换的颗粒为"突发"（Burst），光突发交换中的"突发"可以看成是由一些较小的，具有相同出口边缘路由器地址和相同 QoS 要求的，数据分组组成的超长数据分组，这些数据分组可以来自传统 IP 网中的 IP 包。在电路交换中，每次呼叫都由多个突发数据串组成，而在包交换中，一串突发数据要分在几个数据包中传输。OBS 的交换粒度介于电路交换和分组交换两者之间，是多个分组的组合。由于 OBS 的交换颗粒较粗，因而处理开销大为减少。

光突发的分组为可变长度，突发数据包含两种光分组：承载路由信息的控制分组和承载业务的数据分组，两者在时间上和信道上分离传输与处理。

在 OBS 中，在网络的边缘处抵达的 IP 包将被封装成突发数据，然后首先在控制波长上发送（连接建立）控制分组，而在另一个不同波长上发送数据分组，如图 10-8 所示，在 OBS 网络中，突发数据从源网络节点到目的网络节点始终在光域内传输，而控制信息在每个网络节点都需要进行光-电-光的变换及电处理。控制信道与突发数据信道的速率可以相同，也可以不同。

图 10-8　光突发交换原理示意图

光突发交换结合了较大粒度的波长（电路）交换和较细粒度的光分组交换两者的优点，能有效地支持上层协议或高层用户产生的突发业务。每一个数据分组对应于一个控制分组，并且控制分组先于数据分组传送。先一步传输的控制分组在中间网络节点为其对应的数据分组预定必要的网络资源，并在不等待目的网络节点的确认信息的情况下就立即发送该数据分组。

数据信道与控制信道的隔离简化了突发数据交换的处理，而且控制分组长度十分短，因此可以实现高速处理。OCS、OBS、OPS 之间的特性比较如表 10.1 所示。

表 10.1　OCS、OBS、OPS 之间的特性比较

交换方式	带宽效率	系统延迟	流量自适应性	复杂度
OCS	低	高	低	低
OBS	高	中	高	低
OPS	高	低	高	高

10.4.3　光突发交换网络的结构

OBS 网络的基本结构如图 10-9 所示，OBS 网络主要由波分复用（WDM）链路、边缘路由器、核心路由器构成。其中，边缘路由器主要提供面向各种类型业务的接口（如 Ethernet、IP over SDH 和 ATM 等），为各种协议提供服务，同时边缘路由器的入口主要负责将相同目的地址和 QoS 要求的业务包放入同一个分组中进行排队缓存，并按一定的汇聚机制组成突发包（BDP），与此同时还要产生包含 BDP 信息的突发控制包（BCP），然后根据链路使用情况等信息选择转发策略，发送时 BCP 先于 BDP 发送到核心路由器。出口边缘路由器根据 BCP 中所包含的 BDP 信息对 BDP 进行解突发包，然后将生成的 IP 发送到子网中。核心路由器主要负责对 BCP 进行光电和电光转换，对 BCP 中的信息进行处理，对通道进行预留，对 BDP 进行全光交换，以及提供各种算法和竞争处理机制等。在 OBS 网络中，数据信道和控制信道是分离的。数据分组的发送是全光透明传输，而控制分组需要经过光电转换变成电信号，经过处理后再通过电光转换还原成光信号。

图 10-9　OBS 网络的基本结构

习题 10

1. 简述全光网络的基本概念及特点。

2. 组成全光网的基本硬件设备有哪些？

3. 简述目前全光网络中交换技术的主要种类及工作原理。

4. 简述智能光网络（ASON）的结构。

5. ASON 在光传输网络中引入控制平面的目的是什么？

6. 简述光分组交换网络的种类及特点。

7. 光电路交换网络和光分组交换网络各有什么特点？

8. 光突发交换的"突发"指的是什么？光突发交换的控制分组和数据分组在网络中是如何传输和处理的？

参 考 文 献

[1] Govind P. Agrawal. 光纤通信系统：第 4 版[M]. 贾东方，等译. 北京：电子工业出版社，2016.

[2] Walter Goralski. 光网络与波分复用[M]. 胡先志，等译. 北京：人民邮电出版社，2003.

[3] 谢处方，饶克谨，杨显清，等. 电磁场与电磁波：第 5 版[M]. 北京：高等教育出版社 2019.

[4] 李玲，黄永清. 光纤通信基础[M]. 北京：国防工业出版社，2001.

[5] 原荣. 认识光通信[M]. 北京：机械工业出版社，2019.

[6] 马丽华，李云霞，蒙文，等，光纤通信系统：第 2 版[M]. 北京：北京邮电大学出版社，2015.

[7] 赖小龙. 现代接入网技术[M]. 北京：电子工业出版社，2020.

[8] 孙学康，张金菊. 光纤通信技术基础[M]. 北京：人民邮电出版社，2017.

[9] 李允博. 光传送网（OTN）技术的原理与测试[M]. 北京：人民邮电出版社，2013.

[10] 何一心，文杰斌，王韵. 光传输网技术——SDH 与 DWDM[M]. 北京：人民邮电出版社，2013.

[11] 胡庆，殷茜，张德民. 光纤通信系统与网络：第 4 版[M]. 北京：电子工业出版社，2019.

[12] 胡庆，刘文晶，赖小龙，等. 电信传输原理、系统及工程[M]. 西安：电子科技大学出版社，2021.

[13] 毛昕蓉，李荣，姚军. 光纤通信技术及光网络[M]. 徐州：中国矿业大学出版社，2021.

[14] 马德鹏. 一本书读懂华为光网络[M]. 北京：人民邮电出版社，2019.

[15] 朱勇，王江平. 光纤通信原理与技术：第 2 版[M]. 北京：科学出版社，2011.

[16] 范志文，吴军，马俊，等. 智慧光网络：关键技术、应用实践和未来演进[M]. 北京：人民邮电出版社，2022.

[17] 顾畹仪. 光纤通信系统：第 3 版[M]. 北京：北京邮电大学出版社，2013.

[18] 韩一石，强则煊. 现代光纤通信技术（第 2 版）[M]. 北京：科学出版社，2015.

[19] 谢希仁. 计算机网络：第 7 版[M]. 北京：电子工业出版社，2017.

[20] 阎德升，边恩炯，王旭，等.EPON 新一代宽带光接入技术与应用[M]. 北京：机械工业出版社，2007.

[21] 胡先志，杨博. 光纤通信原理[M]. 武汉：武汉理工大学出版社，2019

[22] 李云霞，蒙文，康巧燕，等. 光纤通信[M]. 北京：北京航空航天大学出版社，2016.

[23] 翟鹏，豆晓雷. PTN 与 SPN 城域传送网网络融合演进的思考[J]. 广东通信技术，2023，43(12): 18-22.

[24] 叶胤，刘杰. 海缆陆缆光传输系统联合设计的研究[J]. 光通信技术，2021, 45(12): 50

[25] 沈百林，王会涛. 相干光收发器件未来技术演进[J]. 中兴通讯技术，2023, 29(05): 82-86